应用型人才培养系列教材

概率论与数理统计

主　编　林道荣　田蓓艺
　　　　陈荣军　陆志峰
副主编　郭跃华　钱　峰
　　　　袁俊丽　马素萍
　　　　周献丽　赵灵芝
　　　　刘春连　张　昊

苏 州 大 学 出 版 社

图书在版编目(CIP)数据

概率论与数理统计/林道荣等主编. —苏州：苏州大学出版社，2015.4(2020.7重印)
应用型人才培养系列教材
ISBN 978-7-5672-1259-6

Ⅰ.①概… Ⅱ.①林… Ⅲ.①概率论-高等学校-教材②数理统计-高等学校-教材 Ⅳ.①O21

中国版本图书馆 CIP 数据核字(2015)第 066984 号

内容提要

本教材是根据教育部高等学校工科数学教学指导委员会拟定的概率论与数理统计课程教学的基本要求，并结合中学数学教学实际编写，内容包括随机事件及其概率、一维离散型随机变量、一维连续型随机变量、二维随机变量、大数定律与中心极限定理、数理统计的基本知识、参数估计、假设检验等.

本书可作为应用型、工程型本科院校理、工、医、经、管类等各专业概率论与数理统计公共基础课程教材，也可供相关专业的大学生、教师、工程技术人员参考.

概率论与数理统计

林道荣等 主编

责任编辑 征 慧

苏州大学出版社出版发行
(地址：苏州市十梓街1号 邮编：215006)
丹阳兴华印务有限公司印装
(地址：丹阳市胡桥镇 邮编：212313)

开本 787×1092 1/16 印张 13.25 字数 306 千
2015 年 4 月第 1 版 2020 年 7 月第 3 次印刷
ISBN 978-7-5672-1259-6 定价：35.00 元

苏州大学版图书若有印装错误，本社负责调换
苏州大学出版社营销部 电话：0512-67481020
苏州大学出版社网址 http://www.sudapress.com

前言
PREFACE

概率论与数理统计是研究随机现象客观规律性的数学分支,是高等院校理、工、医、经、管类等专业的一门重要的基础理论课.通过本课程的教学,旨在使学生掌握概率论与数理统计的基本概念,了解它的基本理论和方法,从而初步掌握处理随机事件的基本思想和方法,培养运用概率统计方法分析和解决实际问题的能力.

本书主要面向培养技术应用、生产、服务和组织管理的各类应用型、工程型人才的高等学校的学生,具有如下特色:(1)知识组织顾及学生实际,注意与中学教材接轨,遵循认知科学规律;(2)知识展开源于核心实际问题,彰显知识的实际本质;(3)知识结构围绕实际需要,强调基础、实用;(4)能力体系围绕实际需要,突出对基本知识的熟练掌握和灵活应用;(5)结合实际需要精选例题、习题,强调知识与生产实践的贯通;(6)每章配有学习指导、内容小结,方便学生学习与提高教学质量;(7)利用案例分析丰富学生知识面,增强教材的可读性与趣味性,激发学生对实际问题的思考.

本书共分八章,内容包括随机事件及其概率、一维离散型随机变量、一维连续型随机变量、二维随机变量、大数定律与中心极限定理、数理统计的基本知识、参数估计、假设检验等内容.通过突出重点、简化内容而便于学生阅读掌握,增补解题范例而利于学生掌握使用概率统计方法处理随机现象的本领,选编练习题、复习巩固题与提高题而使学生得以进行充分的自我检测.另外,本书还涵盖全国硕士研究生数学入学考试概率论与数理统计部分的全部知识点,对广大报考硕士研究生的同学来说是一本较好的复习资料.

本书由南通大学杏林学院林道荣、常州工学院陈荣军、南京晓庄学院田蓓艺、南通大学陆志峰担任主编,南通大学郭跃华、淮阴师范学院袁俊丽、常州工学院钱峰、南通开放大学马素萍、南京晓庄学院周献丽和赵灵芝、南通大学杏林学院刘春连、南京工程学院张昊担任副主编,南通大学马登举、郁胜旗、于长俊、金晶亮、孙建平、于志华、赵敏及南通大学杏林学院任洁、陆燕也参加了部分编写工作.

本书在编写过程中得到了南通大学杏林学院教材工作委员会、教务处、理学部的支持和帮助,在此向各位表示感谢!

本书由南通大学张凤然、赵为华初审,中国石油大学王子亭主审,他们提出了许多中肯而宝贵的修改意见,编者在此表示衷心的感谢!

由于编者水平有限,书中缺陷和错误在所难免,诚请广大专家、同仁和读者批评指正.

编 者
2015 年 1 月

目 录
CONTENTS

第1章 随机事件及其概率 … 1
1.0 引论与本章学习指导 … 1
1.0.1 引论 … 1
1.0.2 本章学习指导 … 2
1.1 随机事件 … 2
1.1.1 随机事件的概念 … 2
1.1.2 事件的关系与运算 … 4
1.2 随机事件的概率 … 8
1.2.1 概率的统计定义 … 8
1.2.2 概率的公理化定义 … 9
1.3 等可能概率模型 … 11
1.3.1 古典概率模型 … 11
1.3.2 几何概率模型 … 14
1.4 条件概率与随机事件之间的独立性 … 17
1.4.1 条件概率 … 17
1.4.2 乘法公式 … 19
1.4.3 随机事件之间的独立性 … 20
1.5 全概率公式与贝叶斯公式 … 23
1.5.1 全概率公式 … 23
1.5.2 贝叶斯公式 … 25
1.6 案例分析——艾滋病病毒感染 … 28
1.7 本章内容小结 … 29

第2章 一维离散型随机变量 … 33
2.0 引论与本章学习指导 … 33
2.0.1 引论 … 33
2.0.2 本章学习指导 … 33
2.1 一维离散型随机变量的概念与分布 … 34
2.1.1 一维离散型随机变量的概念 … 34

2.1.2　一维离散型随机变量的概率分布的概念与性质 ················· 34
　　　2.1.3　一维离散型随机变量的分布函数的概念与性质 ··················· 37
　　　2.1.4　常见的一维离散型随机变量的分布 ································· 40
　2.2　一维离散型随机变量的数学期望与方差 ·································· 43
　　　2.2.1　一维离散型随机变量的数学期望 ··································· 44
　　　2.2.2　一维离散型随机变量的方差 ··· 45
　2.3　一维离散型随机变量函数 ··· 48
　　　2.3.1　一维离散型随机变量函数的概率分布 ······························ 48
　　　2.3.2　一维离散型随机变量函数的数学期望 ······························ 49
　2.4　案例分析——提高工作效率 ·· 51
　2.5　本章内容小结 ·· 52

第3章　一维连续型随机变量 ·· 55
　3.0　引论与本章学习指导 ··· 55
　　　3.0.1　引论 ··· 55
　　　3.0.2　本章学习指导 ·· 55
　3.1　一维连续型随机变量的概念与分布 ·· 56
　　　3.1.1　一维连续型随机变量的概念 ··· 56
　　　3.1.2　一维连续型随机变量的分布函数的概念与性质 ··················· 57
　　　3.1.3　一维连续型随机变量的概率密度的概念与性质 ··················· 59
　　　3.1.4　常见的一维连续型随机变量的分布 ································· 61
　3.2　一维连续型随机变量的数学期望与方差 ·································· 65
　　　3.2.1　一维连续型随机变量的数学期望 ··································· 65
　　　3.2.2　一维连续型随机变量的方差 ··· 67
　3.3　一维连续型随机变量函数 ··· 70
　　　3.3.1　一维连续型随机变量函数的分布 ··································· 70
　　　3.3.2　一维连续型随机变量函数的数学期望 ······························ 72
　3.4　案例分析——企业招聘员工 ·· 74
　3.5　本章内容小结 ·· 75

第4章　二维随机变量 ·· 80
　4.0　引论与本章学习指导 ··· 80
　　　4.0.1　引论 ··· 80
　　　4.0.2　本章学习指导 ·· 80
　4.1　二维随机变量及其联合分布 ·· 81
　　　4.1.1　二维随机变量的概念 ··· 81
　　　4.1.2　二维随机变量的联合分布函数 ······································· 82

4.1.3 二维离散型随机变量 ·· 85
4.1.4 二维连续型随机变量 ·· 86
4.2 二维随机变量的边缘分布 ··· 89
4.2.1 二维离散型随机变量的边缘分布 ·· 89
2.2.2 二维连续型随机变量的边缘概率密度 ··· 90
4.3 二维随机变量的条件分布 ··· 93
4.3.1 二维离散型随机变量的条件分布 ·· 93
4.3.2 二维连续型随机变量的条件概率密度 ··· 94
4.4 二维随机变量的独立性与判定 ··· 97
4.4.1 二维随机变量的独立性 ·· 97
4.4.2 二维离散型随机变量独立性的判定 ·· 97
4.4.3 二维连续型随机变量独立性的判定 ·· 98
4.5 二维随机变量函数的分布 ··· 100
4.5.1 二维离散型随机变量函数的分布 ··· 100
4.5.2 二维连续型随机变量函数的分布 ··· 102
4.5.3 二维随机变量的最大(小)值分布 ·· 106
4.6 二维随机变量的协方差与相关系数 ·· 108
4.6.1 二维随机变量的数学期望与方差 ··· 108
4.6.2 二维随机变量的协方差 ·· 109
4.6.3 二维随机变量的相关系数 ··· 110
4.6.4 几种常见随机变量的数字特征 ·· 111
4.6.5 二维随机变量函数的数学期望 ·· 112
4.7 案例分析——求职面试与灯泡的使用寿命 ·· 114
4.8 本章内容小结 ·· 117

第5章 大数定律与中心极限定理 ·· 121

5.0 引论与本章学习指导 ·· 121
5.0.1 引论 ··· 121
5.0.2 本章学习指导 ·· 121
5.1 大数定律 ·· 122
5.1.1 切比雪夫不等式 ·· 122
5.1.2 大数定律 ·· 124
5.2 中心极限定理 ·· 126
5.2.1 棣莫弗-拉普拉斯中心极限定理 ·· 126
5.2.2 林德伯格-列维中心极限定理 ··· 128
5.3 案例分析——电视节目收视率调查 ·· 130
5.4 本章内容小结 ·· 131

第 6 章　数理统计的基本知识 ································· 134
6.0　引论与本章学习指导 ································· 134
6.0.1　引论 ··· 134
6.0.2　本章学习指导 ·· 134
6.1　总体和简单随机样本及统计量 ··················· 134
6.1.1　总体和简单随机样本 ······························ 135
6.1.2　统计量 ··· 136
6.1.3　经验分布函数 ·· 137
6.2　正态总体的抽样分布 ································· 138
6.2.1　正态分布 ·· 138
6.2.2　χ^2 分布 ·· 140
6.2.3　t 分布 ·· 142
6.2.4　F 分布 ··· 144
6.3　案例分析——质量控制 ······························ 148
6.4　本章内容小结 ·· 149

第 7 章　参数估计 ··· 152
7.0　引论与本章学习指导 ································· 152
7.0.1　引论 ··· 152
7.0.2　本章学习指导 ·· 152
7.1　点估计 ·· 152
7.1.1　矩估计法 ·· 153
7.1.2　最大似然估计法 ····································· 154
7.2　点估计量的评选标准 ································· 159
7.2.1　无偏性 ·· 159
7.2.2　有效性 ·· 161
7.2.3　一致性 ·· 161
7.3　区间估计 ··· 162
7.3.1　置信区间与置信度 ·································· 163
7.3.2　一个正态总体参数的区间估计 ·················· 163
7.3.3　两个正态总体参数的区间估计 ·················· 168
7.4　案例分析——产品质量标准与质量控制 ······· 173
7.5　本章内容小结 ·· 174

第 8 章　假设检验 ··· 179
8.0　引论与本章学习指导 ································· 179

8.0.1　引论 ·· 179
　　　8.0.2　本章学习指导 ·· 179
　8.1　假设检验的基本概念 ·· 179
　　　8.1.1　假设检验的基本思想 ·· 180
　　　8.1.2　假设检验问题 ·· 181
　　　8.1.3　假设检验的两类错误 ·· 182
　　　8.1.4　假设检验的步骤 ·· 182
　8.2　一个正态总体参数的假设检验 ·· 183
　　　8.2.1　一个正态总体均值的假设检验 ··································· 183
　　　8.2.2　一个正态总体方差的假设检验 ··································· 186
　8.3　两个正态总体参数的假设检验 ·· 189
　　　8.3.1　两个正态总体均值差的假设检验 ································ 190
　　　8.3.2　两个正态总体方差比的假设检验 ································ 192
　8.4　案例分析——污水处理 ··· 196
　8.5　本章内容小结 ·· 197

参考文献 ··· 201

第1章 随机事件及其概率

1.0 引论与本章学习指导

1.0.1 引 论

某高校 8000 名学生中人文学院和经管学院各 1200 名、信息学院和工学院各 1600 名、医学院 2000 名、理学院 400 名,其中男生 3000 名,女生 5000 名。现推荐 7 名同学参加国家奖学金评选,有如下问题:

(1) 推荐的 7 名学生中有几名男生? 3 名男生有可能吗? 可能性是多少?

(2) 优秀学生甲和乙被推荐参加国家奖学金评选的概率分别为 0.5 与 0.6,同时被推荐的概率为 0.25,那么优秀学生甲或优秀学生乙被推荐参加国家奖学金评选的概率是多少?

(3) 从推荐的 7 名学生中任意指定一名同学,"该学生是医学院学生"的可能性与"该学生是经管学院学生"的可能性一样吗?

(4) 学校推荐 7 名学生参加国家奖学金评选,2 名医学院学生中男、女生各 1 名,其他五个学院的 5 名学生中有 2 名男同学和 3 名女同学。现从 7 名学生中任意选取 1 名学生,假设每名学生被选取到的可能性相同,若已知选取到的学生来自医学院,问这名学生是男生的概率是多少?

(5) 8000 名学生中有 7 名学生获得国家奖学金,从中连续地抽取两名学生,问第一次抽到获得国家奖学金的学生而第二次抽到不获国家奖学金学生的概率是多少?

(6) 学校推荐 7 名同学参加国家奖学金评选,分配给医学院 2 个名额,其他 5 个学院各 1 个名额,现从 6 个学院中任意选取一个学院,再从该学院中任意选取一名学生,问该学生被推荐参加国家奖学金评选的可能性为 $\frac{7}{8000}$ 吗?

(7) 现有一名学生被推荐参加国家奖学金评选,问这名学生最可能来自哪个学院?

要回答上述问题,需要用到本章介绍的概率论基础知识,包括随机事件、样本空间、事件的概率、等可能概型、条件概率、事件的独立性等概念,以及古典概率计算公式、加法公式、乘法公式、全概率公式及贝叶斯公式等计算概率的工具.

1.0.2 本章学习指导

本章知识点教学要求如下:

(1) 理解随机事件、事件频率、古典概型、条件概率、事件的独立性等概念.

(2) 理解事件的关系与运算、概率的基本性质,掌握加法公式、乘法公式.

(3) 了解样本空间的概念、概率的统计定义、概率的公理化定义,会使用全概率公式及贝叶斯公式解决有关问题.

显然,需要理解的概念和需要掌握的性质与公式是教学重点,这部分内容同学们学习时要特别注意.

当然,概率的概念、条件概率的概念、全概率公式及贝叶斯公式,这几个内容学习时大多数同学会感到有困难,希望有困难的同学课上认真听讲,课后与老师讨论.

本章教学安排 9 学时.

1.1 随机事件

大家都知道,上抛物体,物体必然落下,子弹没有上膛不可能击中目标,这些都是确定性现象,即在一定条件下,当这些现象重复出现时,其结果总是确定的. 如果在一定条件下,某种现象重复出现时,其结果是不确定的,这种现象就是不确定性现象(也称随机现象、偶然现象). 实际上,自然现象和社会现象都可分为上述两类,即确定性现象和不确定性现象.

本节通过随机试验来研究随机现象,引入样本点、样本空间及随机事件等概念,在此基础上介绍随机事件的关系与运算.

1.1.1 随机事件的概念

对于确定性现象,其结果无非有两种,一种是预先知道某种情况必然发生,另一种是预先知道某种情况必然不发生.

针对前面引论中提出的问题,考虑到学院工作的实际情况,学校规定每个学院至少推荐 1 名学生参加国家奖学金评选,那么每个学院肯定至少有 1 名学生被推荐参加国家奖学金评选. 也就是说,每个学院至少有 1 名学生被推荐参加国家奖学金评选是必然的. 我们把必然发生的事件称为**必然事件**,用 $U(\Omega)$ 来表示.

某个学院某位学生考试有多门不及格,他就不能被推荐参加国家奖学金评选. 也就是说,该学生这次获得国家奖学金是不可能的. 我们把必然不发生的事件称为**不可能事件**,用 $V(\varnothing)$ 来表示.

在现实生活中我们经常看到这类现象重复出现时,其结果是不确定的,即预先不能确定其结果:某种情况是发生呢?还是不发生呢?例如,从推荐的 7 名学生中任意指定一名学生,这位学生是否为男生?又如,抛掷硬币,是否出现有字的面朝上?再如,飞机是否会被击落?

等等.都有一定程度的偶然性和不可预测性,人们事先不能判定这些结果是否会发生.我们把这种不确定现象的观察结果称为**随机事件**,简称**事件**.例如,从推荐参加国家奖学金评选的 7 名学生中选出一名学生是一次试验,可能出现的结果"这名学生是男生"是一个随机事件,"这名学生是女生"也是一个随机事件;抛掷一枚硬币是一次试验,可能出现的结果"有字的面朝上"是一个随机事件,"有字的面朝下"也是一个随机事件;掷一颗骰子是一次试验,"出现 4 点""出现偶数点""出现的点数小于 3"等都是随机事件.我们把导致随机现象发生的过程称为**随机试验**,简称**试验**.

一般地,随机试验有三个特点:一是可以在相同条件下重复多次;二是试验结果不止一个,但能明确所有的结果;三是试验前不能预知出现哪种结果.而通过随机试验这个过程产生的结果每次试验前不能预言出现哪个,在每次试验后出现的结果不止一个,在相同的条件下进行大量观察或试验时出现的结果有一定的规律性(称之为**统计规律性**),这种现象称为**随机现象**.

对某高校推荐参加国家奖学金评选的 7 名学生,观察其中男生的人数也是随机试验,可能出现的试验结果有 8 个:"没有男生""1 名男生""2 名男生""3 名男生""4 名男生""5 名男生""6 名男生""7 名男生".随机试验的每一个可能出现的试验结果,如"i 名男生"($i=0,1,2,3,4,5,6,7$),称为试验的一个样本点,这 8 个样本点组成的集合称为试验的样本空间.

一般地,我们把随机试验中的每一个可能出现的试验结果称为这个随机试验的一个**样本点**,记作 ω_i.全体样本点组成的集合称为这个随机试验的**样本空间**,记作 Ω,即 $\Omega=\{\omega_i\}$.仅含一个样本点的随机事件称为**基本事件**,含有多个样本点的随机事件称为**复合事件**.

例如,从推荐参加国家奖学金评选的 7 名学生中选出一名学生,"这名学生是男生"是一个基本事件,"这名学生是女生"也是一个基本事件;抛掷一枚硬币一次,"有字的面朝上"是一个基本事件,"有字的面朝下"也是一个基本事件;掷一颗骰子一次,"出现 4 点"是一个基本事件,而"出现偶数点""出现的点数小于 3"等不是基本事件,是复合事件.在随机试验中,随机事件一般是由若干个基本事件组成的,因此样本空间 Ω 的任一子集 A 称为随机事件.属于随机事件 A 的样本点出现,则称事件 A 发生.例如,在掷一颗骰子一次的试验中,令 A 表示"出现奇数点",A 就是一个随机事件,A 还可以用样本点的集合形式表示,即 $A=\{1,3,5\}$,它是样本空间 Ω 的一个子集;掷一颗骰子一次,在试验中出现 1 点、3 点或 5 点,就表明"出现奇数点"这个事件 A 发生了.

注意 (1) 样本空间 Ω 包含所有的样本点,它是 Ω 自身的子集.在每次试验中,它总是发生的,是必然事件,这也是必然事件记为 Ω 的原因.同样地,空集 $\varnothing$ 不包含任何样本点,它也作为样本空间 Ω 的子集.它在每次试验中都不发生,为不可能事件.我们知道,必然事件与不可能事件都不是随机事件.因为作为试验的结果,它们都是确定的,并不具有随机性.但是为了今后讨论问题方便,我们也将它们当作随机事件来处理.

(2) 随机事件可能有不同的表达方式,一种是直接用语言描述,同一事件可能有不同的描述;也可以用样本空间子集的形式表示,此时,需要理解它所表达的实际含义,有利于对事件的理解.

例 1 进行抛掷一枚硬币 3 次,观察正面出现次数的随机试验 E_1,可能出现的结果是:正面出现 0 次,正面出现 1 次,正面出现 2 次,正面出现 3 次.于是随机试验 E_1 有四个样本点 $\omega_i=$"正面出现 i 次", $i=0,1,2,3$.相应地,样本空间 $\Omega_1=\{\omega_0,\omega_1,\omega_2,\omega_3\}$.显然,$\Omega_1$ 为有限样本空间.

例 2 进行向一个目标射击直到击中目标为止,观察射击次数的随机试验 E_2,可能出现的结果是:假设射击的次数为 $i,i=1,2,3,\cdots$,则随机试验 E_2 有无限个(可数)样本点 $\omega_i=$"射击的次数为 i", $i=1,2,3,\cdots$.相应地,样本空间 $\Omega_2=\{\omega_1,\omega_2,\omega_3,\cdots\}$.显然,$\Omega_2$ 为无限可数样本空间.

例 3 假设 T_1,T_2 分别是某市的最低温度与最高温度($T_1<T_2$),进行观察该市每天的最低温度 x 与最高温度 y 的随机试验 E_3.显然,$T_1\leqslant x<y\leqslant T_2$,于是随机试验 E_3 有无限个(不可数)样本点 $\omega=(x,y)$,其中 $T_1\leqslant x<y\leqslant T_2$.相应地,样本空间 $\Omega_3=\{(x,y)\mid T_1\leqslant x<y\leqslant T_2\}$.显然,$\Omega_3$ 为无限不可数样本空间.

说明 一个随机试验中样本点个数的确定都是相对试验目的而言的.另外,一个随机试验的条件有的是人为的,有的是客观存在的.在后一种情况下,每当试验条件实现时,人们便会观测到一个结果 ω.虽然我们无法事先准确地说出试验的结果,但是能够指出它出现的范围 Ω.因此,我们所讨论的随机试验有着十分广泛的含意.

1.1.2 事件的关系与运算

我们知道,随机事件对应的是样本空间的子集(见图 1.1),因此,研究随机事件的关系与运算就如同研究集合的关系与运算.

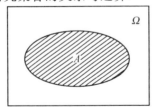

图 1.1 随机事件是样本空间的子集

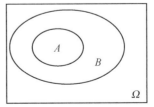

图 1.2 $A\subset B$

1. 事件的包含

若事件 A 发生必然导致事件 B 发生,或者事件 A 的样本点都是事件 B 的样本点,则称事件 A **包含于**事件 B,或事件 B **包含**事件 A,记作 $A \subset B$(见图1.2).

2. 事件的相等

若事件 A 包含于事件 B,又事件 B 包含于事件 A,则称事件 A 和事件 B **相等**,记作 $A=B$.

3. 事件的并(和)

若事件 A 发生或事件 B 发生,也就是说事件 A 与事件 B 至少有一个发生,则称这样的事件为事件 A 与事件 B 的**并(和)**事件,记作 $A \cup B$ 或 $A+B$. 显然,事件 $A \cup B$ 是由事件 A 与事件 B 所有样本点组成的(见图1.3).

推广:事件 $A_1, A_2, \cdots, A_n$ 的并(和)事件为 $\bigcup_{i=1}^{n} A_i$;事件 $A_1, A_2, \cdots, A_n, \cdots$ 的并(和)事件为 $\bigcup_{i=1}^{\infty} A_i$.

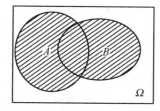

图1.3 $A \cup B$

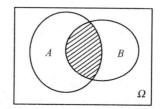

图1.4 $A \cap B$

4. 事件的交(积)

若事件 A 与事件 B 同时发生,则称这样的事件为事件 A 与事件 B 的**交(积)**事件,记作 $A \cap B$ 或 AB. 显然,事件 $A \cap B$ 是由事件 A 与事件 B 的公共样本点组成的(见图1.4).

推广:事件 $A_1, A_2, \cdots, A_n$ 的交(积)事件为 $\bigcap_{i=1}^{n} A_i$;事件 $A_1, A_2, \cdots, A_n, \cdots$ 的交(积)事件为 $\bigcap_{i=1}^{\infty} A_i$.

5. 事件的差

若事件 A 发生而事件 B 不发生,则称这样的事件为事件 A 与事件 B 的**差**事件,记作 $A-B$. 显然,事件 $A-B$ 是由事件 A 的但不是事件 B 的样本点组成的(见图1.5).

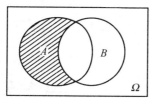

图1.5 $A-B$

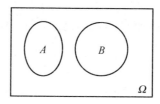

图1.6 $AB=\varnothing$

6. 事件的互斥(互不相容)

若事件 A 与事件 B 不同时发生,则称事件 A 与事件 B **互斥(互不相容)**(见图1.6). 显然,事件 A 与事件 B 互斥等价于 $AB=\varnothing$.

推广：若事件 $A_1,A_2,\cdots,A_n$ 不同时发生,则称事件 $A_1,A_2,\cdots,A_n$ 互斥,此时 $\bigcap_{i=1}^{n}A_i=\varnothing$；若事件 $A_1,A_2,\cdots,A_n,\cdots$ 不同时发生,则称事件 $A_1,A_2,\cdots,A_n,\cdots$ 互斥,此时 $\bigcap_{i=1}^{\infty}A_i=\varnothing$.

如果 $A_iA_j=\varnothing,i\neq j,i,j=1,2,\cdots,n$,那么称事件 $A_1,A_2,\cdots,A_n$ 两两互斥；如果 $A_iA_j=\varnothing,i\neq j,i,j=1,2,\cdots,n,\cdots$,那么称事件 $A_1,A_2,\cdots,A_n,\cdots$ 两两互斥.

注意 就两个事件而言,互斥和两两互斥是一样的；但多于两个事件,事件 $A_1,A_2,A_3,\cdots$ 两两互斥一定有事件 $A_1,A_2,A_3,\cdots$ 互斥,但事件 $A_1,A_2,A_3,\cdots$ 互斥不能保证事件 $A_1,A_2,A_3,\cdots$ 两两互斥.例如,在掷一颗骰子的试验中,"出现4点"记为事件 A,"出现偶数点"记为事件 B,"出现点数小于2"记为事件 C,显然 $AB\neq\varnothing$,但 $AC=\varnothing,BC=\varnothing$,$ABC=\varnothing$,这表明事件 A,B,C 互斥但不两两互斥.

7. 事件的逆（对立）

对于事件 A,我们把不包含在 A 中的所有样本点构成的集合称为事件 A 的**逆**（或 A 的**对立事件**）,记为 $\overline{A}$.这就是说,事件 $\overline{A}$ 表示在一次试验中事件 A 不发生.我们规定它是事件的基本运算之一.

在一次试验中,事件 A 与 $\overline{A}$ 不会同时发生（即 $A\overline{A}=\varnothing$,称它们具有**互斥性**）,而且 A 与 $\overline{A}$ 至少有一个发生（即 $A+\overline{A}=\Omega$,称它们具有**完全性**）.这就是说,事件 A 与 $\overline{A}$ 满足：$A\overline{A}=\varnothing,A+\overline{A}=\Omega$.于是,事件 A 与事件 B 互相对立等价于每次试验 A,B 中有且只有一个发生.此时,称事件 B 为事件 A 的对立事件（逆事件）,记为 $B=\overline{A}$.

注意 "事件 A 与事件 B 互相对立"与"事件 A 与事件 B 互斥"是不同的概念.

8. 完备事件组

若事件组 $A_1,A_2,\cdots,A_n$ 两两互斥并且 $\bigcup_{i=1}^{n}A_i=\Omega$,则称事件组 $A_1,A_2,\cdots,A_n$ 为**完备事件组**.

推广：若事件组 $A_1,A_2,\cdots,A_n,\cdots$ 两两互斥并且 $\bigcup_{i=1}^{\infty}A_i=\Omega$,则称事件组 $A_1,A_2,\cdots,A_n,\cdots$ 为完备事件组.

9. 运算律

根据上面的事件的基本运算定义,不难验证事件之间的运算满足以下的一些规律：

(1) 吸收律　　$A\cup\Omega=\Omega,A\cup\varnothing=A,A\cup(AB)=A$,
　　　　　　　$A\cap\Omega=A,A\cap\varnothing=\varnothing,A\cap(A\cup B)=A$；

(2) 重余律　　$\overline{\overline{A}}=A$；

(3) 幂等律　　$A\cup A=A,A\cap A=A$；

(4) 差化积　　$A-B=A\overline{B}=A-(AB)$；

(5) 交换律　　$A\cup B=B\cup A,A\cap B=B\cap A$；

(6) 结合律　　$(A\cup B)\cup C=A\cup(B\cup C),(A\cap B)\cap C=A\cap(B\cap C)$；

(7) 分配律　　$(A\cup B)\cap C=(A\cap C)\cup(B\cap C),A\cup(BC)=(A\cup B)(A\cup C)$；

(8) 反演律 $\overline{A \cup B} = \overline{A}\overline{B}, \overline{AB} = \overline{A} \cup \overline{B}$.

推广：$\overline{\bigcup_{i=1}^{n} A_i} = \bigcap_{i=1}^{n} \overline{A_i}, \overline{\bigcap_{i=1}^{n} A_i} = \bigcup_{i=1}^{n} \overline{A_i}$.

例 4 设 A, B, C 是三个随机事件．试用 A, B, C 表示下列各事件：

(1) 恰有 A 发生； (2) A 和 B 都发生而 C 不发生；

(3) 这三个事件都发生； (4) A, B, C 至少有一个发生；

(5) 至少有两个事件发生； (6) 恰有一个事件发生；

(7) 恰有两个事件发生； (8) 不多于一个事件发生；

(9) 不多于两个事件发生； (10) 三个事件都不发生．

解 (1) $A\overline{B}\overline{C}$； (2) $AB\overline{C}$； (3) ABC； (4) $A \cup B \cup C$；

(5) $AB \cup BC \cup CA$； (6) $A\overline{B}\overline{C} \cup \overline{A}B\overline{C} \cup \overline{A}\overline{B}C$； (7) $AB\overline{C} \cup A\overline{B}C \cup \overline{A}BC$；

(8) $\overline{A}\overline{B} \cup \overline{B}\overline{C} \cup \overline{C}\overline{A}$； (9) $\overline{ABC}$； (10) $\overline{A}\overline{B}\overline{C}$．

例 5 设某工人连续生产了 4 个零件，A_i 表示他生产的第 i 个零件是正品($i=1,2,3,4$)，试用 A_i 表示下列各事件：

(1) 没有一个是次品； (2) 至少有一个是次品； (3) 只有一个是次品；

(4) 至少有三个不是次品； (5) 恰好有三个次品； (6) 至多有一个是次品．

解 (1) $A_1 A_2 A_3 A_4$； (2) $\overline{A_1 A_2 A_3 A_4}$；

(3) $\overline{A_1} A_2 A_3 A_4 + A_1 \overline{A_2} A_3 A_4 + A_1 A_2 \overline{A_3} A_4 + A_1 A_2 A_3 \overline{A_4}$；

(4) $\overline{A_1} A_2 A_3 A_4 + A_1 \overline{A_2} A_3 A_4 + A_1 A_2 \overline{A_3} A_4 + A_1 A_2 A_3 \overline{A_4} + A_1 A_2 A_3 A_4$；

(5) $\overline{A_1}\overline{A_2}\overline{A_3} A_4 + \overline{A_1}\overline{A_2} A_3 \overline{A_4} + \overline{A_1} A_2 \overline{A_3}\overline{A_4} + A_1 \overline{A_2}\overline{A_3}\overline{A_4}$；

(6) $A_1 A_2 A_3 A_4 + \overline{A_1} A_2 A_3 A_4 + A_1 \overline{A_2} A_3 A_4 + A_1 A_2 \overline{A_3} A_4 + A_1 A_2 A_3 \overline{A_4}$．

例 6 下列各式说明 A 与 B 之间具有何种包含关系？

(1) $AB = A$； (2) $A + B = A$．

解 (1) 因为"$AB = A$"与"$AB \subset A$ 且 $A \subset AB$"是等价的，由 $A \subset AB$ 可以推出 $A \subset A$ 且 $A \subset B$，因此有 $A \subset B$．

(2) 因为"$A + B = A$"与"$A + B \subset A$ 且 $A \subset A + B$"是等价的，由 $A + B \subset A$ 可以推出 $A \subset A$ 且 $B \subset A$，因此有 $B \subset A$．

练 习 题

1. 试写出下列随机试验的样本空间：

(1) 同时抛三颗骰子，记录三颗骰子点数之和；

(2) 记录一名学生一次考查的等级(以"优""良""中""及格""不及格"五级记录成绩)；

(3) 生产产品直到有 10 件正品为止，记录生产产品的总件数；

(4) 一个口袋中有 5 只外形相同的球，编号为 1,2,3,4,5，从中同时取 3 只球．

2. 从某班学生中任选一名学生，设 $A = \{$选出的学生是男生$\}$，$B = \{$选出的学生是数学

建模爱好者},C={选出的学生是班干部},试问:

(1) ABC;　(2) $\overline{AB}\,\overline{C}$;　(3) $\overline{A\cup C}$;　(4) $A-(B\cup C)$

分别表示什么事件?

1.2 随机事件的概率

某高校推荐 7 名学生参加国家奖学金评选,推荐的 7 名学生中有 2 名男生是有可能的,有 3 名男生也是有可能的.同样地,抛掷一枚硬币,有字的面可能朝上也可能朝下.那么,"可能""也可能"表示什么? 有没有更好的描述?

本节先介绍频率的概念,然后通过若干实例观察频率的稳定性而形成概率的统计定义.为了克服概率统计定义的缺点,引入概率的公理化定义.

1.2.1 概率的统计定义

引例 2005 年 8 月 26 日"超女"决赛,粉丝们通过手机给"超女"投票的总数为 8153054,其中李宇春得 3528308 票,周笔畅得 3270840 票,张靓颖得 1353906 票,分别占 43.27%、40.12%、16.61%,李宇春获胜.李宇春之所以获胜,是因为她得票多,或得票比大.李宇春的得票比为 43.27%,就是在 8153054 次投票中,她获得了 3528308 票,因此,3528308/8153054=43.27%.同样地,3270840/8153054=40.12%,1353906/8153054=16.61%.这些得票比就是得票频率,被视为获胜依据.

一般地,设在 n 次试验中,事件 A 发生了 m 次,则 $f_n(A)=\dfrac{m}{n}$ 称为事件 A 发生的**频率**.特别地,$f_n(\varnothing)=0, f_n(\Omega)=1$.这是因为在 n 次试验中,不可能事件 $\varnothing$ 每次都不发生,即发生了 0 次,而必然事件 Ω 每次都发生,即发生了 n 次.

显然,对于任意事件 A,不管进行多少次试验,事件 A 发生的频率总满足
$$0 \leqslant f_n(A) \leqslant 1.$$

若事件 A 和 B 互斥,则 $f_n(A\cup B)=f_n(A)+f_n(B)$.这是频率的可加性,这一性质可推广到有限个两两互斥事件的和事件.

蒲丰(Buffon)投一枚硬币 4040 次,观察到正面向上的次数为 2048,则正面向上的频率为 0.5069.

皮尔森(Pearson)投一枚硬币 12000 次,观察到正面向上的次数为 6019,则正面向上的频率为 0.5016;而投一枚硬币 24000 次,观察到正面向上的次数为 12014,则正面向上的频率为 0.5005.实际上,随着投硬币次数越来越多,正面向上的频率与 0.5 越来越接近.这就是所谓的**频率稳定性**.

一般地,在一组不变的条件 S 下,独立地重复做 n 次试验,事件 A 发生 m 次.当试验次数 n 很大时,事件 A 的频率 $f_n(A)=\dfrac{m}{n}$ 稳定地在某一数值 p 附近摆动,而且随着试验次数的

增多,这种摆动的幅度会越来越小,我们将数值 p 称为事件 A 在条件 S 下发生的**概率**,记作 $P(A)=p$. 这就是概率的统计定义,它具有直观、易懂的优点,但也具有粗糙、模糊的缺点,不便于实际使用,因此需要寻求更好的概率的定义.

1.2.2 概率的公理化定义

设 E 是一个随机试验,Ω 为它的样本空间,以 E 中所有的随机事件组成的集合为定义域,A 为任一随机事件,定义一个实值函数 $P(A)$,且 $P(A)$ 满足以下三条公理,则称函数 $P(A)$ 为事件 A 的**概率**.

公理 1(非负性) $0 \leqslant P(A) \leqslant 1$.

公理 2(规范性) $P(\Omega)=1$.

公理 3(可列可加性) 若 $A_1,A_2,\cdots,A_n,\cdots$ 两两互斥,则

$$P\left(\bigcup_{i=1}^{+\infty} A_i\right) = \sum_{i=1}^{+\infty} P(A_i).$$

由上面三条公理可以推导出概率的下列一些基本性质.

性质 1 $P(\varnothing)=0$.

性质 2 若 $A_1,A_2,\cdots,A_n$ 为 n 个互不相容事件,则

$$P\left(\bigcup_{i=1}^{n} A_i\right) = \sum_{i=1}^{n} P(A_i),$$

称此为概率的有限可加性.

性质 3 设 A 为任意随机事件,则

$$P(\overline{A})=1-P(A), P(A)=1-P(\overline{A}).$$

性质 4 设 A,B 是任意两个随机事件.

若 $A \subset B$,则

$$P(B-A)=P(B)-P(A), 且 P(A) \leqslant P(B).$$

例 1 小王参加"智力大冲浪"游戏,他能答出甲、乙两类问题的概率分别为 0.7 和 0.2,两类问题都能答出的概率为 0.1. 求小王答出甲类而答不出乙类问题的概率.

解 设事件 A,B 分别表示"能答出甲类问题""能答出乙类问题",则 $A-B$ 表示"答出甲类而答不出乙类问题". 由于 $B \not\subset A$,于是 $P(A-B) \neq P(A)-P(B)$. 注意到 $A-B=A\overline{B}=A-AB$,而 $AB \subset A$,故

$$P(A-B)=P(A\overline{B})=P(A-AB)=P(A)-P(AB)=0.7-0.1=0.6.$$

例 2 优秀学生甲被推荐参加国家奖学金评选的概率为 0.6,优秀学生乙被推荐参加国家奖学金评选的概率为 0.5. 若甲、乙两名优秀学生同时被推荐参加国家奖学金评选的概率为 0.25,那么优秀学生甲或优秀学生乙被推荐参加国家奖学金评选的概率是多少?

分析 设事件 A 表示"优秀学生甲被推荐参加国家奖学金评选",B 表示"优秀学生乙被推荐参加国家奖学金评选",则"优秀学生甲或优秀学生乙被推荐参加国家奖学金评选"可表示为 $A \cup B$.

已知 $P(A)=0.6, P(B)=0.5$,是否就有 $P(A \cup B)=P(A)+P(B)=0.6+0.5=1.1$? 注意到公理1,即任何事件的概率不可能大于1,发现 $P(A \cup B)=P(A)+P(B)$ 错误!错在何处?错误地使用了概率的有限可加性,也就是说,A,B 不互斥,$P(A \cup B)=P(A)+P(B)$ 就不成立.实际上,甲、乙两名优秀学生有可能同时被推荐参加国家奖学金评选,即 $AB \neq \varnothing$.

仔细观察图1.3可以发现,$A \cup B=A \cup(B-A)$ 或 $A \cup B=(A-B) \cup B$,由于 A 与 $B-A$ 互斥,$A-B$ 与 B 互斥,则
$$P(A \cup B)=P(A \cup(B-A))=P(A)+P(B-A)$$
或
$$P(A \cup B)=P((A-B) \cup B)=P(A-B)+P(B).$$

再回忆例1的解题过程,有 $P(B-A)=P(B)-P(AB), P(A-B)=P(A)-P(AB)$. 这样就得到概率的**加法公式**:对任意两个事件 A 和 B,有
$$P(A \cup B)=P(A)+P(B)-P(AB).$$

下面利用概率的加法公式解答例2.

解 设事件 A 表示"优秀学生甲被推荐参加国家奖学金评选",B 表示"优秀学生乙被推荐参加国家奖学金评选",则"优秀学生甲或优秀学生乙被推荐参加国家奖学金评选"可表示为 $A \cup B$.

由已知,得
$$P(A)=0.6, P(B)=0.5, P(AB)=0.25,$$
利用概率的加法公式,有
$$P(A \cup B)=P(A)+P(B)-P(AB)=0.6+0.5-0.25=0.85.$$

例3 设 A,B 满足 $P(A)=0.6, P(B)=0.7$,在何条件下,$P(AB)$ 取得最大(小)值?最大(小)值是多少?

解 由 $P(A \cup B)=P(A)+P(B)-P(AB)$,有
$$P(AB)=P(A)+P(B)-P(A \cup B) \geqslant P(A)+P(B)-1=0.3,$$
显然,最小值0.3在 $P(A \cup B)=1$ 时取得.

又 $P(AB) \leqslant P(A)=0.6$,故最大值在 $P(A \cup B)=P(B)$ 时取得.

例4 利用两个事件概率的加法公式可推出三个事件概率的加法公式.

解 设三个事件为 A,B 和 C,把 $A \cup B \cup C$ 看作 $A \cup(B \cup C)$,现对 A 与 $B \cup C$ 使用两个事件概率的加法公式,再分别对 B 与 C, AB 与 CA 使用两个事件概率的加法公式,即得
$$P(A \cup B \cup C)=P(A)+P(B \cup C)-P(A(B \cup C))=P(A)+P(B \cup C)-P(AB \cup CA)$$
$$=P(A)+[P(B)+P(C)-P(BC)]-[P(AB)+P(CA)-P(ABC)]$$
$$=P(A)+P(B)+P(C)-P(AB)-P(BC)-P(CA)+P(ABC).$$

仔细观察两个事件概率的加法公式和三个事件概率的加法公式的规律或特性,或者利用归纳法可以推出如下 n 个事件的加法公式:

对任意 n 个事件 $A_1, A_2, \cdots, A_n$,有

$$P(A_1 \cup A_2 \cup \cdots \cup A_n) = \sum_{i=1}^{n} P(A_i) - \sum_{1 \leqslant i < j \leqslant n} P(A_i A_j) +$$
$$\sum_{1 \leqslant i < j < k \leqslant n} P(A_i A_j A_k) - \cdots + (-1)^{n-1} P(A_1 A_2 \cdots A_n).$$

练 习 题

已知 $A \subset B, P(A)=0.2, P(B)=0.3$,求:
(1) $P(\overline{A})$; (2) $P(A \cup B)$; (3) $P(AB)$; (4) $P(\overline{A}B)$; (5) $P(A-B)$.

复习巩固题

1. 某企业与甲、乙两公司签订某种物资长期供货关系的合同,由以前的统计得知,甲公司能按时供货的概率为 0.9,乙公司能按时供货的概率为 0.75,两公司都能按时供货的概率为 0.7,求至少有一公司能按时供货的概率.

2. 有甲、乙两个电站,电站甲正常工作的概率为 0.93,电站乙正常工作的概率为 0.92,两个电站同时正常工作的概率为 0.898,分别求出至少有一个电站正常工作以及只有一个电站正常工作的概率.

1.3 等可能概率模型

概率的统计定义指出,可以把多次重复试验中随机事件发生的频率作为概率的近似值.然而,试验的次数究竟应该为多少,频率究竟在怎样的意义下趋近于概率,都没有(实际上也不可能)确切的说明.概率的公理化定义使概率论有了严谨而坚实的理论基础,但不能根据概率的公理化定义计算随机事件的概率.

本节在随机试验的"基本事件是等可能的"这一条件下,分样本空间所含基本事件数有限、样本空间所含基本事件数无限两种情形介绍古典概率模型和几何概率模型,给出随机事件的概率计算公式.

1.3.1 古典概率模型

我们来看引论中的问题(3),由于 7 名学生中有 2 名医学院的学生、1 名经管学院的学生,两者的可能性明显不一样! 于是,对于从推荐参加国家奖学金评选的 7 名学生中选出一名学生这样的随机试验,可能出现的结果"该学生是医学院的"是一个样本点,"该学生是经管学院的""该学生是文学院的""该学生是信息学院的""该学生是工学院的""该学生是理学院的"也都是样本点,这些样本点出现的可能性不完全相同. 但对于抛掷一枚硬币这样的随机试验,每次抛掷可能出现的结果只有两个,一是"有字的面朝上",二是"有字的面朝下",也就是该试验的结果有两个样本点.如果此硬币的两面是均匀的,那么抛掷一次这枚硬币,"有字的面朝上"的可能性和"有字的面朝下"的可能性一样,即样本点"有字的面朝上"和样本点"有字的面朝下"出现的可能性是相等的.

以上两个例子表明样本空间中的样本点可以是等可能的,也可以是不等可能的.本节只研究样本点等可能的样本空间,或研究出现的结果的可能性相同的随机试验.我们把试验的每个结果出现的可能性都相同的随机试验称为**等可能随机试验**.如果等可能随机试验的试验结果是有限个,这样的样本空间称为**古典概型**.在古典概型中,设样本空间 Ω 由 n 个样本点 $\omega_1,\omega_2,\cdots,\omega_n$ 组成,即 $\Omega=\{\omega_1,\omega_2,\cdots,\omega_n\}$.由于有限个样本点 $\omega_1,\omega_2,\cdots,\omega_n$ 是等可能的,则 $P(\omega_1)=P(\omega_2)=\cdots=P(\omega_n)$.如果随机事件 A 是由上述 n 个样本点中的 m 个组成的,那么事件 A 发生的概率规定为

$$P(A)=\frac{m}{n}. \tag{1.1}$$

例1 对于抛掷一枚硬币一次这样的随机试验,分别计算"有字的面朝上""有字的面朝下"的概率.

解 用 A 表示"有字的面朝上",B 表示"有字的面朝下",显然 A,B 是抛掷一枚硬币一次这样的随机试验对应的样本空间 Ω 的两个等可能样本点,即 $\Omega=\{A,B\}$,$P(A)=P(B)$.

方法1 由 $A\cup B=\Omega, A\cap B=\varnothing$,有 $P(A)+P(B)=1$.于是 $P(A)=P(B)=0.5$.

方法2 Ω 只有两个样本点,即 $n=2$.随机事件 A 由 Ω 的两个样本点中的 1 个组成,即 $m_A=1$.由公式(1.1),有

$$P(A)=\frac{m_A}{n}=\frac{1}{2}=0.5.$$

同理可得

$$P(B)=0.5.$$

例2 2014 年国家给予某高校 7 个国家奖学金名额,六个学院中医学院获得 2 个名额,其他五个学院(包括经管学院)各获得 1 个名额.现从推荐的 7 名学生中任意指定一名学生,求:(1) 该学生是医学院学生的概率;(2) 该学生是经管学院学生的概率.

解 用 A 表示"任意指定一名学生,该学生是医学院学生",B 表示"任意指定一名学生,该学生是经管学院学生".

把推荐的 7 名学生从 1 到 7 编号,而且把医学院的 2 位学生分别编为 1 号和 2 号,经管学院的 1 位学生编为 6 号.对于从 7 名学生中任意指定一名学生这样的随机试验,有 7 个等可能结果,即 $n=7$.随机事件 A 由任意指定一名学生为 1 号和任意指定一名学生为 2 号两个样本点组成,即 $m_A=2$;随机事件 B 由任意指定一名学生为 6 号这一个样本点组成,即 $m_B=1$.由公式(1.1),有

$$P(A)=\frac{m_A}{n}=\frac{2}{7}, P(B)=\frac{m_B}{n}=\frac{1}{7}.$$

此例从量的角度回答了从推荐的 7 名学生中任意指定一名学生,"该学生是医学院学

生"的可能性与"该学生是经管学院学生"的可能性不一样.

例3 一个口袋装有 10 个外形相同的球,其中 6 个是白球,4 个是红球."无放回"(所谓"无放回",是指第一次取一个球,不再把这个球放回袋中,再去取另一个球)地从袋中取出 3 个球,求下述诸事件发生的概率:(1)A_1={没有红球}; (2)A_2={恰有两个红球}; (3)A_3={至少有两个红球}; (4)A_4={至多有两个红球}; (5)A_5={至少有一个白球}; (6)A_6={颜色相同的球}.

解 设 A={任取 3 个球},其样本空间中样本点的个数(即从 10 个球中任取 3 个的"一般组合"数)$n = C_{10}^3 = 120$.

(1) A_1 是由上面 120 个样本点中的 $m_1 = C_6^3 C_4^0$ 个组成的. 这里的 $C_6^3 C_4^0$ 是从 6 个白球中任取 3 个,从 4 个红球中取出 0 个(即不取红球的"两类不同元素的组合"数). 根据公式(1.1),有

$$P(A_1) = \frac{m_1}{n} = \frac{20}{120} = \frac{1}{6}.$$

(2) A_2 是由样本点中的 $m_2 = C_6^1 C_4^2 = 36$ 个组成的. 根据公式(1.1),有

$$P(A_2) = \frac{m_2}{n} = \frac{36}{120} = \frac{3}{10}.$$

(3) A_3 是由样本点中的 $m_3 = C_6^1 C_4^2 + C_6^0 C_4^3 = 40$ 个组成的. 根据公式(1.1),有

$$P(A_3) = \frac{m_3}{n} = \frac{40}{120} = \frac{1}{3}.$$

(4) A_4 是由样本点中的 $m_4 = C_6^1 C_4^2 + C_6^2 C_4^1 + C_6^3 C_4^0 = 116$ 个组成的. 根据公式(1.1),有

$$P(A_4) = \frac{m_4}{n} = \frac{116}{120} = \frac{29}{30}.$$

(5) A_5 是由样本点中的 $m_5 = C_6^1 C_4^2 + C_6^2 C_4^1 + C_6^3 C_4^0 = 116$ 个组成的. 根据公式(1.1),有

$$P(A_5) = \frac{m_5}{n} = \frac{116}{120} = \frac{29}{30}.$$

(6) A_6 是由样本点中的 $m_6 = C_6^3 C_4^0 + C_6^0 C_4^3 = 24$ 个组成的. 根据公式(1.1),有

$$P(A_6) = \frac{m_6}{n} = \frac{24}{120} = \frac{1}{5}.$$

例4 在例 3 的条件下,"有放回"(所谓"有放回"是指,第一次取一个球,记录下这个球的颜色后,再把这个球放回袋中,然后再去任取一个球)地从袋中取出 3 个球,求例 3 中诸事件发生的概率.

解 显然,"有放回"地抽取是一个可重复的排列问题,于是样本点的个数为
$$n = 10^3 = 1000.$$

(1) A_1 由上面 1000 个样本点中的 $m_1 = 6^3 = 216$ 个组成. 根据公式(1.1),有

$$P(A_1) = \frac{m_1}{n} = \frac{216}{1000} = 0.216.$$

(2) A_2 由样本点中的 $m_2 = 3 \times 6 \times 4^2 = 288$ 个组成. 根据公式(1.1),有

$$P(A_2) = \frac{m_2}{n} = \frac{288}{1000} = 0.288.$$

(3) A_3 由样本点中的 $m_3 = 3 \times 6 \times 4^2 + 4^3 = 352$ 个组成. 根据公式(1.1),有

$$P(A_3) = \frac{m_3}{n} = \frac{352}{1000} = 0.352.$$

(4) A_4 由样本点中的 $m_4 = 3 \times 6 \times 4^2 + 3 \times 6^2 \times 4 + 6^3 = 936$ 个组成. 根据公式(1.1),有

$$P(A_4) = \frac{m_4}{n} = \frac{936}{1000} = 0.936.$$

(5) A_5 由样本点中的 $m_5 = 6^3 + 3 \times 6^2 \times 4 + 3 \times 6 \times 4^2 = 936$ 个组成. 根据公式(1.1),有

$$P(A_5) = \frac{m_5}{n} = \frac{936}{1000} = 0.936.$$

(6) A_6 由样本点中的 $m_6 = 6^3 + 4^3 = 280$ 个组成. 根据公式(1.1),有

$$P(A_6) = \frac{m_6}{n} = \frac{280}{1000} = 0.28.$$

例 5 把 10 本书随意地放在书架上,求其中指定的 5 本书放在一起的概率.

解 样本点总数 $n = 10!$,有利于将指定的 5 本书放在一起的样本点个数 $m = 6! \times 5!$(其中 6! 是指定的 5 本书当作一个元素与另外的 5 本书进行全排列的总数,5! 是指定的 5 本书相互之间进行全排列的总数),故

$$P(A) = \frac{m}{n} = \frac{6! \times 5!}{10!} = \frac{1}{42}.$$

对于古典概型,公式(1.1)给出了在样本空间所含样本点数有限、样本点是等可能的情形下,随机事件的概率的定义与计算. 然而,关于"样本点数有限""样本点是等可能的"这两个条件,在实际问题中往往不一定具备,从而公式(1.1)适用范围有限.

例 6 一批产品共有 100 件,其中 90 件是合格品,10 件是次品,从这批产品中任取 3 件,求其中有次品的概率.

解 **方法 1** 设 $A = \{$有次品$\}$,$A_i = \{$有 i 件次品$\}$,$i = 1, 2, 3$. 故 $A = A_1 \cup A_2 \cup A_3$,并且 A_1, A_2, A_3 是两两互斥的,由概率的古典定义,我们有

$$P(A_1) = \frac{C_{10}^1 C_{90}^2}{C_{100}^3} = 0.24768, \quad P(A_2) = \frac{C_{10}^2 C_{90}^1}{C_{100}^3} = 0.02504, \quad P(A_3) = \frac{C_{10}^3}{C_{100}^3} = 0.00074.$$

于是

$$P(A) = P(A_1 \cup A_2 \cup A_3) = P(A_1) + P(A_2) + P(A_3) = 0.2735.$$

方法 2 由于事件 A 的对立事件 $\overline{A} = \{$取出的 3 件产品全是合格品$\}$,故

$$P(\overline{A}) = \frac{C_{90}^3}{C_{100}^3} = 0.7265.$$

于是

$$P(A) = 1 - P(\overline{A}) = 1 - 0.7265 = 0.2735.$$

1.3.2 几何概率模型

若一个试验具有下列两个特征:(1) 每次试验的结果有无限多种可能,且全体结果可用

一个可度量的几何区域来表示;(2)每次试验的各种结果是等可能的,则称这样的试验为**几何概型**.在几何概型中,我们是通过几何度量(长度、面积、体积等)来计算事件出现的可能性.

设 E 为几何概型的随机试验,其样本空间中的所有样本点可以用一个有界区域来描述,而其中一部分区域可以表示随机事件 A 所包含的样本点,则随机事件 A 发生的概率为

$$P(A) = \frac{\text{mes}A}{\text{mes}\Omega}, \tag{1.2}$$

其中 $\text{mes}\Omega$ 与 $\text{mes}A$ 分别为样本空间 Ω 与随机事件 A 的几何度量.

> **注意** 上述随机事件 A 的概率 $P(A)$ 只与 $\text{mes}A$ 有关,而与 $\text{mes}A$ 对应区域的位置及形状无关.

例 7 某地铁每隔 5min 有一列车通过,在乘客对列车通过该站时间完全不知道的情况下,求每一个乘客到站等车时间不多于 2min 的概率.

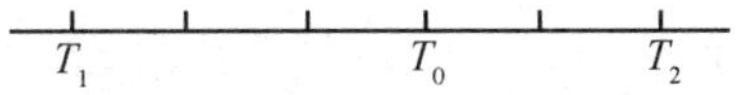

图 1.7 乘客到站等车的几何度量

解 设 $A=\{$每一个乘客等车时间不多于 2min$\}$. 由于乘客可以在接连两列车到站之间的任何一个时刻到达车站,因此每一乘客到站时刻 t 可以看成是均匀地出现在长为 5min 的时间区间上的一个随机点,即 $\Omega=[0,5)$. 又设前一列车在时刻 T_1 开出,后一列车在时刻 T_2 到达,线段 T_1T_2 的长为 5(见图 1.7),即 $\text{mes}\Omega=5$;T_0 是 T_1T_2 上一点,且 T_0T_2 的长为 2. 显然,乘客只有在 T_0 之后到达(即只有 t 落在线段 T_0T_2 上),等车时间才不会多于 2min,即 $\text{mes}A=2$. 因此

$$P(A) = \frac{\text{mes}A}{\text{mes}\Omega} = \frac{2}{5}.$$

例 8(会面问题) 甲、乙两艘轮船驶向一个不能同时停泊两艘轮船的码头,它们在一昼夜内到达的时间是等可能的,如果甲船的停泊时间是 1h,乙船停泊的时间是 2h,求它们中任何一艘都不需要等候码头空出就能停泊的概率.

解 这是一个几何概型问题. 设 $A=\{$它们中任何一艘都不需要等候码头空出就能停泊$\}$,又设甲、乙两船到达的时刻分别是 x,y,则 $0 \leqslant x \leqslant 24, 0 \leqslant y \leqslant 24$. 由题意,若甲先到,则乙必须至少晚 1h 到达,即 $y \geqslant 1+x$;若乙先到,则甲必须至少晚 2h 到达,即 $x \geqslant y+2$. 由图 1.8 可知:$\text{mes}\Omega$ 是由 $x=0, x=24, y=0, y=24$ 所围图形的面积 $S=24^2$,而

$$\text{mes}A = S_1 + S_2 = \frac{1}{2}(24-1)^2 + \frac{1}{2}(24-2)^2 = 1013,$$

所以

$$P(A) = \frac{\text{mes}A}{\text{mes}\Omega} = \frac{S_1+S_2}{S} = \frac{1013}{1152} \approx 0.8793.$$

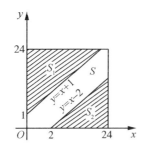
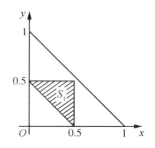

图 1.8 会面问题几何度量   图 1.9 直线型细棒问题几何度量

例 9 将长为 1 单位的直线型细棒任意分成三段,求这三段能构成三角形的概率.

解 这也是一个几何概型问题. 设 $A=\{$这三段能构成三角形$\}$,又设这三段长分别为 $x,y,1-x-y$,则 $0<x<1, 0<y<1, 0<1-x-y<1$. 由三角形任意两边边长之和大于第三边边长,得 $x+y>1-x-y, x+(1-x-y)=1-y>y, y+(1-x-y)=1-x>x$. 由图 1.9 可知:$\mathrm{mes}\Omega$ 是由 $x=0, y=0, x+y=1$ 所围图形的面积 $S=\frac{1}{2}\times 1\times 1=\frac{1}{2}$,而

$$\mathrm{mes}A=S_1=\frac{1}{2}\times\left(\frac{1}{2}\right)^2=\frac{1}{8},$$

所以

$$P(A)=\frac{\mathrm{mes}A}{\mathrm{mes}\Omega}=\frac{S_1}{S}=\frac{1}{4}.$$

对于几何概型,公式(1.2)给出了在样本空间所含样本点数无限、样本点是等可能的情形下,随机事件的概率的定义与计算. 然而,关于"样本点是等可能的"这一条件,在实际问题中往往不一定具备. 如果题设的变量较多,那么 $\mathrm{mes}A$ 计算很困难,从而公式适用范围也有限. 此外,"样本点是等可能的"也不一定能统一,这由"贝特朗奇论"可见一斑.

练 习 题

某公共汽车线路共有 15 个停车站,从始发站开车时共有 10 名乘客,假设这 10 名乘客在各站下车的概率相同,试求下列事件的概率:

(1) $A=\{10$ 人各在不同的车站下车$\}$;

(2) $B=\{10$ 人在同一站下车$\}$;

(3) $C=\{10$ 人都在第 3 站下车$\}$;

(4) $D=\{10$ 人中恰有 3 人在终点站下车$\}$.

复习巩固题

1. 在 100 个产品中有 20 个次品、80 个正品,任意取出 12 个,求:

(1) 恰有 6 个次品的概率;   (2) 至少有 2 个次品的概率.

2. 一批产品共 100 件,对产品进行不放回抽样检查,整批产品不合格的条件是:在被检查的 5 件产品中至少有一件是废品.如果该批产品中有 5 件是废品,求该批产品被接收的概率和因不合格而被拒绝接收的概率.

3. 从 5 双不同鞋子中任意取 4 只,4 只鞋子中至少有 2 只鞋子配成一双的概率是多少?

4. 在房间里有 10 人,分别佩戴着从 1 号到 10 号的纪念章,现任意选 3 人记录其纪念章的号码.求:

(1) 最小的号码为 5 的概率; (2) 最大的号码为 5 的概率.

5. 两人约定于中午 12 点至 13 点间在某地会面.假定每人在这段时间内的每个时刻到达会面地点的可能性是相同的,且事先约定:先到者等 20min 便可离去.试求两人能会面的概率.

6. 随机地从区间 $(0,1)$ 中取出两个数,分别求两数之和大于 $\frac{3}{2}$ 与两数之差绝对值小于 $\frac{1}{4}$ 的概率.

1.4 条件概率与随机事件之间的独立性

本节先介绍条件概率的概念与计算公式,在此基础上给出乘法公式,最后讨论随机事件之间的独立性.

1.4.1 条件概率

继续引论中的问题,若推荐 2 名医学院学生和其他五个学院的 5 名学生,2 名医学院学生中男生、女生各 1 名,其他五个学院的 5 名学生中有 2 名男学生和 3 名女学生.现从 7 名学生中任意选取 1 名,假设每名学生被选到的可能性相同,若已知选到的学生来自医学院,问这名学生是男生的概率是多少?

设 A 表示"任意选取 1 名学生,选到的学生来自医学院";B 表示"任意选取 1 名学生,选到的学生是男生".显然,"任意选取 1 名同学,选到的学生是来自医学院的男生"就可用 AB 表示.所求的概率是在事件 A 发生的条件下事件 B 发生的概率,这个概率有条件 A,我们称之为在事件 A 发生的条件下事件 B 发生的**条件概率**,记为 $P(B|A)$.

现在来计算 $P(B|A)$.已知选到的学生来自医学院,由于医学院只有 2 名学生,从这 2 名学生中任意选取 1 名学生只有两种可能结果:这名学生是男生,这名学生是女生.因此,任意选取 1 名学生,已知选到的学生来自医学院,则这名学生是男生的概率 $P(B|A)=\frac{1}{2}$.

从 7 名学生中任意选取 1 名学生这样的随机试验对应的样本空间 Ω 共有 7 个样本点,即 $n=7$;事件 A 包含 2 个样本点,即 $m_A=2$;事件 B 包含 3 个样本点,即 $m_B=3$;事件 AB 包

含 1 个样本点,即 $m_{AB}=1$. 这样 $P(B|A)=\frac{1}{2}=\frac{m_{AB}}{m_A}$. 这表明计算 $P(B|A)$ 时,考虑的样本空间不是 Ω,而是 A. 也就是说,计算 $P(B|A)$ 时,把样本空间由 Ω 缩减为 A. 当然,计算 $P(B|A)$ 时,不是考虑样本空间 Ω 中包含事件 B 的样本点数 m_B,而是考虑 A 中包含事件 B 的样本点数 m_{AB}. 这种计算条件概率的方法称为**缩减样本空间法**.

另一方面,由于 $\frac{m_{AB}}{m_A}=\frac{\frac{m_{AB}}{n}}{\frac{m_A}{n}}=\frac{P(AB)}{P(A)}$,有 $P(B|A)=\frac{P(AB)}{P(A)}$. 这就得到了计算条件概率的另一种方法——公式法,先分别计算 $P(AB)$,$P(A)$,再由关系式 $P(B|A)=\frac{P(AB)}{P(A)}$ 来计算 $P(B|A)$.

一般地,设 A,B 为两个随机事件,$P(A)>0$,则称 $\frac{P(AB)}{P(A)}$ 为在事件 A 发生的条件下事件 B 发生的条件概率,记为 $P(B|A)$.

条件概率也是概率,故具有概率的性质,即

(1) 非负性 $P(B|A) \geq 0$;

(2) 归一性 $P(\Omega|A)=1$;

(3) 可列可加性 $P\left(\bigcup_{i=1}^{\infty} B_i \mid A\right)=\sum_{i=1}^{\infty} P(B_i|A)$;

(4) 加法公式 $P(B_1 \cup B_2 | A)=P(B_1|A)+P(B_2|A)-P(B_1 B_2|A)$;

(5) 减法公式 $P((B_1-B_2)|A)=P(B_1|A)-P(B_1 B_2|A)$;

(6) 逆概公式 $P(\overline{B}|A)=1-P(B|A)$.

例 1 在 100 件圆柱形零件中有 95 件长度合格,有 93 件直径合格,有 90 件两个指标都合格. 从中任取一件(这就是条件 S),讨论在长度合格的前提下,直径也合格的概率.

解 设 $A=\{$任取一件,长度合格$\}$,$B=\{$任取一件,直径合格$\}$,$AB=\{$任取一件,长度与直径都合格$\}$. 根据古典概型,在条件 S 下,基本事件的总数 $n=C_{100}^1$. 事件 A 与 B 所包含的基本事件个数分别为 $m_A=C_{95}^1$,$m_B=C_{93}^1$,事件 AB 所包含的基本事件个数为 $m_{AB}=C_{90}^1$,所以在长度合格的情况下直径也合格的零件概率 $P(B|A)$ 有以下两种计算方法:

方法 1(公式法)

$$P(B|A)=\frac{P(AB)}{P(A)}=\frac{\frac{90}{100}}{\frac{95}{100}}=\frac{90}{95}=\frac{18}{19}.$$

方法 2(缩减样本空间法)

$$P(B|A)=\frac{m_{AB}}{m_A}=\frac{90}{95}=\frac{18}{19}.$$

例 2 设随机事件 B 是 A 的子事件,已知 $P(A)=\frac{1}{4}$,$P(B)=\frac{1}{6}$,求 $P(B|A)$.

解 因为 $B \subset A$，所以 $P(B) = P(AB)$。因此
$$P(B|A) = \frac{P(AB)}{P(A)} = \frac{P(B)}{P(A)} = \frac{2}{3}.$$

例3 某种品牌的电视机能使用到3万小时的概率为0.6，能使用到5万小时的概率为0.24。现有一台该品牌电视机已使用到3万小时，求这台电视机能使用到5万小时的概率。

解 设 $A = \{$这台电视机使用到3万小时$\}$，$B = \{$这台电视机使用到5万小时$\}$，于是 $P(A) = 0.6$，$P(AB) = P(B) = 0.24$，则
$$P(B|A) = \frac{P(AB)}{P(A)} = \frac{P(B)}{P(A)} = 0.4.$$

1.4.2 乘法公式

前面介绍了已知 $P(AB) > 0$ 和 $P(A) > 0$，由关系式 $P(B|A) = \frac{P(AB)}{P(A)}$ 可以来计算 $P(B|A)$。如果已知 $P(B|A) > 0$ 和 $P(A) > 0$，由 $P(B|A) = \frac{P(AB)}{P(A)}$ 当然能计算出 $P(AB)$，即

$$P(AB) = P(A)P(B|A) \quad (P(A) > 0). \tag{1.3}$$

同理，如果已知 $P(A|B) > 0$ 和 $P(B) > 0$，由 $P(A|B) = \frac{P(AB)}{P(B)}$ 也能计算出 $P(AB)$，即

$$P(AB) = P(B)P(A|B) \quad (P(B) > 0). \tag{1.4}$$

公式(1.3)和公式(1.4)称为求两个乘积事件概率的**乘法公式**。

课堂思考 引论中的问题(5)如何解答。

例4 在100件产品中有5件是不合格的，无放回地抽取两件，问第一次取到正品而第二次取到次品的概率是多少？

解 设事件 $A = \{$第一次取到正品$\}$，$B = \{$第二次取到次品$\}$，用古典概型可以求出：
$$P(A) = \frac{95}{100} > 0.$$

由于第一次取到正品后不放回，那么第二次是在99件中(不合格品仍是5件)任取一件，所以 $P(B|A) = \frac{5}{99}$。由乘法公式(1.3)，得

$$P(AB) = P(A)P(B|A) = \frac{95}{100} \times \frac{5}{99} = \frac{19}{396}.$$

例5（抓阄问题） 5个人抓阄，求第二个人抓到的概率。

解 这是一个使用乘法公式的问题。设 $A_i = \{$第 i 个人抓到有物之阄$\}$，$i = 1,2,3,4,5$，有
$$A_2 = A_2 \Omega = A_2(A_1 \cup \overline{A_1}) = (A_1 A_2) \cup (\overline{A_1} A_2) = \varnothing \cup (\overline{A_1} A_2) = \overline{A_1} A_2.$$

根据事件相等，对应概率相等，有

$$P(A_2) = P(\overline{A}_1 A_2) = P(\overline{A}_1) P(A_2 | \overline{A}_1).$$

又因为

$$P(A_1) = \frac{1}{5}, P(\overline{A}_1) = 1 - P(A_1) = \frac{4}{5}, P(A_2 | \overline{A}_1) = \frac{1}{4},$$

所以

$$P(A_2) = P(\overline{A}_1) P(A_2 | \overline{A}_1) = \frac{4}{5} \times \frac{1}{4} = \frac{1}{5}.$$

推广:乘法公式可以推广到有限多个事件的情形.

(1) 对于三个事件 A_1, A_2, A_3（若 $P(A_1) > 0$, $P(A_1 A_2) > 0$），有
$$P(A_1 A_2 A_3) = P(A_1) P(A_2 | A_1) P(A_3 | A_1 A_2).$$

(2) 对于 n 个事件 $A_1, A_2, \cdots, A_n$（若 $P(A_1 A_2 \cdots A_{n-1}) > 0$），有
$$P(A_1 A_2 \cdots A_n) = P(A_1) P(A_2 | A_1) \cdots P(A_n | A_1 A_2 \cdots A_{n-1}).$$

例6 盒中装有5个产品,其中3个一等品,2个二等品.从中不放回地取产品,每次取1个,求:

(1) 取两次,两次都取得一等品的概率;
(2) 取两次,第二次取得一等品的概率;
(3) 取三次,第三次才取得一等品的概率;
(4) 取两次,已知第二次取得一等品,求第一次取得的是二等品的概率.

解 令 $A_i = \{$第 i 次取到一等品$\}$, $i = 1, 2, 3$.

(1) $P(A_1 A_2) = P(A_1) P(A_2 | A_1) = \frac{3}{5} \times \frac{2}{4} = 0.3.$

(2) $P(A_2) = P(\overline{A}_1 A_2 \cup A_1 A_2) = P(\overline{A}_1 A_2) + P(A_1 A_2) = \frac{2}{5} \times \frac{3}{4} + \frac{3}{5} \times \frac{2}{4} = 0.6.$

用古典概型直接解更简单: $P(A_2) = \frac{3}{5} = 0.6.$

(3) $P(\overline{A}_1 \overline{A}_2 A_3) = P(\overline{A}_1) P(\overline{A}_2 | \overline{A}_1) P(A_3 | \overline{A}_1 \overline{A}_2) = \frac{2}{5} \times \frac{1}{4} \times \frac{3}{3} = 0.1.$

(4) $P(\overline{A}_1 | A_2) = \frac{P(\overline{A}_1 A_2)}{P(A_2)} = \frac{P(A_2) - P(A_1 A_2)}{P(A_2)} = 1 - \frac{\frac{3}{10}}{\frac{3}{5}} = 0.5.$

1.4.3 随机事件之间的独立性

引例 一班有30名学生,其中有15名学生在2014年获得各类奖学金;二班有25名学生,其中有10名学生在2014年获得各类奖学金.现从两班中各任意选取一名学生,问两名学生在2014年都获得奖学金的概率是多少?

设 $A = \{$从一班任意选取一名学生,该学生在2014年获得奖学金$\}$, $B = \{$从二班任意选取一名学生,该学生在2014年获得奖学金$\}$,则 $AB = \{$从两班中各任意选取一名学生,两名学生在2014年都获得奖学金$\}$.

由已知条件,利用古典概型,可得 $P(A)=\dfrac{15}{30}=0.5, P(B)=\dfrac{10}{25}=0.4$. 由于不知道 $P(B|A)$ 或 $P(A|B)$,因此不能直接利用公式(1.3)或公式(1.4)来计算 $P(AB)$.

下面用古典概型计算 $P(AB)$.

用 $a_1, a_2, \cdots, a_{30}$ 分别表示一班的30名学生,其中 $a_i (i=1,2,\cdots,15)$ 为在2014年获得各类奖学金的15名学生;用 $b_1, b_2, \cdots, b_{25}$ 分别表示二班的25名学生,其中 $b_j(j=1,2,\cdots,10)$ 为在2014年获得各类奖学金的10名学生. "从两班中各任意选取一名学生"这样的随机试验对应的样本空间 $\Omega=\{(a_i,b_j)|i=1,2,\cdots,30;j=1,2,\cdots,25\}$,共有 $n=750$ 个样本点; $AB=\{(a_k,b_s)|k=1,2,\cdots,15;s=1,2,\cdots,10\}$,含有样本空间 Ω 中150个样本点,即 $m_{AB}=150$, 于是 $P(AB)=\dfrac{m_{AB}}{n}=\dfrac{150}{750}=0.2$.

由于 $P(A)P(B)=0.5\times0.4=0.2$,故有 $P(AB)=P(A)P(B)$. 而当 $P(A)>0$ 和 $P(B)>0$ 时成立 $P(AB)=P(A)P(B|A)=P(B)P(A|B)$,于是有 $P(A)=P(A|B)$, $P(B)=P(B|A)$. 这意味着从二班任意选取一名学生,该生是否在2014年获得奖学金对一班任一学生在2014年获得奖学金的概率没有影响. 同样从一班任意选取一名学生,该生是否在2014年获得奖学金对二班任一学生在2014年获得奖学金的概率也没有影响. 也就是说,事件 B 发生不影响事件 A 发生的概率,事件 A 发生不影响事件 B 发生的概率. 两个随机事件之间的这种特性称为随机事件之间的**独立性**. 当然,并非两个随机事件之间都具有独立性.

如果随机事件 A 与 B **相互独立**,显然有 $P(AB)=P(A)P(B)$. 反之亦然. 因此,对于两个随机事件 A,B,如果 $P(AB)=P(A)P(B)$,那么就称随机事件 A 与 B **相互独立**.

进一步,如果随机事件 A 与 B 相互独立,那么 A 与 $\overline{B}$,$\overline{A}$ 与 B,$\overline{A}$ 与 $\overline{B}$ 也相互独立.

这是因为由 A 与 B 相互独立,得 $P(AB)=P(A)P(B)$,有

$P(A\overline{B})=P(A-AB)=P(A)-P(AB)=P(A)-P(A)P(B)=P(A)P(\overline{B})$,

$P(\overline{A}B)=P(B-AB)=P(B)-P(AB)=P(B)-P(A)P(B)=P(\overline{A})P(B)$,

$P(\overline{A}\overline{B})=P(\overline{A\cup B})=1-P(A\cup B)=1-P(A)-P(B)+P(AB)$

$=1-P(A)-P(B)+P(A)P(B)=[1-P(A)][1-P(B)]=P(\overline{A})P(\overline{B})$.

在实际应用中,常常是根据问题的具体情况,按照独立性的直观意义来判定事件的独立性. 例如,连续两次抛掷一枚硬币,事件{第一次出现正面}与事件{第二次出现正面}是相互独立的.

例7 一盒螺钉共有20个,其中19个是合格的,另一盒螺母也有20个,其中18个是合格的. 现从两盒中各取一个螺钉和螺母,求两个都是合格品的概率.

解 令事件 $A=\{$任取一个,螺钉合格$\}$, $B=\{$任取一个,螺母合格$\}$,显然 A 与 B 是相互独立的,并且有 $P(A)=\dfrac{C_{19}^1}{C_{20}^1}=\dfrac{19}{20}, P(B)=\dfrac{C_{18}^1}{C_{20}^1}=\dfrac{9}{10}$. 所以

$$P(AB)=P(A)P(B)=\dfrac{19}{20}\times\dfrac{9}{10}=\dfrac{171}{200}=0.855.$$

例8 用高射炮射击飞机,如果每门高射炮击中飞机的概率是0.6,试问:

(1) 用两门高射炮分别射击一次,击中飞机的概率是多少?

(2) 若有一架敌机入侵,需要多少架高射炮同时射击才能以99%的概率命中敌机?

解 (1) 令 $B_i=\{$第 i 门高射炮击中敌机$\}(i=1,2)$,$A=\{$击中敌机$\}$. 在同时射击时,B_1 与 B_2 可以看成是互相独立的,从而 $\overline{B}_1,\overline{B}_2$ 也是相互独立的,且有 $P(B_1)=P(B_2)=0.6$,$P(\overline{B}_1)=P(\overline{B}_2)=1-P(B_1)=0.4$. 由 $A=B_1\cup B_2$,有 $\overline{A}=\overline{B}_1\overline{B}_2$,故

$$P(A)=1-P(\overline{A})=1-P(\overline{B}_1\overline{B}_2)=1-P(\overline{B}_1)P(\overline{B}_2)=1-0.4^2=0.84.$$

(2) 令 n 是以 99% 的概率击中敌机所需高射炮的门数,由上可知,$1-0.4^n\geqslant 0.99$,即

$$n\geqslant\frac{\lg 0.01}{\lg 0.4}=\frac{-2}{-0.3979}\approx 5.026.$$

因此,若有一架敌机入侵,至少需要配置 6 门高射炮方能以 99% 的把握击中它.

三个事件 A,B,C 相互独立是指下面的关系式同时成立:

$$P(AB)=P(A)P(B),P(AC)=P(A)P(C),P(BC)=P(B)P(C), \quad (1.5)$$

$$P(ABC)=P(A)P(B)P(C). \quad (1.6)$$

注意 (1) 关系式(1.5)和(1.6)不能互相推出.

(2) 仅满足(1.5)式时,称 A,B,C 两两独立.

(3) 显然,A,B,C 相互独立保证 A,B,C 两两独立.

例9 随机投掷编号为 1 与 2 的两颗骰子. 设事件 A 表示"1 号骰子向上一面出现奇数",B 表示"2 号骰子向上一面出现奇数",C 表示"两颗骰子出现的点数之和为奇数". 利用古典概型,容易得到

$$P(A)=P(B)=P(C)=\frac{1}{2},$$

$$P(AB)=P(BC)=P(CA)=\frac{1}{4}=P(A)P(B)=P(B)P(C)=P(C)P(A),$$

但

$$P(ABC)=0\neq\frac{1}{8}=P(A)P(B)P(C).$$

本例说明:不能由 A,B,C 两两独立得出 A,B,C 相互独立.

由两个事件相互独立、三个事件相互独立的定义不难给出 n 个事件 $A_1,A_2,\cdots,A_n$ 相互独立的定义.

有了 n 个事件相互独立的定义,我们给出以后要用到的一个重要性质:

若 n 个事件 $A_1,A_2,\cdots,A_n$ 相互独立,将这 n 个事件任意分成 k 组,同一个事件不能同时属于两个不同的组,则对每组的事件进行求和、积、差、对立等运算所得到的 k 个事件也相互独立.

练习题

1. 已知 $P(A)=a, P(B)=0.3, P(\overline{A}\cup B)=0.7$.
(1) 若事件 A 与 B 互不相容,求 a; (2) 若事件 A 与 B 相互独立,则 a 应取何值?

2. 假设某校学生英语四级考试的及格率为 98%,其中 70% 的学生通过英语六级考试,试求从该校随机选出一名学生通过英语六级考试的概率.

复习巩固题

1. 已知 $P(A)=\dfrac{1}{4}, P(B|A)=\dfrac{1}{3}, P(A|B)=\dfrac{1}{2}$,求 $P(AB), P(A\cup B)$.

2. 已知 $P(A)=P(B)=0.4, P(AB)=0.28$,求 $P(A|B), P(A-B), P(A\cup B)$.

3. 一批产品共 100 件,其中有 5 件是不合格品,从中连取两次,每次取一个产品,取后不放回,求两次都取到合格品的概率.

4. 在空战中甲机先向乙机开火,击落乙机的概率是 0.2;若乙机未被击落,就再进行还击,击落甲机的概率是 0.3. 求在这两个回合中甲机被击落的概率.

5. 甲、乙两个人各自破译一个密码,他们能破译出的概率分别为 $\dfrac{1}{3}$ 和 $\dfrac{1}{4}$. 试求:(1)甲能破译出而乙不能破译出的概率; (2)密码不能被破译的概率.

6. 甲、乙两门高炮彼此独立地向一飞机射击,设甲击中的概率为 0.3,乙击中的概率为 0.4,则飞机被击中的概率为多少?

1.5 全概率公式与贝叶斯公式

1.5.1 全概率公式

我们来研究引论中的问题(6). 如果该学生来自人文学院或经管学院,那么其被推荐参加国家奖学金评选的可能性为 $\dfrac{1}{1200}$;如果该学生来自信息学院或工学院,那么其被推荐参加国家奖学金评选的可能性为 $\dfrac{1}{1600}$;如果该学生来自医学院,那么其被推荐参加国家奖学金评选的可能性为 $\dfrac{1}{1000}$;如果该学生来自理学院,那么其被推荐参加国家奖学金评选的可能性为 $\dfrac{1}{400}$. 由此可见,不同学院的学生被推荐参加国家奖学金评选的可能性不完全相同,也就是说,该学校 8000 名学生被推荐参加国家奖学金评选的可能性不完全相同. 因此,从六个学院中任意选取一个学院,再从该学院中任意选取一名学生,该学生被推荐参加国家奖学金评选的可能性就不能认为是 $\frac{7}{8000}$. 那到底是多少？又该如何计算？

设事件 $A_1,A_2,\cdots,A_6$ 分别表示任意选取一名学生来自人文学院、信息学院、医学院、理学院、经管学院、工学院；事件 B 表示该学生被推荐参加国家奖学金评选. 由于是先从六个学院中任意选取一个学院,再从该学院中任意选取一名学生,这样 $P(A_i)=\frac{1}{6}, i=1,2,\cdots,6$.

显然,事件 B 伴随着 6 个事件 $A_1,A_2,\cdots,A_6$ 之一发生. 由于 $A_1,A_2,\cdots,A_6$ 是完备的,因此 $B=\bigcup_{i=1}^{6}BA_i$,而且 $BA_1,BA_2,\cdots,BA_6$ 两两互斥,于是

$$P(B)=P\left(\bigcup_{i=1}^{6}BA_i\right)=\sum_{i=1}^{6}P(BA_i)=\sum_{i=1}^{6}P(A_i)P(B|A_i).$$

对于 $P(B|A_i)(i=1,2,\cdots,6)$ 这些条件概率,实际上就是每个学院的一名学生被推荐参加国家奖学金评选的概率. 利用缩减样本空间的方法以及古典概型,容易计算：

$$P(B|A_1)=\frac{1}{1200}, P(B|A_2)=\frac{1}{1600}, P(B|A_3)=\frac{1}{1000}, P(B|A_4)=\frac{1}{400},$$

$$P(B|A_5)=\frac{1}{1200}, P(B|A_6)=\frac{1}{1600}.$$

这样,

$$P(B)=\frac{1}{6}\times\left(\frac{1}{1200}+\frac{1}{1600}+\frac{1}{1000}+\frac{1}{400}+\frac{1}{1200}+\frac{1}{1600}\right)=\frac{77}{72000}>\frac{7}{8000},$$

即从六个学院中任意选取一个学院,再从该学院中任意选取一名学生,该学生被推荐参加国家奖学金评选的可能性为 $\frac{77}{72000}$,明显大于 $\frac{7}{8000}$.

这说明,一个随机事件 B 伴随着多个事件之一发生,计算其概率必须寻求新的方法.

一般地,设 $A_1,A_2,\cdots,A_n$ 是一个完备事件组,即满足 $A_1,A_2,\cdots,A_n$ 两两互斥,且 $\bigcup_{i=1}^{n}A_i=\Omega, P(A_i)>0, i=1,2,\cdots,n$,则对任意事件 B,有

$$P(B)=\sum_{i=1}^{n}P(A_i)P(B|A_i). \tag{1.7}$$

称式(1.7)为**全概率公式**.

全概率公式是概率的加法公式和乘法公式的综合. 利用这个公式可以从较简单事件的概率推算出复杂事件的概率,即把复杂事件 B 分解成简单事件之和的形式：$\bigcup_{i=1}^{n}A_iB$,如图 1.10 所示. 只要求出互不相容的事件 A_iB 的概率 $P(A_iB)=P(A_i)P(B|A_i)(i=1,2,\cdots,n)$,就可以得到事件 B 的概率.

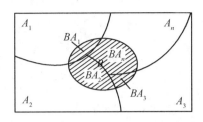

图 1.10 复杂事件分解成简单事件之和

例1 三人同时向一架飞机射击. 设三人都射不中的概率为 0.09, 三人中只有一人射中的概率为 0.36, 三人中恰有两人射中的概率为 0.41, 三人同时射中的概率为 0.14. 又设无人射中, 飞机不会坠毁; 只有一人射中, 飞机坠毁的概率为 0.2; 两人射中, 飞机坠毁的概率为 0.6; 三人射中, 飞机一定坠毁. 求三人同时向飞机射击一次, 飞机坠毁的概率.

解 令 $B=\{$飞机坠毁$\}$, $A_0=\{$三人都射不中$\}$, $A_1=\{$只有一人射中$\}$, $A_2=\{$恰有两人射中$\}$, $A_3=\{$三人同时射中$\}$. 显然有 $\sum_{i=0}^{3} A_i = \Omega$, 且 $A_i A_j = \varnothing (i \neq j; i,j=0,1,2,3)$.

由题设可知

$$P(A_0)=0.09, \ P(A_1)=0.36, P(A_2)=0.41, P(A_3)=0.14,$$
$$P(B|A_0)=0, P(B|A_1)=0.2, P(B|A_2)=0.6, P(B|A_3)=1.$$

利用全概率公式(1.7), 可以得到

$$P(B) = \sum_{i=0}^{3} P(A_i) P(B|A_i) = 0.458.$$

1.5.2 贝叶斯公式

回到引论的问题(7), 即现有一名学生被推荐参加国家奖学金评选, 这名学生最可能来自哪个学院? 解决这个问题, 就是计算 $P(A_i|B)(i=1,2,\cdots,6)$ 这些条件概率.

由于 $P(A_iB)=P(A_i)P(B|A_i)=P(B)P(A_i|B)$, 只要知道 $P(A_i)$, $P(B|A_i)$ 和 $P(B)$, 就可以求出 $P(A_i|B)$. 现在 $P(B)=\dfrac{77}{72000}$, 再注意到 $P(A_i)$, $P(B|A_i)$ 的数值, 有

$$P(A_1|B) = \frac{P(A_1)P(B|A_1)}{P(B)} = \frac{10}{77}, \quad P(A_2|B) = \frac{P(A_2)P(B|A_2)}{P(B)} = \frac{45}{462},$$

$$P(A_3|B) = \frac{P(A_3)P(B|A_3)}{P(B)} = \frac{12}{77}, \quad P(A_4|B) = \frac{P(A_4)P(B|A_4)}{P(B)} = \frac{30}{77},$$

$$P(A_5|B) = \frac{P(A_5)P(B|A_5)}{P(B)} = \frac{10}{77}, \quad P(A_6|B) = \frac{P(A_6)P(B|A_6)}{P(B)} = \frac{45}{462}.$$

由此可知, 这名学生最可能来自理学院. 另一方面, 事件 B 发生了, $A_1, A_2, \cdots, A_6$ 在 B 发生的条件下的概率都不是 $\dfrac{1}{6}$ 了.

一般地, 设 $A_1, A_2, \cdots, A_n$ 是一个完备事件组, $P(A_i)>0 (i=1,2,\cdots,n)$, 则对任意事件 $B(P(B)>0)$, 由乘法公式 $P(A_iB)=P(A_i)P(B|A_i)=P(B)P(A_i|B)$ 得到在事件 B 发生的条件下事件 A_i 发生的概率为

$$P(A_i|B) = \frac{P(A_i)P(B|A_i)}{P(B)},$$

再由全概率公式得到

$$P(A_i|B) = \frac{P(A_i)P(B|A_i)}{\sum_{j=1}^{n}P(A_j)P(B|A_j)} \quad (i=1,2,\cdots,n), \tag{1.8}$$

称式(1.8)为**贝叶斯(Bayes)公式**.

贝叶斯公式主要用于在已知某事件 B 发生的条件下,判断 B 是在 $A_1,A_2,\cdots,A_n$ 中的哪一个事件发生的情况下而发生的,即要求知道 B 发生的条件下某个原因 A_i 发生的概率,这就是条件概率 $P(A_i|B)$,所以这个公式又称为**原因概率公式**.

例2 设某人从外地赶来参加紧急会议.他乘火车、轮船、汽车或飞机来的概率分别是 $\frac{3}{10}, \frac{1}{5}, \frac{1}{10}$ 及 $\frac{2}{5}$. 如果他乘飞机来,不会迟到;而乘火车、轮船或汽车来迟到的概率分别为 $\frac{1}{4}$, $\frac{1}{3}, \frac{1}{12}$. 若此人迟到,试推断他是乘坐哪种交通工具来的.

解 令 $A_1=\{$乘火车$\}, A_2=\{$乘轮船$\}, A_3=\{$乘汽车$\}, A_4=\{$乘飞机$\}, B=\{$迟到$\}$. 根据题意,有

$$P(A_1)=\frac{3}{10}, P(A_2)=\frac{1}{5}, P(A_3)=\frac{1}{10}, P(A_4)=\frac{2}{5},$$

$$P(B|A_1)=\frac{1}{4}, P(B|A_2)=\frac{1}{3}, P(B|A_3)=\frac{1}{12}, P(B|A_4)=0.$$

将这些数值代入贝叶斯公式(1.8),得

$$P(A_1|B)=\frac{1}{2}, P(A_2|B)=\frac{4}{9}, P(A_3|B)=\frac{1}{18}, P(A_4|B)=0.$$

由上述计算结果可以推断出若此人迟到,他乘火车的可能性最大.

例3 一个工厂的甲、乙、丙三个车间生产同一种产品,这三个车间的产量分别占总产量的 $25\%,35\%,40\%$. 如果每个车间成品中的次品占其产量的 $5\%,4\%,2\%$,求在从全厂生产的该产品中抽出一个是次品的条件下它正好是甲车间生产出来的概率.

解 设事件 $A_1=\{$抽出的一个产品是甲车间生产的$\}, A_2=\{$抽出的一个产品是乙车间生产的$\}, A_3=\{$抽出的一个产品是丙车间生产的$\}, B=\{$抽到一个次品$\}$,则

$$P(A_1)=\frac{25}{100}, P(A_2)=\frac{35}{100}, P(A_3)=\frac{40}{100},$$

$$P(B|A_1)=\frac{5}{100}, P(B|A_2)=\frac{4}{100}, P(B|A_3)=\frac{2}{100}.$$

应用全概率公式(1.7),得

$$P(B)=\sum_{i=1}^{3}P(A_i)P(B|A_i)=0.0345.$$

再应用贝叶斯公式(1.8),有

$$P(A_1 \mid B) = \frac{P(A_1)P(B \mid A_1)}{\sum_{j=1}^{3} P(A_j)P(B \mid A_j)} = \frac{25}{69}.$$

称 $P(A_i)$ 为**先验概率**,它是由以往的经验得到的,它是事件 B 的原因. 称 $P(A_i \mid B)$ 为**后验概率**,它是得到了信息 B 发生,再对导致 B 发生的原因的可能性大小重新加以修正.

利用全概率公式和贝叶斯公式计算概率的关键是寻找满足全概率公式条件的事件组,即完备事件组 $A_1, A_2, \cdots, A_n$. 要掌握以下要点:

(1) 事件 B 必须伴随着 n 个互不相容事件 $A_1, A_2, \cdots, A_n$ 之一发生,B 的概率就可用全概率公式计算.

(2) 若已知事件 B 发生了,求事件 $A_j(j=1,2,\cdots,n)$ 的概率,则应使用贝叶斯公式. 这里用贝叶斯公式计算的是条件概率 $P(A_j \mid B)(j=1,2,\cdots,n)$.

练习题

1. 商店出售尚未过关的某电子产品,进货 10 件,其中有 3 件是次品,已经出售 2 件,现从剩下的 8 件产品中任取一件,求这件是正品的概率.

2. 某人忘记了电话号码的最后一个数字,因而随意地拨号,求他拨号不超过 3 次而接通所需的电话的概率. 如果已知最后一个数字是奇数,那么此概率又是多少?

3. 某商品的商标为"MAXAM",其中有 2 个字母脱落,有人捡起随意放回. 求放回后仍为"MAXAM"的概率.

复习巩固题

1. 工厂有甲、乙、丙三个车间,它们生产同一种产品,每个车间产量分别占该工厂总产量的 25%,35%,40%,每个车间的产品中次品的概率分别为 0.05, 0.04, 0.03. 现从该厂总产品中任取一件产品,结果是次品,求取出的这件产品是乙车间生产的概率.

2. 第一个箱中有 10 个球,其中 8 个是白球;在第二个箱中有 20 个球,其中 4 个是白球. 现从每个箱中任取一球,然后从这两球中任取一球,问取到白球的概率是多少?

3. 射击室里有 9 支枪,其中经试射的有 2 支,试射过的枪的命中率是 0.8,未试射过的枪的命中率是 0.1. 今从射击室里任取一支枪,发射一次,结果命中了. 求所取枪已经试射过的概率.

4. 将两信息分别编码为 A 和 B 传递出去,接收站收到时,A 被误收作 B 的概率为 0.02,而 B 被误收作 A 的概率为 0.01. 信息 A 与信息 B 传递的频繁程度为 3∶2,若接收站收到的信息是 A,问原发信息是 A 的概率是多少?

1.6 案例分析——艾滋病病毒感染

艾滋病（Acquired Immune Deficiency Syndrome，获得性免疫缺陷综合征，缩写为AIDS）是现在在全球较流行的一种致命的接触性传染病. 艾滋病的受害者几乎没有活过五年的，到2004年全球艾滋病病毒感染者人数总计为3940万，死亡人数为310万（联合国艾滋病规划署和世界卫生组织《艾滋病流行最新报告—2004年12月》）. 根据中国卫生部、联合国艾滋病规划署和世界卫生组织2006年1月25日发布的最新数据显示，中国现在的艾滋病病毒感染者人数为65万，总感染率估计为0.05%. 为了阻止这种病的传播，首先要识别艾滋病病毒的携带者，对这些人采取适当的预防措施以避免传染给其他人. 科学家一直在寻求识别艾滋病病毒携带者的有效方法，其中一种方法就是血液试验——酶联免疫吸附试验（enzyme linked immunosorbent assay，缩写为ELISA），它能检测出身体中艾滋病病毒的某种抗体的存在性. 尽管这种试验可能是极其精确的，但是这种试验会有两种可能的误诊. 首先，它可能会对某些感染艾滋病病毒的人做出没有感染艾滋病病毒的诊断，这就是所谓的"假阴性"；其次，它可能会将某些没有感染艾滋病病毒的人误诊为感染了艾滋病病毒，这就是"假阳性".

假设血液试验改进到这样的程度，它能正确识别患有艾滋病的人中的95%，因此5%的患有艾滋病的人的血液试验结果将是"假阴性". 进一步假设接受血液试验的不带艾滋病病毒的人中99%的试验结果为阴性，这就意味着不带艾滋病病毒的健康人中的1%，其血液试验结果将是"假阳性".

美国是艾滋病较为流行的国家之一，据保守估计，大约每1000人中就有1人受这种病的折磨. 为了能有效地控制和减缓艾滋病的传播，几年前有人就提议应在申请结婚登记的新婚夫妇中进行艾滋病病毒的血液试验，该项普查计划一经提出，立刻就遭到了许多专家学者的反对，他们认为这是一项既费钱又费力，同时收效不大的计划，最终，此项计划未被通过. 那么，到底专家的意见对不对？该普查计划该不该被执行呢？如果该计划得以实施，而某人又做了血液试验并且结果是阳性，那么他真正得了艾滋病的可能性有多大？

解 记 $A=\{$被检人带有艾滋病病毒$\}$，$B=\{$试验结果呈阳性$\}$. 我们关心的是条件概率 $P(A|B)$ 等于多少. 由题设知 $P(B|A)=0.95$，$P(B|\overline{A})=0.01$，$P(A)=0.001$，由贝叶斯公式(1.8)，得

$$P(A|B)=\frac{P(A)P(B|A)}{P(A)P(B|A)+P(\overline{A})P(B|\overline{A})}=\frac{0.001\times 0.95}{0.001\times 0.95+0.999\times 0.01}\approx 0.087.$$

就是说，即使检出阳性，尚可不必惊慌失措，因为这时不能断定此人一定是艾滋病病毒携带者，实际上此人是艾滋病病毒携带者的可能性尚不到10%，血液试验中呈阳性者中多于90%的人实际上并不携带艾滋病病毒.

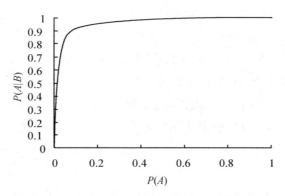

图 1.11 $P(A|B)$ 的图形

$P(A|B)$ 的图形(见图 1.11)表明,它是高度依赖于 $P(A)$ 的,$P(A)$ 越小,则确诊艾滋病患者时的阳性试验结果的可信度越低,反之则越高. 即使提高了试验的精度,也就是说,降低了假阴性和假阳性的出现概率,情况也没有改进多少. 例如,假设通过努力,将试验的灵敏度提高到了 99.9%,而假阳性的概率降为 0.5%,则试验结果呈阳性的人中也只有 16.7% 的人真正带有艾滋病病毒,其根本原因是艾滋病病毒携带者只占总人口的极少部分.

因此,即使试验结果出现假阳性和假阴性的可能性很小,对艾滋病这样在全部人口中发病率很低的疾病进行普查时,试验的阳性结果也是值得怀疑的. 由于申请结婚登记的人群,并不构成美国社会中艾滋病的"高危"人群,它的发病率甚至可能比全社会的发病率还稍低,因此,根据上面的分析,在新婚夫妇中实行艾滋病普查的意义不大.

值得注意的是,对于处于感染艾滋病的"高危"人群,这种普查方式将是很有效的. 例如,假设血液试验的假阳性和假阴性发生率保持不变,但是,人群中每 10 个人中就有 1 个带有病毒,则

$$P(A|B) = \frac{P(A)P(B|A)}{P(A)P(B|A)+P(\overline{A})P(B|\overline{A})} = \frac{0.1 \times 0.95}{0.1 \times 0.95 + 0.9 \times 0.01} \approx 0.913,$$

即试验呈阳性者中只有不到 10% 的人确实不带病毒.

1.7 本章内容小结

随机试验 E 的所有可能结果构成的集合 Ω 称为样本空间. 样本空间 Ω 的子集称为随机事件,简称事件,当且仅当这一子集中的一个样本点出现时称这一事件发生. 随机事件是一个集合,因而事件间的关系与运算自然按照集合论中集合间的关系与运算来处理. 集合间的关系与运算在中学已经学习过,同学们是熟悉的,重要的是要知道它们在概率论中的含义.

在一次试验中,一个事件(除必然事件和不可能事件外)可能发生也可能不发生,其发生的可能性大小是客观存在的. 事件发生的频率以及它的稳定性,表明能用一个数来刻画事件在一次试验中发生的可能性的大小. 人们从频率的稳定性及其性质得到启发和抽象,给出了概率的公理化定义,即定义了一个随机事件 A 的函数 $P(A)$,它满足三条基本性质:(1)非负

性;(2)规范性;(3)可列可加性.这一函数的函数值 $P(A)$ 就定义为事件 A 的概率.

概率的公理化定义只给出概率必须满足的三条性质,并未对事件 A 的概率 $P(A)$ 给定一个具体的数,或也没有对事件 A 的概率 $P(A)$ 给出一个计算方法.对于古典概型和几何概型,给出了事件 A 的概率 $P(A)$ 的计算公式.对于其他情形,我们只有通过大量的试验,计算事件 A 出现的频率,再以频率作为概率的近似值.

我们从实际例子计算、分析引出了条件概率的定义,给出了两种计算条件概率的方法.在此基础上,并注意概率的可列可加性,得到了概率的加法公式、乘法公式、全概率公式和贝叶斯公式.

随机事件的独立性是概率论中的一个非常重要的概念.概率论与数理统计中的很多内容都是在独立的前提下讨论的.应当指出,在实际应用中,对于事件的独立性,人们往往不是依据定义来判断,而是根据实际意义来加以判断.根据实际背景判断事件的独立性,往往并不困难.

重要术语与主题

随机试验　样本空间　随机事件　基本事件　频率　概率　古典概型　几何概型　对立事件及其概率　条件概率　加法公式　乘法公式　全概率公式　贝叶斯公式　随机事件的独立性

提 高 题

1. 一架电梯开始时有6位乘客并等可能地停于10层的每一层,求下列事件的概率:
(1) 某一层有两位乘客离开;
(2) 没有两位及两位以上乘客在同一层离开;
(3) 恰有两位乘客在同一层离开.

2. 将一颗骰子抛两次,考虑事件:$A=\{$第一次得的点数为 2 或 5$\}$,$B=\{$两次点数之和至少为 7$\}$,求 $P(A),P(B)$,并判断事件 A,B 是否相互独立.

3. 已知在 10 只产品中有 3 只次品,在其中取三次,每次任取一只,作不放回抽样,求下列事件的概率:
(1) 3 只都是正品;
(2) 2 只正品,1 只次品;
(3) 第二次取出的是次品.

4. 在数集 $\{1,2,\cdots,100\}$ 中随机地取一个数,已知取到的数不能被 2 整除,求它能被 3 或 5 整除的概率.

5. 从 n 双不同的鞋子中任选 $2r(2r<n)$ 只,试求没有一双成对的鞋子的概率.

6. 设 A,B 为两个事件,$P(A)=P(B)=\dfrac{1}{3}$,$P(A|B)=\dfrac{1}{6}$,求 $P(\overline{A}|\overline{B})$.

7. 设电路由 A,B,C 三个元件组成,若元件 A,B,C 发生故障的概率分别为 $0.3,0.2,0.2$,且各元件独立工作,试在以下情况下,求此电路发生故障的概率:

(1) A,B,C 三个元件串联;

(2) A,B,C 三个元件并联;

(3) 元件 A 与两个并联的元件 B,C 串联而成.

8. 有两箱零件,第一箱装50件,其中10件是一等品;第二箱装30件,其中18件是一等品.现从两箱随意挑出一箱,然后从该箱中先后任取2件,试求:

(1) 第一次取出的零件是一等品的概率;

(2) 在第一次取出的是一等品的条件下,第二次取出的零件仍然是一等品的概率.

9. 一打靶场备有5支某种型号的枪,其中3支已经校正,2支未经校正.某人使用已校正的枪击中目标的概率为 p_1,使用未经校正的枪击中目标的概率为 p_2.他随机地取一支枪进行射击,已知他射击了5次,都未击中,求他使用的是已校正的枪的概率(设各次射击的结果相互独立).

10. 已知某商场一天内来 k 个顾客的概率为 $\dfrac{\lambda^k e^{-\lambda}}{k!}$,$k=0,1,\cdots$,其中 $\lambda>0$.又设每个到达商场的顾客购买商品是相互独立的,其概率为 p,试证:这个商场一天内有 r 个顾客购买商品的概率为 $\dfrac{(\lambda p)^r e^{-\lambda p}}{r!}$.

11. A,B,C 三人在同一办公室工作,房间里有一部电话,据统计知,打给 A,B,C 的电话的概率分别为 $\dfrac{2}{5},\dfrac{2}{5},\dfrac{1}{5}$.$A,B,C$ 三人常因工作外出,他们外出的概率分别为 $\dfrac{1}{2},\dfrac{1}{4},\dfrac{1}{4}$,设三人的行动相互独立.

(1) 求:①无人接电话的概率;②被呼叫人在办公室的概率.

(2) 若某一时间段打进3个电话,求:①这3个电话打给同一个人的概率;②这3个电话打给不相同的人的概率;③在这3个电话都打给 B 的条件下,B 却都不在的条件概率.

12. 在一道答案有4种选择的单项选择题测验中,若一个学生不知道题目的正确答案,他就从4个答案中任选1个.已知有80%的学生知道正确答案,现在某个学生答对了此题,问他确实知道正确答案的概率为多少?

13. 甲、乙、丙三位同学同时独立参加《概率论与数理统计》考试,不及格的概率分别为 $0.4,0.3,0.5$.

(1) 求恰有两位同学不及格的概率;

(2) 如果已经知道这三位同学中有两位不及格,求其中一位是同学乙的概率.

14. 在四次独立试验中,事件 A 至少出现一次的概率为 0.5904,求在三次独立试验中,事件 A 出现一次的概率.

15. 设一枚深水炸弹击沉一潜水艇的概率为 $\dfrac{1}{3}$,击伤的概率为 $\dfrac{1}{2}$,击不中的概率为 $\dfrac{1}{6}$;

并设击伤两次也会导致潜水艇下沉.求发射4枚深水炸弹能击沉潜水艇的概率.

16. 某大学的校乒乓球队与数学系乒乓球队举行对抗赛,校队的实力比系队强,当一名校运动员与一名系运动员比赛时,校运动员获胜的概率为0.6.现在校、系双方商量对抗赛的方案,提出如下三种:(1)双方各出3人;(2)双方各出5人;(3)双方各出7人.三种方案中均以比赛中得胜人数多的一方为胜利,问:对系队来说,哪一种方案较有利?

17. 证明:(1)若 $P(B|A)=P(B|\overline{A})$,则事件 A 与 B 相互独立;(2)若 $P(A)=1$,则事件 A 与任意事件相互独立.

18. 对于三个事件 A,B,C,若 $P(AB|C)=P(A|C)P(B|C)$ 成立,则称 A 与 B 关于条件 C 独立,且 $P(C)=0.5, P(A|\overline{C})=0.2, P(B|\overline{C})=0.1, P(A|C)=P(B|C)=0.9$.

(1) 求 $P(A), P(B), P(AB)$;

(2) 证明 A 与 B 不独立.

19. 设 $P(A)>0$,试证:$P(B|A) \geq 1 - \dfrac{P(\overline{B})}{P(A)}$.

第 2 章 一维离散型随机变量

2.0 引论与本章学习指导

2.0.1 引论

在射击比赛中,运动员向目标靶射击一次,观察击中目标靶的成绩,成绩用 0 环、1 环、…、10 环表示.显然,0 环、1 环、…、10 环是向目标靶射击一次这个随机试验的 11 个样本点.样本点可以用数来描述吗?如果样本点可以用数来描述,那么样本空间该如何描述?衡量射击运动员的水平,既要看他的平均环数是否高,还要看他弹着点的范围是否小,即数据的波动是否小.这些方面的概率特性又该如何描述?

要回答上述问题,需要本章介绍的一维离散型随机变量的知识,包括一维离散型随机变量的概念及其概率分布与分布函数的理论,一维离散型随机变量的数学期望与方差的概念、性质和计算方法.

2.0.2 本章学习指导

本章知识点教学要求如下:

(1) 在理解一维离散型随机变量概念的基础上,理解一维离散型随机变量的概率分布与分布函数的概念和性质,会求简单一维离散型随机变量的概率分布与分布函数.

(2) 会利用概率分布与分布函数计算有关事件的概率.

(3) 理解一维离散型随机变量的数学期望与方差的概念、性质,掌握一维离散型随机变量的数学期望与方差的计算方法.

(4) 会求简单一维离散型随机变量函数的概率分布.

(5) 熟练掌握二项分布、泊松(Poisson)分布等重要分布.

显然,需要理解的概念和需要掌握的性质与计算方法是教学重点,这部分内容同学们学习时要特别注意.

当然,一维离散型随机变量的概念,一维离散型随机变量的分布函数的概念和性质,一维离散型随机变量函数的概念,这几个内容学习时大多数同学会感到有困难,希望有困难的同学课上认真听讲,课后与老师讨论.

本章教学安排 6 学时.

2.1 一维离散型随机变量的概念与分布

上一章我们研究了随机事件及其概率,我们发现随机事件的概率计算有一定的困难,即使是样本点等可能的随机现象,其蕴含的规律也难以刻画.为了更好地揭示随机现象的规律性并利用数学工具描述其规律,有必要引入随机变量来描述随机试验的不同结果.

本节先引入一维离散型随机变量的概念,再在此基础上介绍一维离散型随机变量的概率分布、分布函数的概念和性质.

2.1.1 一维离散型随机变量的概念

引例 1 对于向目标靶射击一次的随机试验,有 11 个可能结果:0 环、1 环、…、10 环.现用 ω_i 表示射击一次击中目标靶的成绩为 i 环$(i=0,1,\cdots,10)$,于是,此随机试验的样本空间为 $\Omega_1=\{\omega_i | i=0,1,\cdots,10\}$.把样本点 ω_i 和数 $i(i=0,1,\cdots,10)$ 对应,但是样本点 $\omega_i(i=0,1,\cdots,10)$ 仅是向目标靶射击一次这样的随机试验的一个可能结果,这样样本空间 Ω_1 就不能和数集 $\{0,1,\cdots,10\}$ 对应,而应当和一个"可能取值 0、可能取值 1、…、可能取值 10"的集合对应,这样的集合我们用 X 表示.由此,X 可能取值 0、可能取值 1、…、可能取值 10,也就是说,X 是一个可能取值 0、1、…、10 的特殊的量,这样的量取值不具有确定性,我们称为**随机变量**,随机变量一般用英文大写字母 X,Y,Z 等表示.

引例 2 对于向一个较远距离的目标射击,直到击中目标这样的随机试验,可能的射击次数为 $1,2,\cdots,k,\cdots$.把射击次数 k 与数 k 对应,设 Y 是一个可能取值为 $1,2,\cdots,k,\cdots$ 的特殊的量,则可以用随机变量 Y 来描述向一个较远距离的目标射击,直到击中目标这样的随机试验的可列个可能的射击次数结果.

一般地,对于有有限个或可数个(有限个或可数个统称为至多可数个)可能结果的随机试验,每一个可能的结果 ω 都用唯一确定的一个实数 $X=X(\omega)$ 来表示,则称 X 为**一维离散型随机变量**.

引入随机变量后,可用随机变量的等式或不等式表达随机事件.例如,对于引例 1,可知 $\{X\geqslant 8\}$ 表示"命中至少 8 环"这一事件;又如,对于引例 2,可知 $\{X>100\}$ 表示"射击次数超过 100 次"这一事件.

> **思考** 掷一颗骰子,出现的点数 X 是一个离散型随机变量,确定 X 的可能取值,用 X 表示事件 $A=\{$点数大于 3$\}$.

2.1.2 一维离散型随机变量的概率分布的概念与性质

对于某一随机试验,其样本空间 $\Omega=\{\omega_i | i=1,2,\cdots,k\}$.定义 $x_i=X(\omega_i)$,则样本空间

$\Omega = \{\omega_i \mid i=1,2,\cdots,k\}$ 就可用取值为 $x_1, x_2, \cdots, x_k$ 的一维离散型随机变量 X 描述. 显然事件 $\{X = x_i\}$ 就是样本点 ω_i, 设 $P(\omega_i) = p_i (i=1,2,\cdots,k)$, 则 X 取各个可能值的概率为
$$P\{X = x_i\} = p_i, i=1,2,\cdots,k.$$

我们称上式为取值有限个的离散型随机变量 X 的**概率分布**或**分布律**. 随机变量 X 的概率分布可以用列表的形式给出:

X	x_1	x_2	$\cdots$	x_k
$P\{X = x_i\}$	p_1	p_2	$\cdots$	p_k

这种表格被称为 X 的**分布列**; 它还可以用矩阵的形式来表示:
$$\begin{pmatrix} x_1 & x_2 & \cdots & x_k \\ p_1 & p_2 & \cdots & p_k \end{pmatrix},$$

我们称上面的矩阵为 X 的**分布阵**.

以上给出了取值有限个的离散型随机变量的概率分布, 下面给出取值可数个的离散型随机变量的概率分布.

设离散型随机变量 X 的取值为 $x_1, x_2, \cdots, x_k, \cdots$, X 取各个可能值的概率为
$$P\{X = x_k\} = p_k, k=1,2,\cdots,$$

我们称上式为离散型随机变量 X 的**概率分布**或**分布律**. 随机变量 X 的概率分布可以用列表的形式给出:

X	x_1	x_2	$\cdots$	x_k	$\cdots$
$P\{X = x_i\}$	p_1	p_2	$\cdots$	p_k	$\cdots$

这种表格被称为 X 的**分布列**; 它还可以用矩阵的形式来表示:
$$\begin{pmatrix} x_1 & x_2 & \cdots & x_k & \cdots \\ p_1 & p_2 & \cdots & p_k & \cdots \end{pmatrix},$$

我们称此矩阵为 X 的**分布阵**.

这里 p_k 有下列性质:

(1) $0 \leqslant p_k \leqslant 1, k=1,2,\cdots$;

(2) $\sum\limits_{k=1}^{+\infty} p_k = 1.$

应当指出, 上述性质也是 $p_k, k=1,2,\cdots$ 成为某一离散型随机变量概率分布的充分条件.

离散型随机变量 X 的取值虽然是"不确定的", 但是它具有一定的"概率分布". 概率分布不仅明确地给出了 X 在点 x_i (以后称为**正概率点**) 处的概率, 而且对于任意实数 $a < b$, 事件 $\{a \leqslant X \leqslant b\}$ 发生的概率都可以由概率分布算出. 这是因为事件 $\{a \leqslant X \leqslant b\}$ 表示为 $\bigcup\limits_{a \leqslant x_i \leqslant b} \{X = x_i\}$, 于是由概率的可加性, 有
$$P\{a \leqslant X \leqslant b\} = \sum_{a \leqslant x_i \leqslant b} P\{X = x_i\}.$$

一般来说, 对于实数集 $\mathbf{R}$ 中任一个区间 D, 都有

$$P\{X \in D\} = \sum_{x_i \in D} P\{X = x_i\}.$$

例 1 经过长期训练的该运动员在射击比赛中不会脱靶,即不会出现 0 环的成绩.其命中 k 环($k=1,2,\cdots,10$)的概率一般与$(11-k)k^2$ 成正比,试求:

(1) 该运动员击中各环成绩的概率;

(2) 至少命中 8 环的概率.

解 (1) 用 X 表示该运动员在一次射击比赛中命中的环数,则 X 的可能取值为 0, $1,\cdots,10$. 显然 $P\{X=0\}=0$,由题设有

$$P\{X=k\} = c(11-k)k^2, k=1,2,\cdots,10.$$

又 $\sum_{k=1}^{10} P\{X=k\} = \sum_{k=1}^{10} c(11-k)k^2 = 1$,得 $c = \dfrac{1}{1210}$,于是得分布列:

X	0	1	2	3	4	5	6	7	8	9	10
p_k	0	$\dfrac{5}{605}$	$\dfrac{18}{605}$	$\dfrac{36}{605}$	$\dfrac{56}{605}$	$\dfrac{75}{605}$	$\dfrac{90}{605}$	$\dfrac{98}{605}$	$\dfrac{96}{605}$	$\dfrac{81}{605}$	$\dfrac{50}{605}$

(2) 设 A 为事件"至少命中 8 环",则 $A = \{8 \leqslant X \leqslant 10\}$,于是

$$P(A) = P\{X=8\} + P\{X=9\} + P\{X=10\} = \frac{227}{605}.$$

例 2 向一个较远距离的目标射击,直至击中目标.设射击 1 次击中目标的概率为 p,确定射击次数的概率分布.

解 用 X 表示射击的次数,则 X 的可能取值为 $1,2,\cdots,n,\cdots$. 要确定 X 的概率分布,即求事件 $\{X=k\}$ 的概率,$k=1,2,\cdots,n,\cdots$. 事件 $\{X=k\}$ 意味着前 $k-1$ 次射击都没有击中目标而第 k 次射击击中目标. 由于射击 1 次击中目标的概率为 p,于是射击 1 次没有击中目标的概率则为 $1-p$. 注意到在总共 k 次射击中每一次射击是否击中目标与其他各次射击是否击中目标无关,即在总共 k 次射击中各次射击是否击中目标是相互独立的,因此利用 k 个事件的相互独立性立即得到 $P\{X=k\} = p(1-p)^{k-1}, k=1,2,\cdots,n,\cdots$.

若随机变量 X 的概率分布为

$$P\{X=k\} = pq^{k-1}, k=1,2,\cdots,n,\cdots; 0<p<1, q=1-p,$$

则称 X 服从参数为 p 的**几何分布**,记为 $X \sim G(p)$.

利用几何级数求和公式容易验证几何分布的概率值 $p_k = pq^{k-1}$ 满足

$$\sum_{k=1}^{+\infty} p_k = \sum_{k=1}^{+\infty} pq^{k-1} = p \cdot \frac{1}{1-q} = 1.$$

一般地,在 n 次独立重复试验中,事件 A 首次出现在第 k 次的概率为

$$p_k = pq^{k-1}, k=1,2,\cdots,$$

通常称 k 为事件 A 的首发生次数. 若用 X 表示事件 A 的首发生次数,则 X 服从几何分布.

思考 设随机变量 X 的分布律为 $P\{X=n\} = \dfrac{c}{4^n}$ ($n=1,2,\cdots$),试求常数 c.

2.1.3 一维离散型随机变量的分布函数的概念与性质

例 1 中确定了某射击运动员击中各环成绩的概率,求出了其至少命中 8 环的概率. 现在我们来求其至多命中 8 环的概率.

"至多命中 8 环"这一随机事件表示为 $\{X\leqslant 8\}=\bigcup\limits_{k=0}^{8}\{X=k\}$,于是由例 1 的概率分布得

$$P\{X\leqslant 8\}=P(\bigcup_{k=0}^{8}\{X=k\})=\sum_{k=0}^{8}P\{X=k\}=\frac{474}{605}.$$

任取一个实数 x,问该射击运动员至多命中 x 环的概率是多少?显然这个概率与 x 的取值有关.

若 $x<1$,则该射击运动员至多命中 0 环,此时概率为 0;若 $x\geqslant 1$,则该射击运动员至少命中 1 环,此时概率大于 0. 具体地,

当 $1\leqslant x<2$ 时,$P\{X\leqslant x\}=P\{X=0\}+P\{X=1\}=\dfrac{5}{605}$;

当 $2\leqslant x<3$ 时,$P\{X\leqslant x\}=P\{X=0\}+P\{X=1\}+P\{X=2\}=\dfrac{23}{605}$;

当 $3\leqslant x<4$ 时,$P\{X\leqslant x\}=\sum\limits_{k=0}^{3}P\{X=k\}=\dfrac{59}{605}$;

当 $4\leqslant x<5$ 时,$P\{X\leqslant x\}=\sum\limits_{k=0}^{4}P\{X=k\}=\dfrac{115}{605}$;

当 $5\leqslant x<6$ 时,$P\{X\leqslant x\}=\sum\limits_{k=0}^{5}P\{X=k\}=\dfrac{190}{605}$;

当 $6\leqslant x<7$ 时,$P\{X\leqslant x\}=\sum\limits_{k=0}^{6}P\{X=k\}=\dfrac{280}{605}$;

当 $7\leqslant x<8$ 时,$P\{X\leqslant x\}=\sum\limits_{k=0}^{7}P\{X=k\}=\dfrac{378}{605}$;

当 $8\leqslant x<9$ 时,$P\{X\leqslant x\}=\sum\limits_{k=0}^{8}P\{X=k\}=\dfrac{474}{605}$;

当 $9\leqslant x<10$ 时,$P\{X\leqslant x\}=\sum\limits_{k=0}^{9}P\{X=k\}=\dfrac{555}{605}$;

当 $x\geqslant 10$ 时,$P\{X\leqslant x\}=\sum\limits_{k=0}^{10}P\{X=k\}=1.$

于是,对于任一个实数 x,x 与事件 $\{X\leqslant x\}$ 的概率 $P\{X\leqslant x\}$ 对应,而且 x 的取值范围为实数集 **R**. 记 $P\{X\leqslant x\}=F(x)$,这是一个定义在实数集 **R** 上的函数. 这样例 1 中某射击运动员命中环数这个随机变量 X 就可用 $F(x)=P\{X\leqslant x\}$ 来描述,这样的函数称为随机变量的**分布函数**.

一般地,设 X 为一随机变量,x 是任意实数,则称函数

$$F(x)=P\{X\leqslant x\} \quad (-\infty<x<+\infty)$$

为 X 的**分布函数**.

设离散型随机变量 X 的概率分布为

X	x_1	x_2	$\cdots$	x_k	$\cdots$
$P\{X=x_i\}$	p_1	p_2	$\cdots$	p_k	$\cdots$

由分布函数的定义可知,其分布函数

$$F(x)=P\{X\leqslant x\}=\sum_{x_i\leqslant x}P\{X=x_i\}=\sum_{x_i\leqslant x}p_i,$$

即 $F(x)$ 是 X 取小于或等于 x 的所有可能值的概率之和.

当 X 的取值为 $x_1<x_2<\cdots<x_n<\cdots$ 时,其分布函数可以写成分段函数形式:

$$F(x)=\begin{cases}0, & x<x_1,\\ p_1, & x_1\leqslant x<x_2,\\ p_1+p_2, & x_2\leqslant x<x_3,\\ \cdots, & \cdots,\\ 1, & x_n\leqslant x.\end{cases}$$

不难看出,这个分段函数的分段点就是在 X 的概率分布中取正概率的点.

约定 一维离散型随机变量的可能取值 $x_1,x_2,\cdots,x_k,\cdots$ 按由小到大的顺序排列.

例 3 设 X 的分布为 $P\{X=1\}=p,P\{X=0\}=1-p$,求 X 的分布函数.

解 由已知条件,得

$$F(x)=\begin{cases}0, & x<0,\\ 1-p, & 0\leqslant x<1,\\ 1, & x\geqslant 1.\end{cases}$$

例 4 一袋中装有 5 只球,编号为 1,2,3,4,5. 从袋中同时取 3 只球,用 X 表示取出的 3 只球中的最大号码数,求 X 的分布函数.

解 随机变量 X 的可能取值为 3,4,5. 利用古典概型,有

$$P\{X=3\}=\frac{C_2^2}{C_5^3}=\frac{1}{10},\ P\{X=4\}=\frac{C_3^2}{C_5^3}=\frac{3}{10},\ P\{X=5\}=\frac{C_4^2}{C_5^3}=\frac{6}{10},$$

即 X 的分布阵为

$$\begin{pmatrix}3 & 4 & 5\\ \dfrac{1}{10} & \dfrac{3}{10} & \dfrac{6}{10}\end{pmatrix},$$

从而 X 的分布函数为

$$F(x)=\begin{cases}0, & x<3,\\ \dfrac{1}{10}, & 3\leqslant x<4,\\ \dfrac{4}{10}, & 4\leqslant x<5,\\ 1, & x\geqslant 5.\end{cases}$$

例 5 求几何分布的分布函数.

解 设随机变量 $X \sim G(p)$,则 X 的概率分布为
$$P\{X=k\}=pq^{k-1}, k=1,2,\cdots,n,\cdots; 0<p<1, q=1-p.$$

当 $x<1$ 时,$F(x)=P\{X\leqslant x\}=0$;

当 $1\leqslant x<2$ 时,$F(x)=P\{X\leqslant x\}=P\{X=1\}=p=1-q$;

当 $2\leqslant x<3$ 时,$F(x)=P\{X\leqslant x\}=P\{X=1\}+P\{X=2\}=p+pq=1-q^2$;

$\cdots$;

当 $k\leqslant x<k+1$ 时,$F(x)=P\{X\leqslant x\}=P\{X=1\}+\cdots+P\{X=k\}$
$$=p+pq+\cdots+pq^{k-1}=1-q^k;$$

$\cdots$.

故几何分布的分布函数为
$$F(x)=\begin{cases}0, & x<1, \\ 1-q^{[x]}, & x\geqslant 1,\end{cases}$$

其中 $q=1-p$,$[x]$ 表示对 x 取整.

对于一维离散型随机变量 X,由于分布函数是一个以全体实数为其定义域、以事件 $\{\omega|-\infty<X(\omega)\leqslant x\}$ 的概率为函数值的实值函数,因此 $0\leqslant F(x)\leqslant 1$.

当 $x\to-\infty$ 时,事件 $\{\omega|-\infty<X(\omega)\leqslant x\}$ 是不可能事件 $\varnothing$,即 $\lim\limits_{x\to-\infty}F(x)=0$. 同样地,当 $x\to+\infty$ 时,事件 $\{\omega|-\infty<X(\omega)\leqslant x\}$ 是必然事件 Ω,即 $\lim\limits_{x\to+\infty}F(x)=1$.

对于 $x_1<x_2$,则显然 $\{\omega|-\infty<X(\omega)\leqslant x_1\}\subset\{\omega|-\infty<X(\omega)\leqslant x_2\}$,于是
$$F(x_1)=P\{X\leqslant x_1\}\leqslant P\{X\leqslant x_2\}=F(x_2),$$

即 $F(x)$ 是非减函数.

最后,注意到一维离散型随机变量的分布函数可以写成分段函数,而且分段函数的分段点就是随机变量的概率分布中取正概率的点.再结合分布函数的定义,知道分布函数 $F(x)$ 在取正概率的点处右连续,而在其他点连续.

总结以上讨论,一维离散型随机变量的分布函数 $F(x)$ 具有以下的基本性质:

(1) $0\leqslant F(x)\leqslant 1$;

(2) $F(x)$ 是非减函数;

(3) $F(x)$ 是右连续的;

(4) $\lim\limits_{x\to-\infty}F(x)=0$, $\lim\limits_{x\to+\infty}F(x)=1$.

应当指出,上述性质也是 $F(x)$,$-\infty<x<+\infty$ 成为某个一维离散型随机变量分布函数的充分条件.

由分布函数的定义,显然有
$$P\{a<X\leqslant b\}=P\{X\leqslant b\}-P\{X\leqslant a\}=F(b)-F(a),$$
$$P\{X<x_0\}=\lim_{x\to x_0^-}P\{X\leqslant x\}=F(x_0-0),$$
$$P\{X=x_0\}=P\{X\leqslant x_0\}-P\{X<x_0\}=F(x_0)-F(x_0-0),$$
$$P\{X>x_0\}=1-P\{X\leqslant x_0\}=1-F(x_0),$$

$P\{X \geqslant x_0\} = 1 - P\{X < x_0\} = 1 - F(x_0 - 0)$.

当 $P\{X = x_0\} = 0$ 时，x_0 为 $F(x)$ 的连续点；当 $P\{X = x_0\} \neq 0$ 时，x_0 为 $F(x)$ 的间断点，$P\{X = x_0\}$ 为 X 在点 x_0 的跳跃值.

2.1.4 常见的一维离散型随机变量的分布

1. 0-1 分布

设随机变量 X 的分布为 $P\{X=1\} = p, P\{X=0\} = 1-p (0 < p < 1)$，则称 X 服从参数为 p 的**两点分布**，两点分布又称 **0-1 分布**，记为 $X \sim B(1, p)$.

凡是只有两个基本事件的随机事件都可以确定一个服从两点分布的随机变量. 因此，试验结果只有两个的随机变量常用 0-1 分布描述，如产品是否合格、人口性别统计、系统是否正常、电力消耗是否超标等.

2. 二项分布

设随机变量 X 的分布为 $P\{X=k\} = C_n^k p^k q^{n-k}, k = 0, 1, 2, \cdots, n; 0 < p < 1, q = 1 - p$，则称 X 服从参数为 n, p 的**二项分布**，记为 $X \sim B(n, p)$.

利用二项式定理，容易验证二项分布的概率值 p_k 满足

$$\sum_{k=0}^{n} p_k = \sum_{k=0}^{n} C_n^k p^k q^{n-k} = (p+q)^n = 1.$$

一般地，在 n 次独立重复试验中，事件 A 恰好发生 $k (0 \leqslant k \leqslant n)$ 次的概率为

$$P\{X = k\} = C_n^k p^k q^{n-k}, k = 0, 1, 2, \cdots, n.$$

用 X 表示 n 次独立重复试验中事件 A 发生的次数，则 $X \sim B(n, p)$.

下面来观察二项分布的取值情况.

设 $X \sim B\left(6, \dfrac{1}{3}\right)$，则其分布列为

X	0	1	2	3	4	5	6
p_k	0.088	0.264	0.329	0.219	0.082	0.016	≈ 0

由表可见，X 取 2 时的概率最大，把 2 称为最可能出现的次数.

再设 $X \sim B\left(8, \dfrac{1}{3}\right)$，则其分布列为

X	0	1	2	3	4	5	6	7	8
p_k	0.039	0.156	0.273	0.273	0.179	0.068	0.017	0.002	≈ 0

由表可见，X 取值 2 或 3 时的概率最大，把 2 和 3 称为最可能出现的次数.

一般地，若 $P\{X = k_0\} \geqslant P\{X = k\}, k = 0, 1, 2, \cdots, n$，则称 k_0 为 $X \sim B(n, p)$ 的最可能出现的次数. 若 $(n+1)p$ 为正整数，则 $k_0 = (n+1)p - 1$ 或 $k_0 = (n+1)p$；若 $(n+1)p$ 不为整数，则 $k_0 = [(n+1)p]$，即 k_0 为 $(n+1)p$ 的整数部分.

例 6 独立射击 5000 次，命中率为 0.001，求：

(1) 最可能命中次数及相应的概率；

(2) 命中次数不少于 1 次的概率.

解 (1) $k_0 = [(n+1)p] = [(5000+1) \times 0.001] \approx 5$,
$P\{X=5\} = C_{5000}^5 \times (0.001)^5 \times (0.999)^{4995} \approx 0.1756$.

(2) $P\{X \geq 1\} = 1 - P\{X < 1\} = 1 - C_{5000}^0 \times (0.001)^0 \times (0.999)^{5000} \approx 0.9934$.

本例说明：小概率事件虽不易发生，但重复次数多了，就成了大概率事件.

3. 超几何分布

设 N, M, n 为正整数，且 $n \leq N, M \leq N$，若随机变量 X 的分布律为

$$P\{X=k\} = \frac{C_M^k C_{N-M}^{n-k}}{C_N^n}, \quad k = 0, 1, 2, \cdots, \min\{M, n\},$$

则称 X 服从参数为 N, M, n 的**超几何分布**，记为 $X \sim H(n, M, N)$.

利用组合性质：$\sum_{k=0}^{n} C_M^k C_{N-M}^{n-k} = C_N^n$，可以证明 $\sum_{k=0}^{n} P\{X=k\} = 1$.

例 7 某学院有 8000 名学生，本年度有 3500 名学生获得各类奖学金. 现从该学院任意选取 100 名学生，问其中有 30 名学生和 60 名学生获得各类奖学金的概率分别是多少？

解 用 X 表示任意选取的 100 名学生中获得各类奖学金的人数，则 X 服从 $H(100, 3500, 8000)$，于是

$$P\{X=30\} = \frac{C_{3500}^{30} C_{4500}^{70}}{C_{8000}^{100}} = 0.00154, \quad P\{X=60\} = \frac{C_{3500}^{60} C_{4500}^{40}}{C_{8000}^{100}} = 0.00038.$$

4. 泊松(Poisson)分布

设随机变量 X 的分布律为

$$P\{X=k\} = \frac{\lambda^k}{k!} e^{-\lambda}, \quad k = 0, 1, 2, \cdots, n, \cdots; \lambda > 0,$$

则称 X 服从参数为 λ 的**泊松分布**，记为 $X \sim P(\lambda)$.

利用 e^x 的幂级数展开式，容易验证泊松分布的概率值 p_k 满足

$$\sum_{k=0}^{+\infty} p_k = \sum_{k=0}^{+\infty} \frac{\lambda^k}{k!} e^{-\lambda} = e^{-\lambda} \sum_{k=0}^{+\infty} \frac{\lambda^k}{k!} = e^{-\lambda} \cdot e^{\lambda} = 1.$$

泊松分布的应用场合：在某个时段内大卖场的顾客数；市级医院急诊病人数；某地区拨错号的电话呼唤次数；某地区发生的交通事故的次数；放射性物质发出的粒子数；一匹布上的疵点个数；一个容器中的细菌数；一本书一页中的印刷错误数等.

例 8 设随机变量 X 服从泊松分布，并且 $P\{X=1\} = P\{X=2\}$，求 $P\{X=4\}$.

解 设参数为 $\lambda > 0$，于是

$$P\{X=k\} = \frac{\lambda^k}{k!} e^{-\lambda}, \quad k = 0, 1, 2, \cdots.$$

由已知 $P\{X=1\} = P\{X=2\}$，得 $\frac{\lambda^1}{1!} e^{-\lambda} = \frac{\lambda^2}{2!} e^{-\lambda}$，解得 $\lambda = 2$. 于是

$$P\{X=4\} = \frac{2^4}{4!} e^{-2} = \frac{2}{3} e^{-2}.$$

例 9 设随机变量 X 服从泊松分布，并且 $P\{X=0\} = \frac{1}{2}$，求 $P\{X>1\}$.

解 设参数为 $\lambda > 0$，于是
$$P\{X=k\} = \frac{\lambda^k}{k!}e^{-\lambda}, k=0,1,2,\cdots.$$

由已知 $P\{X=0\} = \frac{1}{2}$，得 $\frac{\lambda^0}{0!}e^{-\lambda} = \frac{1}{2}$，解得 $\lambda = \ln 2$. 于是
$$P\{X>1\} = 1 - P\{X=0\} - P\{X=1\} = 1 - \frac{1}{2} - \lambda e^{-\lambda} = \frac{1-\ln 2}{2}.$$

手工计算与泊松分布有关的概率有困难，使用 Excel 的 POISSON 函数可以方便地计算. Excel 的 POISSON 函数格式如下：

$$\text{POISSON(变量,参数,累计)}$$

其中，变量：表示事件发生的次数；参数：泊松分布的参数值；累计：TRUE 为泊松分布函数值，FALSE 为泊松分布概率分布值.

例 10 设 X 服从参数为 4 的泊松分布，计算 $P\{X=6\}$ 及 $P\{X\leqslant 6\}$.

解 输入公式"=POISSON(6,4,FALSE)"，得
$$P\{X=6\} = 0.104196.$$
输入公式"=POISSON(6,4,TRUE)"，得
$$P\{X\leqslant 6\} = 0.889326.$$

练习题

1. 甲向一目标独立射击，设每次击中目标的概率为 $p \in (0,1)$，
(1) 直到击中目标 1 次为止，用 X 表示射击停止时的累计射击次数，求 X 的分布律；
(2) 直到击中目标 r 次为止，用 Y 表示射击停止时的累计射击次数，求 Y 的分布律.

2. 盒中装有大小相同的球 10 个，编号为 $0,1,2,\cdots,9$，从中任取 1 个，观察号码是"小于 5""等于 5""大于 5"的情况，试定义一个随机变量表达上述随机试验结果，并写出该随机变量取每一个特定值的概率.

3. 设 X 服从 0-1 分布，其分布律为 $P\{X=k\} = p^k(1-p)^{1-k}, k=0,1$，求 X 的分布函数，并作出分布函数的图形.

4. 设 X 为随机变量，且 $P\{X=k\} = \frac{1}{2^k}, k=1,2,\cdots$.

(1) 判断上面的式子是否为 X 的分布律； (2) 若是，试求 $P\{X$ 为偶数$\}$ 和 $P\{X\geqslant 5\}$.

复习巩固题

1. 一批产品有 20 个，其中有 5 个次品，从这批产品中任取 4 个，试求这 4 个产品中次品数的分布律.

2. 从 1~10 这 10 个数字中随机取出 5 个数字,令 X 为取出的 5 个数字中的最大值.试求 X 的分布律.

3. 设随机变量 X 的分布列为

X	-1	0	1
p_i	0.25	0.5	0.25

试求 $P\{X\leqslant 0.5\}$,$P\{0.2\leqslant X\leqslant 2\}$,并写出 X 的分布函数.

4. 一个袋中装有 5 只球,编号为 1,2,3,4,5,在袋中同时取 3 只球,用 X 表示取出的 3 只球中的最小号码数,求 X 的分布函数.

5. 设某人进行射击,每次的命中率为 0.4,现独立射击 10 次,问:
(1) 命中 3 枪的概率是多少?
(2) 至多命中 3 枪的概率是多少?

6. 设某射手每次击中目标的概率为 0.05,现在连续射击 10 次,求击中目标次数的概率.又设至少命中 2 次才可以参加下一步的考核,求该射手不能参加考核的概率.

7. 一根棉布条上的疵点数 X 服从参数为 $\lambda=0.5$ 的泊松分布,试求:
(1) 此棉布条上有 2 个疵点的概率;
(2) 此棉布条上至少有 2 个疵点的概率.

8. 一商店采用科学管理,由该商店过去的销售记录知道,某种商品每月的销售数可以用参数 $\lambda=5$ 的泊松分布来描述,为了以 95% 以上的把握保证不脱销,问商店在月底至少应进该商品多少件?

9. 某信息服务台在一分钟内接到的问讯次数 X 服从泊松分布,已知任一分钟内无问讯的概率为 e^{-6},求在指定的一分钟内至少有 2 次问讯的概率.

10. 一电话总机每分钟收到呼唤的次数服从参数为 4 的泊松分布,求:
(1) 某一分钟内恰有 8 次呼唤的概率;
(2) 某一分钟内的呼唤次数大于 3 的概率.

2.2 一维离散型随机变量的数学期望与方差

上一节我们讨论了一维离散型随机变量的概率分布与分布函数,概率分布和分布函数能完整地描述随机变量的概率特性,但在实际应用中并不都需要知道概率分布或分布函数,而只需知道随机变量的某些特征.例如,考察一射手的水平,既要看他的平均环数是否高,还要看他弹着点的范围是否小,即数据的波动是否小.又如,判断棉花质量时,既要看纤维的平均长度,又要看纤维长度与平均长度的偏离程度,平均长度越长,偏离程度越小,质量就越好.由上面的例子看到,与随机变量有关的某些数值,如平均取值及取值的分散程度,虽不能完整地描述随机变量,但能清晰地描述随机变量在某些方面的重要特征,这些数字特征在理论和实践上都具有重要意义,其中的两个就是本节将要介绍的一维离散型随机变量的数学期望与方差.

2.2.1 一维离散型随机变量的数学期望

引例 甲、乙两名选手参加射击比赛,比赛分初赛、复赛和决赛,比赛结果如下表所示:

	初赛成绩	复赛成绩	决赛成绩	总成绩	算术平均成绩	加权平均成绩		
						3:3:4	2:3:5	2:2:6
甲	90	85	53	228	76	73.7	70.0	66.8
乙	88	80	57	225	75	73.2	70.1	67.8
胜者	甲	甲	乙	甲	甲	甲	乙	乙

称 $\sum_{i=1}^{3} x_i p_i = 90 \times 0.2 + 85 \times 0.3 + 53 \times 0.5 = 70$ 为甲初赛、复赛和决赛 3 个成绩的加权平均.数学期望的概念源于此.

设取值有限的离散型随机变量 X 的概率分布为
$$P\{X = x_i\} = p_i, i = 1, \cdots, k,$$

则称 $\sum_{i=1}^{k} x_i p_i$ 为 X 的**数学期望**或**均值**,记作 $E(X)$,即

$$E(X) = \sum_{i=1}^{k} x_i p_i.$$

当离散型随机变量 X 的可能取值为可数个时,设其概率分布为
$$P\{X = x_i\} = p_i, i = 1, \cdots, k, \cdots,$$

则数学期望定义为

$$E(X) = \sum_{i=1}^{+\infty} x_i p_i,$$

这时要求 $\sum_{i=1}^{+\infty} |x_i| p_i < +\infty$ 以保证和式 $\sum_{i=1}^{+\infty} x_i p_i$ 的值不随和式中各项次序的改变而改变.

由数学期望的计算公式,可知数学期望具有如下性质:

性质 1 常量 C 的数学期望等于它自己,即
$$E(C) = C.$$

性质 2 常量 C 与离散型随机变量 X 乘积的数学期望,等于常量 C 与这个离散型随机变量的数学期望的积,即
$$E(CX) = CE(X).$$

性质 3 离散型随机变量 X 与常量 C 和的数学期望,等于这个离散型随机变量数学期望与常量 C 的和,即
$$E(X + C) = E(X) + C.$$

推论 离散型随机变量 X 的线性函数 $Y = aX + b$ 的数学期望,等于这个离散型随机变量的数学期望的同一线性函数,即

$$E(aX+b)=aE(X)+b.$$

2.2.2 一维离散型随机变量的方差

引例 甲、乙两射手各打了 6 发子弹,甲 6 发子弹击中的环数分别为 10,7,9,8,10,6;乙 6 发子弹击中的环数分别为 8,7,10,9,8,8.问哪一个射手的技术较好?

首先比较平均环数.甲的平均环数为 8.3,乙的平均环数也为 8.3.

再比较稳定程度.

甲 6 发子弹击中的环数有 5 个不同的数,稳定程度为
$$2\times(10-8.3)^2+(9-8.3)^2+(8-8.3)^2+(7-8.3)^2+(6-8.3)^2=13.34;$$

乙 6 发子弹击中的环数有 4 个不同的数,稳定程度为
$$(10-8.3)^2+(9-8.3)^2+3\times(8-8.3)^2+(7-8.3)^2=5.34.$$

可见,乙比甲技术稳定,故乙技术较好.

进一步比较他们击中环数平均偏离平均值的程度.

甲的平均偏离平均值的程度为
$$\frac{1}{6}[2\times(10-8.3)^2+(9-8.3)^2+(8-8.3)^2+(7-8.3)^2+(6-8.3)^2]=2.22;$$

乙的平均偏离平均值的程度为
$$\frac{1}{6}[(10-8.3)^2+(9-8.3)^2+3\times(8-8.3)^2+(7-8.3)^2]=0.89.$$

于是甲的平均偏离平均值的程度大于乙的平均偏离平均值的程度,也就表明乙技术较好.

以上这种比较甲、乙两射手击中环数的平均偏离平均值的程度就是随机变量的方差.

设取值有限的离散型随机变量 X 的概率分布为 $P\{X=x_i\}=p_i, i=1,2,\cdots,k$,则称 $\sum_{i=1}^{k}[x_i-E(X)]^2 p_i$ 为 X 的**方差**,记作 $D(X)$,即

$$D(X)=\sum_{i=1}^{k}[x_i-E(X)]^2 p_i.$$

当离散型随机变量 X 的可能取值为可数个时,设其概率分布为 $P\{X=x_i\}=p_i, i=1, 2,\cdots,k,\cdots$,则方差定义为

$$D(X)=\sum_{i=1}^{+\infty}[x_i-E(X)]^2 p_i,$$

这时要求
$$\sum_{i=1}^{+\infty}[x_i-E(X)]^2 p_i<+\infty.$$

由方差的定义和数学期望的性质,有
$$D(X)=E(X^2)-E(X)^2.$$

这就是说,要计算随机变量 X 的方差,在求出 $E(X)$ 后,再算出 $E(X^2)$.

根据方差的定义显然有 $D(X) \geq 0$,我们称方差的算术根 $\sqrt{D(X)}$ 为随机变量 X 的**标准差**(或**均方差**).这样,随机变量的标准差、数学期望与随机变量本身有相同的计量单位(量纲一致).

由方差的计算公式或方差与数学期望的关系及数学期望的性质,可知方差具有如下性质:

性质 1 常量 C 的方差等于 0,即
$$D(C) = 0.$$

性质 2 常量 C 与离散型随机变量 X 乘积的方差,等于常量 C 的平方与这个离散型随机变量的方差的积,即
$$D(CX) = C^2 D(X).$$

性质 3 离散型随机变量 X 与常量 C 和的方差,等于这个离散型随机变量的方差,即
$$D(X+C) = D(X).$$

推论 离散型随机变量 X 的线性函数 $Y = aX + b$ 的方差,等于这个离散型随机变量的方差与 a^2 的乘积,即 $D(aX+b) = a^2 D(X)$.

例 1 袋中有 5 个乒乓球,编号为 $1, 2, 3, 4, 5$,从中任取 3 个,以 X 表示取出的 3 个球中的最大编号,求 $E(X), D(X)$ 和 $D(2X+k)$(k 为常数).

解 由上一节的例 2,知 X 的概率分布阵为
$$\begin{bmatrix} 3 & 4 & 5 \\ \dfrac{1}{10} & \dfrac{3}{10} & \dfrac{6}{10} \end{bmatrix},$$
因此,
$$E(X) = 3 \times 0.1 + 4 \times 0.3 + 5 \times 0.6 = 4.5.$$
又
$$E(X^2) = 3^2 \times 0.1 + 4^2 \times 0.3 + 5^2 \times 0.6 = 20.7,$$
于是
$$D(X) = E(X^2) - E(X)^2 = 0.45.$$
再由推论,有
$$D(2X+k) = 2^2 D(X) = 1.8.$$

例 2 计算二项分布的数学期望与方差.

解 设随机变量 $X \sim B(n, p)$,其概率分布为
$$P\{X = k\} = C_n^k p^k q^{n-k}, k = 0, 1, 2, \cdots, n; 0 < p < 1, q = 1 - p,$$
注意到 $kC_n^k = nC_{n-1}^{k-1}, k = 1, 2, \cdots, n$,则
$$E(X) = \sum_{k=0}^{n} kP\{X = k\} = \sum_{k=0}^{n} kC_n^k p^k q^{n-k} = \sum_{k=1}^{n} kC_n^k p^k q^{n-k} = np \sum_{k=1}^{n} C_{n-1}^{k-1} p^{k-1} q^{n-k}$$
$$= np(p+q)^{n-1} = np.$$
同样地,
$$E(X^2) = \sum_{k=0}^{n} k^2 P\{X = k\} = \sum_{k=0}^{n} k^2 C_n^k p^k q^{n-k} = \sum_{k=1}^{n} kC_n^k p^k q^{n-k} + \sum_{k=1}^{n} k(k-1) C_n^k p^k q^{n-k}$$

$$= np\sum_{k=1}^{n}C_{n-1}^{k-1}p^{k-1}q^{n-k}+n(n-1)p^2\sum_{k=2}^{n}C_{n-2}^{k-2}p^{k-2}q^{n-k}$$
$$= np(p+q)^{n-1}+n(n-1)p^2(p+q)^{n-2}$$
$$= np+n(n-1)p^2,$$

于是
$$D(X)=E(X^2)-E(X)^2=npq.$$

例 3 计算泊松分布的数学期望与方差.

解 设随机变量 $X\sim P(\lambda)$,其概率分布为
$$P\{X=k\}=\frac{\lambda^k}{k!}e^{-\lambda},\ k=0,1,2,\cdots,n,\cdots;\lambda>0,$$

则
$$E(X)=\sum_{k=0}^{+\infty}k\frac{\lambda^k}{k!}e^{-\lambda}=e^{-\lambda}\sum_{k=1}^{+\infty}k\frac{\lambda^k}{k!}=e^{-\lambda}\sum_{k=1}^{+\infty}\frac{\lambda^k}{(k-1)!}=\lambda e^{-\lambda}\sum_{n=0}^{+\infty}\frac{\lambda^n}{n!}=\lambda e^{-\lambda}e^{\lambda}=\lambda,$$

$$E(X^2)=\sum_{k=0}^{+\infty}k^2\frac{\lambda^k}{k!}e^{-\lambda}=e^{-\lambda}\sum_{k=1}^{+\infty}k\frac{\lambda^k}{k!}+e^{-\lambda}\sum_{k=1}^{+\infty}k(k-1)\frac{\lambda^k}{k!}$$
$$=e^{-\lambda}\sum_{k=1}^{+\infty}\frac{\lambda^k}{(k-1)!}+e^{-\lambda}\sum_{k=2}^{+\infty}\frac{\lambda^k}{(k-2)!}=\lambda e^{-\lambda}\sum_{n=0}^{+\infty}\frac{\lambda^n}{n!}+\lambda^2 e^{-\lambda}\sum_{n=0}^{+\infty}\frac{\lambda^n}{n!}$$
$$=\lambda e^{-\lambda}e^{\lambda}+\lambda^2 e^{-\lambda}e^{\lambda}=\lambda+\lambda^2,$$

于是
$$D(X)=E(X^2)-E(X)^2=\lambda.$$

例 4 计算几何分布的数学期望与方差.

解 设随机变量 $X\sim G(p)$,其概率分布为
$$P\{X=k\}=pq^{k-1},k=1,2,\cdots,n,\cdots;0<p<1,q=1-p.$$

由于 $\sum_{k=1}^{+\infty}kq^{k-1}$ 收敛,设和为 s,于是
$$s-sq=\sum_{k=1}^{+\infty}kq^{k-1}-\sum_{k=1}^{+\infty}kq^k=\sum_{k=1}^{+\infty}q^{k-1}=\frac{1}{1-q},$$

从而
$$s=\frac{1}{(1-q)^2}=p^{-2},$$

由此得
$$E(X)=\sum_{k=1}^{+\infty}kpq^{k-1}=p\sum_{k=1}^{+\infty}kq^{k-1}=p\cdot p^{-2}=p^{-1}.$$

借助幂级数的性质,可以得到
$$E(X^2)=\frac{2-p}{p^2},$$

于是
$$D(X)=E(X^2)-E(X)^2=\frac{1-p}{p^2}.$$

练习题

1. 将3个球随机地放入3个盒子中,球与盒子均可区分,以 X 表示空盒子的数目,求 $E(X)$.

2. (投资决策问题)某人有10万元现金,想投资于某项目,预估成功的机会为 30%,若成功,可得利润8万元,若失败的机会为 70%,若失败,将损失2万元.若存入银行,同期间的利率为 5%,问是否做此项投资?

复习巩固题

1. 设随机变量 X 的分布律为 $P\left\{X=(-1)^{k+1}\dfrac{5^k}{k}\right\}=\dfrac{4}{5^k}, k=1,2,\cdots$,问 X 的数学期望是否存在?

2. 设随机变量 X 的分布列为

X	-1	0	1
p_k	0.4	0.4	0.2

求 $E(X)$.

3. 设 X 为掷一颗骰子出现的点数,试求 $D(X)$.

4. 已知 $E(X)=-2, E(X^2)=5$,求 $D(1-3X)$.

2.3 一维离散型随机变量函数

上一节我们介绍数学期望与方差的性质时出现了 $aX+b$ 和 X^2,它们也是随机变量,是随机变量 X 的函数.一般地,设有定义在数集 $D\subset\mathbf{R}$ 上的一元函数 $y=g(x)$,称 $Y=g(X)$ 为随机变量 X 的**随机变量函数**.

本节介绍离散型随机变量函数的概率分布与数学期望.

2.3.1 一维离散型随机变量函数的概率分布

设 X 是离散型随机变量,其概率分布列为

X	x_1	x_2	$\cdots$	x_n	$\cdots$
$P\{X=x_i\}$	p_1	p_2	$\cdots$	p_n	$\cdots$

记 $y_i=g(x_i), i=1,2,\cdots$.如果 $g(x_i), i=1,2,\cdots$ 的值全都不相等,那么 $Y=g(X)$ 的概率分布为

Y	y_1	y_2	$\cdots$	y_n	$\cdots$
$P\{Y=y_i\}$	p_1	p_2	$\cdots$	p_n	$\cdots$

但是,如果 $g(x_i)$,$i=1,2\cdots$ 的值中有相等的,那么就将那些相等的值分别合并,并根据概率加法公式将相应的概率相加,便可得到 Y 的分布.

例 1 设随机变量 X 的分布列为

X	-2	-1	0	1	2
$P\{X=x_i\}$	0.2	0.2	0.2	0.1	0.3

求 $Y=X^2+1$ 的概率分布列.

解 由 $y_i=x_i^2+1$,$i=1,2,\cdots,5$ 及 X 的分布,得到

X^2+1	$(-2)^2+1$	$(-1)^2+1$	0^2+1	1^2+1	2^2+1
$P\{X=x_i\}$	0.2	0.2	0.2	0.1	0.3

把 $y_i=x_i^2+1$,$i=1,2,\cdots,5$ 相同的值合并起来,并把相应的概率相加,便得到 $Y=X^2+1$ 的分布,即

$$P\{Y=5\}=P\{X=-2\}+P\{X=2\}=0.5;P\{Y=2\}=P\{X=-1\}+P\{X=1\}=0.3.$$

所以 $Y=X^2+1$ 的分布列为

Y	1	2	5
$P\{Y=y_i\}$	0.2	0.3	0.5

2.3.2 一维离散型随机变量函数的数学期望

设取值有限的离散型随机变量 X 的概率分布为 $P\{X=x_i\}=p_i$,$i=1,2,\cdots,k$,则随机变量函数 $Y=g(X)$ 的数学期望定义为

$$E(Y)=\sum_{i=1}^{k}g(x_i)p_i.$$

当离散型随机变量 X 的可能取值为可数个时,设其概率分布为 $P\{X=x_i\}=p_i$,$i=1,2,\cdots,k,\cdots$,则随机变量函数 $Y=g(X)$ 的数学期望定义为

$$E(Y)=\sum_{i=1}^{+\infty}g(x_i)p_i,$$

这时要求 $\sum_{i=1}^{+\infty}|g(x_i)|p_i<+\infty$ 以保证和式 $\sum_{i=1}^{+\infty}g(x_i)p_i$ 的值不随和式中各项次序的改变而改变.

例 2 一汽车沿一街道行驶,需要通过三个均设有红绿信号灯的路口,每个信号灯为红或绿与其他信号灯为红或绿相互独立,且红绿两种信号显示的时间相等.以 X 表示该汽车首次遇到红灯前已通过的路口的个数.求:

(1) X 的概率分布; (2) $E\left(\dfrac{1}{1+X}\right)$.

解 (1) X 的可能值为 $0,1,2,3$. 以 A_i 表示事件"汽车在第 i 个路口首次遇到红灯",则 $P(A_i)=P(\overline{A_i})=0.5, i=1,2,3$,并且 A_1,A_2,A_3 相互独立. 于是

$P\{X=0\}=P(A_1)=0.5$;

$P\{X=1\}=P(\overline{A_1}A_2)=P(\overline{A_1})P(A_2)=0.25$;

$P\{X=2\}=P(\overline{A_1}\overline{A_2}A_3)=P(\overline{A_1})P(\overline{A_2})P(A_3)=0.125$;

$P\{X=3\}=P(\overline{A_1}\overline{A_2}\overline{A_3})=P(\overline{A_1})P(\overline{A_2})P(\overline{A_3})=0.125$.

(2) $E\left(\dfrac{1}{1+X}\right)=\dfrac{1}{1+0}\times 0.5+\dfrac{1}{1+1}\times 0.25+\dfrac{1}{1+2}\times 0.125+\dfrac{1}{1+3}\times 0.125=\dfrac{67}{96}$.

练 习 题

已知 $E(X)=3, D(X)=5$,求 $E(X+2)^2$.

复习巩固题

1. 设随机变量 X 的分布列为

X	-2	-1	0	1
p_k	0.25	0.125	0.125	0.5

试求:(1) $Y=X^2$ 的分布列; (2) $Y=X^3+1$ 的分布列; (3) $Y=|X|$ 的分布列.

2. 设离散型随机变量 X 的分布列为

X	-2	-1	0	1	2	3
p_k	0.1	0.2	0.25	0.2	0.15	0.1

试求:(1) $Y=-2X$ 的分布列; (2) $Z=X^2$ 的分布列.

3. 设随机变量 X 的分布列为

X	-1	0	1
p_k	0.2	0.3	0.5

求 $E(X^2+X-1)$.

4. 设随机变量 X 的分布列为

X	-1	0	1
p_k	0.4	0.4	0.2

求 $E(X), E(X^2), E(3X^2+5)$.

2.4 案例分析——提高工作效率

这是一个用数学期望来提高工作效率的例子.

在一个人数很多的团体中普查某种疾病,为此要抽验 N 个人的血,可以有两种方法进行:(1)将每个人的血分别去验,这就需要 N 次.(2)按 k 个人一组进行分组,把从 k 个人抽来的血混合在一起进行检验,如果这混合血液呈阴性反应,就说明 k 个人的血都呈阴性反应,这样,这 k 个人的血就只需验一次.若呈阳性,则再对这 k 个人的血液分别进行化验.这样,k 个人的血总共要化验 $k+1$ 次.假如每个人化验呈阳性的概率为 p,且这些人的试验反应是相互独立的.试说明当 p 较小时,选取适当的 k,按第二种方法可以减少化验的次数,并说明 k 取什么值时最适宜.

解 各人的血呈阴性反应的概率为 $q=1-p$,因而 k 个人的混合血呈阴性反应的概率为 q^k,k 个人的混合血呈阳性反应的概率为 $1-q^k$.

设以 k 个人为一组时,组内每人的化验次数为 X,则 X 是一个随机变量,其分布列为

X	$\dfrac{1}{k}$	$1+\dfrac{1}{k}$
p_k	q^k	$1-q^k$

X 的数学期望为

$$E(X)=\frac{1}{k}q^k+\left(1+\frac{1}{k}\right)(1-q^k)=1-q^k+\frac{1}{k}.$$

N 个人的平均化验次数为

$$N\left(1-q^k+\frac{1}{k}\right).$$

由此可知,只要选择 k,使得

$$1-q^k+\frac{1}{k}<1,$$

则 N 个人平均化验的次数小于 N.当 p 固定时,我们选取 k,使得

$$L=1-q^k+\frac{1}{k}$$

小于 1 且取到最小值,这时就能得到最好的分组方法.

例如,若 $p=0.05$,则 $q=0.95$,L 的函数图形如图 2.1 所示.

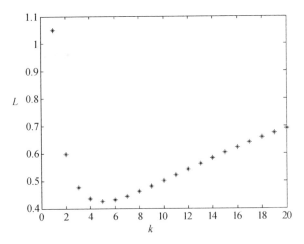

图 2.1　L 的函数图形

由图 2.1 可知,此时 $k=5$ 是最好的分组方法.若 $N=1000$,按 $k=5$ 分组,在第二种方案下平均只需化验

$$1000\left(1-0.95^5+\frac{1}{5}\right)=426(次),$$

这样平均来说可以减少 57% 的工作量.

2.5　本章内容小结

本章首先学习了离散型随机变量,即可能取值为有限个或可数个(称为至多可数个)的随机变量.随机变量的引入,使概率论的研究由个别随机事件扩大为随机变量所表征的随机现象的研究.

设 X 为一离散型随机变量,x 是任意实数,称函数

$$F(x)=P\{X\leqslant x\}\quad(-\infty<x<+\infty)$$

为 X 的分布函数.分布函数 $F(x)$ 具有以下的基本性质:

(1) $0\leqslant F(x)\leqslant 1$;

(2) $F(x)$ 是非减函数;

(3) $F(x)$ 是右连续的;

(4) $\lim\limits_{x\to-\infty}F(x)=0,\ \lim\limits_{x\to+\infty}F(x)=1$.

知道了离散型随机变量 X 的分布函数,就知道了 X 落在任一区间 $(a,b]$ 上的概率

$$P\{a<X\leqslant b\}=F(b)-F(a),$$

这样,分布函数就完整地描述了离散型随机变量取值的统计规律性.

对于离散型随机变量,我们需要掌握的是它可能取哪些值,以及它以怎样的概率取这些值,这就是离散型随机变量取值的统计规律性.因此,用分布律

$$P\{X=x_k\}=p_k,k=1,2,\cdots$$

来描述离散型随机变量取值的统计规律性更为直观、简洁. 分布律与分布函数有如下关系：

$$F(x) = P\{X \leqslant x\} = \sum_{x_i \leqslant x} P\{X = x_i\} = \sum_{x_i \leqslant x} p_i,$$

它们是一一对应的.

随机变量 X 的函数 $Y=g(X)$ 也是一个随机变量, 要会从 X 的概率分布去求 $Y=g(X)$ 的概率分布.

数学期望 $E(X)$ 是加权平均数这一概念在随机变量中的推广, 它反映了随机变量 X 取值的平均水平. 方差 $D(X)$ 描述随机变量 X 取值与其数学期望 $E(X)$ 的偏离程度.

要会用随机变量函数 $Y=g(X)$ 的数学期望计算公式来计算数学期望, 不要先从 X 的概率分布去求 $Y=f(X)$ 的概率分布再计算数学期望.

常用公式

$$D(X) = E(X^2) - E(X)^2$$

来计算方差, 注意 $E(X^2)$ 与 $E(X)^2$ 的差别.

重要术语与主题

随机变量　离散型随机变量　离散型随机变量的概率分布列与分布函数　n 次独立重复试验　0-1 分布　二项分布　几何分布　泊松分布　离散型随机变量函数的概率分布列　数学期望　方差

提高题

1. 设随机变量 X 的分布函数 $F(x) = \begin{cases} 0, & x < -1, \\ 0.4, & -1 \leqslant x < 1, \\ 0.8, & 1 \leqslant x < 3, \\ 1, & x \geqslant 3, \end{cases}$ 求 X 的分布列.

2. 设排球队甲与乙进行比赛, 若有一队胜 3 场, 则比赛结束. 假定甲在每场比赛中获胜的概率为 0.5, 试求比赛场数 X 的数学期望.

3. 某人用 n 把钥匙去开门, 只有一把能打开, 今逐个任取一把试开, 求打开此门所需开门次数 X 的数学期望及方差.

4. 在 n 次独立试验中, 事件 A 至少发生一次的概率为 p_1, 求在一次试验中事件 A 发生的概率 p.

5. 对以下各随机变量所对应的概率分布, 试确定常数 a.

(1) $P\{X=k\} = a\dfrac{\lambda^k}{k!}, k=0,1,2,\cdots, \lambda(\text{常数})>0$;

(2) $P\{X=k\}=a\mathrm{e}^{-k+2}, k=0,1,2,\cdots$；

(3) $P\{X=k\}=a\dfrac{1}{3^k k!}, k=0,1,2,\cdots$.

6. 设随机变量 X 的概率分布为
$$P\{X=k\}=\dfrac{1}{2^k}, k=1,2,\cdots,$$
求：(1) $P\{X\text{ 为偶数}\}$； (2) $P\{X\geqslant 5\}$； (3) $P\{X\text{ 为 }3\text{ 的倍数}\}$.

7. 设在某考卷上有 10 道选择题，每题 1 分，每道题有 4 个可供选择的答案，只准选其中的一个，今有一个同学只会做 6 道题，另 4 道题不会，于是就瞎猜，试问他能全猜对 $m(m=0,1,2,3,4)$ 题的概率.

8. 设甲、乙都有 n 个硬币，全部掷完后分别计算掷出的正面数，求甲、乙两人掷出的正面数相等的概率.

第 3 章 一维连续型随机变量

3.0 引论与本章学习指导

3.0.1 引论

从数控机床加工的一批半径为 10cm、误差为 0.1cm 圆面型工件中任意抽取一件测量其半径,观察该工件的半径值. 如何描述该工件的半径值? 该工件的半径值为 9.93cm 的概率是多少? 该工件的半径值为 9.94cm 的概率是多少? 该工件的半径值不超过 9.93cm 的概率是多少? 该工件的半径值不超过 9.94cm 的概率是多少? 该工件的半径值不超过 $x$cm 的概率是多少? 该工件的半径值在 9.93cm 到 9.94cm 之间的概率是多少? 在 9.93cm 到 9.94cm 之间的平均概率密度是多少? 在 $x$cm 到 $(x+\Delta x)$cm 之间的平均概率密度又是多少? 半径值为 $x$cm 的"平均概率密度"是多少? 衡量数控机床的加工精度,既要看这台数控机床加工的圆面型工件的平均半径是多少,又要看工件半径与平均半径的偏离程度如何. 如果考虑圆面型工件的面积,会出现什么问题?

要回答上述问题,需要本章介绍的一维连续型随机变量的知识,包括一维连续型随机变量的概念及其分布函数与概率密度的理论,一维连续型随机变量的数学期望与方差的概念、性质和计算方法.

3.0.2 本章学习指导

本章知识点教学要求如下:

(1) 在理解一维连续型随机变量概念的基础上,理解一维连续型随机变量的分布函数与概率密度的概念和性质,会求简单一维连续型随机变量的分布函数与概率密度.

(2) 会利用分布函数与概率密度计算有关事件的概率.

(3) 理解一维连续型随机变量的数学期望与方差的概念、性质,掌握一维连续型随机变量的数学期望与方差的计算方法.

(4) 会求简单一维连续型随机变量函数的分布函数与概率密度.

(5) 熟练掌握均匀分布、正态分布等重要分布.

显然,需要理解的概念和需要掌握的性质与计算方法是教学重点,这部分内容同学们学习时要特别注意.

当然,一维连续型随机变量的概念,一维连续型随机变量的概率密度的概念和性质,一维连续型随机变量函数的概率密度的确定,这几个内容学习时大多数同学会感到有困难,希望有困难的同学课上认真听讲,课后与老师讨论.

本章教学安排6学时.

3.1 一维连续型随机变量的概念与分布

上一章我们学习了一维离散型随机变量的知识,包括一维离散型随机变量的概念及其概率分布与分布函数的理论,一维离散型随机变量的数学期望与方差的概念、性质和计算方法.对于某些随机现象,可以利用一维离散型随机变量来描述随机试验的不同结果,更好地揭示并描述随机规律性.

本节先引入一维连续型随机变量的概念,在此基础上介绍一维连续型随机变量的分布函数、概率密度的概念和性质.

3.1.1 一维连续型随机变量的概念

从数控机床加工的一批半径为10cm、误差为0.1cm圆面型工件中任意抽取一件测量半径,观察该工件的半径值.试验结果有无限个(不可数),为区间$[9.9,10.1]$上的任何数值.用ω表示任意抽取一件圆面型工件的半径测量值,于是此随机试验的样本空间为$\Omega=\{\omega|9.9\leqslant\omega\leqslant10.1\}$.把样本点$\omega$和数$x(9.9\leqslant x\leqslant10.1)$对应,同一维离散型随机变量一样,这样样本空间$\Omega$就应当和一个"可能取值$x(9.9\leqslant x\leqslant10.1)$"的集合对应,这样的集合我们用$X$表示.这样的量取值不具有确定性,取值充满一个或几个区间(无限不可数),我们称为**连续型随机变量**.

一般地,随机试验的每一个可能的结果ω都用一个实数$X=X(\omega)$来表示,随机试验的所有可能的结果Ω用随机变量X来表示.也就是说,随机变量是随机试验结果的函数,它的取值随试验的结果而定,是不能预先确定的,它的取值具有一定的概率.对于一维随机变量,如果取值充满一个或几个区间(无限不可数),我们称这样的一维随机变量为**一维连续型随机变量**.应当指出,随机变量分为离散型和非离散型两大类,而非离散型又可分为连续型和混合型.本教材只讨论离散型随机变量和连续型随机变量.

对于引论中观察数控机床的工件的半径值这例,可知$\{9.95\leqslant X\leqslant10.02\}$表示"任意抽取一件测量,半径大于等于9.95而且小于等于10.02"这一事件;$\{X>9.97\}$表示"任意抽取一件测量,半径大于9.97"这一事件.实际上,$\{X>9.97\}$表示"任意抽取一件测量,半径大于9.97而且小于等于10.1"这一事件.由此可知,对于任意一维连续型随机变量,可用随机变量的等式或不等式表达随机事件.

思考 电视机的使用寿命 T 是一个连续型随机变量,确定 T 的可能取值范围,用 T 表示事件 $B=$ "使用寿命介于 30000 小时与 50000 小时之间".

3.1.2 一维连续型随机变量的分布函数的概念与性质

对于引论中观察数控机床的工件的半径值这例,"任意抽取一件测量,半径不小于 9.97"这一事件表示为 $\{X \geqslant 9.97\}$. 利用几何概型,可得

$$P\{X \geqslant 9.97\} = \frac{10.1-9.97}{10.1-9.9} = 0.65.$$

任取一个实数 x,问该圆面型工件的半径测量值不大于 x 的概率是多少?显然这个概率与 x 的取值有关系!

如果 $x<9.9$,显然这种半径的圆面型工件没有,即事件 $\{X \leqslant x\}$ 不可能发生,此时概率 $P\{X \leqslant x\}=0$;如果 $x \geqslant 10.1$,那么事件 $\{X \leqslant x\}$ 必然发生,此时概率 $P\{X \leqslant x\}=1$;如果 $9.9 \leqslant x < 10.1$,事件 $\{X \leqslant x\}$ 可能发生,利用几何概型,可得其概率

$$P\{X \leqslant x\} = \frac{x-9.9}{0.2} \quad (9.9 \leqslant x \leqslant 10.1).$$

于是,对于任一个实数 x,x 与事件 $\{X \leqslant x\}$ 的概率 $P\{X \leqslant x\}$ 对应,而且 x 的取值范围为实数集 **R**. 同一维离散型随机变量一样,记 $P\{X \leqslant x\}=F(x)$,这是一个定义在实数集 **R** 上的函数. 这样,引论中所涉及的随机变量 X 就可用 $F(x)=P\{X \leqslant x\}$ 来描述,这样的函数称为随机变量的**分布函数**.

设 X 为一维连续型随机变量,x 是任意实数,称函数

$$F(x)=P\{X \leqslant x\} \quad (-\infty < x < +\infty)$$

为一维连续型随机变量 X 的**分布函数**.

例 1 从数控机床加工的一批半径为 10cm、误差为 0.1cm 的圆面型工件中任意抽取一件测量半径,观察该工件的半径值 X,并求 X 的分布函数.

解 X 的分布函数为

$$F(x)=P\{X \leqslant x\}=\begin{cases} 0, & x<9.9, \\ 5(x-9.9), & 9.9 \leqslant x < 10.1, \\ 1, & x \geqslant 10.1. \end{cases}$$

对于一维连续型随机变量 X,由于分布函数 $F(x)$ 是一个以全体实数为其定义域、以事件 $\{\omega \mid -\infty < X(\omega) \leqslant x\}$ 的概率为函数值的一个实值函数,因此

$$0 \leqslant F(x) \leqslant 1.$$

当 $x \to -\infty$ 时,事件 $\{\omega \mid -\infty < X(\omega) \leqslant x\}$ 是不可能事件 $\varnothing$,即

$$\lim_{x \to -\infty} F(x) = 0.$$

同样地,当 $x \to +\infty$ 时,事件 $\{\omega \mid -\infty < X(\omega) \leqslant x\}$ 是必然事件 Ω,即

$$\lim_{x \to +\infty} F(x) = 1.$$

对于 $x_1 < x_2$，则显然 $\{\omega | -\infty < X(\omega) \leqslant x_1\} \subset \{\omega | -\infty < X(\omega) \leqslant x_2\}$，于是
$$F(x_1) = P\{X \leqslant x_1\} \leqslant P\{X \leqslant x_2\} = F(x_2),$$
即 $F(x)$ 是非减函数.

最后，对于任意实数 x，如果 x 不是 X 的可能取值之一，那么显然 $P\{X=x\}=0$. 如果 x 是 X 的可能取值之一，我们断言 $P\{X=x\}=0$. 这是因为连续型随机变量 X 的可能取值无限不可数，对于一个可能取值 x_0，假设 $P\{X=x_0\} \neq 0$，即 $P\{X=x_0\} > 0$，显然这样的 x_0 有无限个，记相应的无限个 $P\{X=x_0\}(>0)$ 中的最小值为 δ，从使 $P\{X=x_0\}>0$ 的无限个 $\{x_0\}$ 中取 $\left[\dfrac{1}{\delta}\right]+1=K$ 个：$x_{01}, x_{02}, \cdots, x_{0K}$，注意到概率的可列可加性，有 $P(\bigcup\limits_{k=1}^{K}\{X=x_{0k}\}) \geqslant K\delta > 1$，矛盾. 于是分布函数 $F(x)$ 处处连续.

总结以上讨论，一维连续型随机变量的分布函数 $F(x)$ 具有以下的基本性质：

(1) $0 \leqslant F(x) \leqslant 1$；

(2) $F(x)$ 是非减函数；

(3) $F(x)$ 是处处连续的函数；

(4) $\lim\limits_{x \to -\infty} F(x) = 0$，$\lim\limits_{x \to +\infty} F(x) = 1$.

应当指出，上述性质也是 $F(x)$，$-\infty < x < +\infty$ 成为某一一维连续型随机变量分布函数的充分条件.

课堂问题 如下几个函数，哪一个可作为随机变量 X 的分布函数？

(1) $F(x) = \begin{cases} 0, & x < -2, \\ \dfrac{1}{2}, & -2 \leqslant x < 0, \\ 1, & x \geqslant 0; \end{cases}$ （2）$F(x) = \begin{cases} 0, & x < 0, \\ \sin x, & 0 \leqslant x < \pi, \\ 1, & x \geqslant \pi; \end{cases}$

(3) $F(x) = \begin{cases} 0, & x < 0, \\ \sin x, & 0 \leqslant x < \dfrac{\pi}{2}, \\ 1, & x \geqslant \dfrac{\pi}{2}; \end{cases}$ （4）$F(x) = \begin{cases} 0, & x < 0, \\ x + \dfrac{1}{2}, & 0 \leqslant x < \dfrac{1}{2}, \\ 1, & x \geqslant \dfrac{1}{2}. \end{cases}$

由一维连续型随机变量的分布函数的定义与性质，显然有

(1) $P\{X = x_0\} = 0$；

(2) $P\{a < X \leqslant b\} = P\{a \leqslant X \leqslant b\} = P\{a \leqslant X < b\} = P\{a < X < b\} = F(b) - F(a)$；

(3) $P\{X < x_0\} = P\{X \leqslant x_0\} = F(x_0)$；

(4) $P\{X > x_0\} = P\{X \geqslant x_0\} = 1 - P\{X \leqslant x_0\} = 1 - F(x_0)$.

例 2 设连续型随机变量 X 的分布函数为

$$F(x) = \begin{cases} 0, & x < 0, \\ Ax^2, & 0 \leqslant x < 1, \\ 1, & x \geqslant 1. \end{cases}$$

试求：(1) 系数 A； (2) X 落在 $\left(-1, \dfrac{1}{2}\right)$ 及 $\left(\dfrac{1}{3}, 2\right)$ 内的概率.

解 (1) 由于 $F(x)$ 的连续性，有 $\lim\limits_{x\to 1-0} F(x) = F(1)$，即 $\lim\limits_{x\to 1-0} Ax^2 = 1$，得到 $A=1$. 于是

$$F(x) = \begin{cases} 0, & x<0, \\ x^2, & 0 \leqslant x < 1, \\ 1, & x \geqslant 1. \end{cases}$$

(2) $P\left\{-1 < X < \dfrac{1}{2}\right\} = F\left(\dfrac{1}{2}\right) - F(-1) = \left(\dfrac{1}{2}\right)^2 = \dfrac{1}{4}$;

$P\left\{\dfrac{1}{3} < X < 2\right\} = F(2) - F\left(\dfrac{1}{3}\right) = 1 - \left(\dfrac{1}{3}\right)^2 = \dfrac{8}{9}$.

例 3 设随机变量 X 的分布函数为

$$F(x) = \begin{cases} 0, & x < 0, \\ x + \dfrac{1}{3}, & 0 \leqslant x < \dfrac{1}{2}, \\ 1, & x \geqslant \dfrac{1}{2}. \end{cases}$$

试求：$P\{X=0\}$, $P\left\{X=\dfrac{1}{2}\right\}$, $P\left\{X=\dfrac{1}{4}\right\}$, $P\left\{X \geqslant \dfrac{1}{4}\right\}$, $P\left\{0 < X \leqslant \dfrac{1}{3}\right\}$, $P\left\{0 \leqslant X \leqslant \dfrac{1}{3}\right\}$.

解 显然随机变量 X 不是连续型随机变量，因此应当考虑使用一维离散型随机变量分布函数的性质与结论.

$P\{X=0\} = F(0) - F(0-0) = \dfrac{1}{3} - 0 = \dfrac{1}{3}$,

$P\left\{X = \dfrac{1}{2}\right\} = F\left(\dfrac{1}{2}\right) - F\left(\dfrac{1}{2} - 0\right) = 1 - \left(\dfrac{1}{2} + \dfrac{1}{3}\right) = \dfrac{1}{6}$,

$P\left\{X = \dfrac{1}{4}\right\} = F\left(\dfrac{1}{4}\right) - F\left(\dfrac{1}{4} - 0\right) = \left(\dfrac{1}{4} + \dfrac{1}{3}\right) - \left(\dfrac{1}{4} + \dfrac{1}{3}\right) = 0$,

$P\left\{X \geqslant \dfrac{1}{4}\right\} = P\left\{X = \dfrac{1}{4}\right\} + P\left\{X > \dfrac{1}{4}\right\} = 0 + \left[1 - F\left(\dfrac{1}{4}\right)\right] = \dfrac{5}{12}$,

$P\left\{0 < X \leqslant \dfrac{1}{3}\right\} = F\left(\dfrac{1}{3}\right) - F(0) = \left(\dfrac{1}{3} + \dfrac{1}{3}\right) - \dfrac{1}{3} = \dfrac{1}{3}$,

$P\left\{0 \leqslant X \leqslant \dfrac{1}{3}\right\} = P\{X=0\} + P\left\{0 < X \leqslant \dfrac{1}{3}\right\}$

$\qquad = F(0) + F\left(\dfrac{1}{3}\right) - F(0) = F\left(\dfrac{1}{3}\right) = \dfrac{1}{3} + \dfrac{1}{3} = \dfrac{2}{3}$.

3.1.3 一维连续型随机变量的概率密度的概念与性质

我们知道对于连续型随机变量 X，任意给定实数 x，事件 $\{X=x\}$ 的概率总是为 0. 因此，对于连续型随机变量，不能像离散型随机变量那样考虑概率分布. 也就是说，连续型随机变量没有正概率点.

从数控机床加工的一批半径为 10cm、误差为 0.1cm 的圆面型工件中任意抽取一件测量其半径，观察该工件的半径值. 由例 1 可知，该工件的半径值在 9.93cm 到 9.94cm 之间的概

率为 $F(9.94)-F(9.93)=0.05$. 当 x 和 $x+\Delta x$ 都小于 9.9 或 x 和 $x+\Delta x$ 都大于 10.1 时，工件的半径值在 x cm 到 $(x+\Delta x)$ cm 之间的概率为 0；当 $9.9\leqslant x, x+\Delta x\leqslant 10.1$ 时，工件的半径值在 x cm 到 $(x+\Delta x)$ cm 之间的概率为 $|F(x+\Delta x)-F(x)|=5|\Delta x|$. 这表明，连续型随机变量在它的取值子区间上的概率常常大于 0.

当 $9.9\leqslant x, x+\Delta x\leqslant 10.1$ 时，工件的半径值在 x cm 到 $(x+\Delta x)$ cm 之间的概率为 $|F(x+\Delta x)-F(x)|=5|\Delta x|$，显然，连续型随机变量 X 在不同取值区间上的概率大小与区间长度有关. 为了撇开取值区间的长度，我们引入所谓的"单位长度区间的平均概率". 例如，工件的半径值在 9.93 cm 到 9.94 cm 之间的"单位长度区间的平均概率"为 $\dfrac{F(9.94)-F(9.93)}{9.94-9.93}=5$. 当 $9.9\leqslant x, x+\Delta x\leqslant 10.1$ 时，工件的半径值在 x cm 到 $(x+\Delta x)$ cm 之间的"单位长度区间的平均概率"也为 5. 由此可见，例 1 的随机变量在取值区间的任意子区间上的"单位长度区间的平均概率"均为 5. 而且，当 $\Delta x \to 0$ 时，从 x 到 $x+\Delta x$ 的区间退化为点 x，这意味着半径值为 x cm 的"单位长度区间的平均概率"为 5. 具有这种特性的随机变量称为服从**均匀分布**. 但对于例 2 而言，取值区间的任意子区间 $[x, x+\Delta x]$ ($0\leqslant x, x+\Delta x\leqslant 1$) 上的"单位长度区间的平均概率" $2x+\Delta x$ 不为常数，与区间的位置及长度均有关；当 $\Delta x \to 0$ 时，在点 x 处的"单位长度区间的平均概率"为 $2x$. 这种在一点 x 处的"单位长度区间的平均概率"就是下面介绍的概率密度，它反映了随机变量在点 x 附近单位长度的区间内概率的取值大小.

一般地，对于连续型随机变量 X，若存在一个非负可积函数 $f(x)$，使得

$$F(x)=\int_{-\infty}^{x}f(t)\mathrm{d}t, -\infty<x<+\infty,$$

其中 $F(x)$ 是 X 的分布函数，则称 $f(x)$ 是 X 的**概率密度函数**，简称**概率密度**.

概率密度 $f(x)$ 具有下列性质：

(1) $f(x)\geqslant 0, -\infty<x<+\infty$；

(2) $\int_{-\infty}^{+\infty}f(x)\mathrm{d}x=P\{-\infty<x<+\infty\}=P(\Omega)=1$.

应当指出，上述性质也是 $f(x)$ 成为某一连续型随机变量概率密度的充分条件.

课堂问题 如下几个函数，哪一个可作为随机变量 X 的概率密度函数？

(1) $f(x)=\begin{cases} \dfrac{1}{2}\cos x, & 0<x<\pi, \\ 0, & 其他; \end{cases}$ (2) $f(x)=\begin{cases} \cos x, & -\dfrac{\pi}{2}<x<\dfrac{\pi}{2}, \\ 0, & 其他; \end{cases}$

(3) $f(x)=\begin{cases} \sin x, & 0<x<\pi, \\ 0, & 其他; \end{cases}$ (4) $f(x)=\begin{cases} \sin x, & 0<x<\dfrac{3}{2}\pi, \\ 0, & 其他; \end{cases}$

(5) $f(x)=\begin{cases} \sin x, & 0<x<\dfrac{\pi}{2}, \\ 0, & 其他. \end{cases}$

对于连续型随机变量，与离散型随机变量类似，对于实数集 **R** 中任一区间 D，事件

$\{X \in D\}$ 的概率都可以由概率密度算出,即

$$P\{X \in D\} = \int_D f(x)\mathrm{d}x,$$

其中 $f(x)$ 为一 X 的概率密度函数.

例 4 设随机变量 X 的概率密度函数为

$$f(x) = \begin{cases} Cx, & 0 \leqslant x \leqslant 1, \\ 0, & \text{其他}, \end{cases}$$

求:(1) 常数 C; (2) $P\{0.3 \leqslant X \leqslant 0.7\}$; (3) $P\{-0.5 \leqslant X < 0.5\}$.

解 (1) 由 $f(x)$ 的性质,有

$$1 = \int_{-\infty}^{+\infty} f(x)\mathrm{d}x = \int_0^1 Cx\,\mathrm{d}x = C\frac{x^2}{2}\Big|_0^1 = \frac{1}{2}C,$$

因此,$C = 2$.

(2) $P\{0.3 \leqslant X \leqslant 0.7\} = \int_{0.3}^{0.7} 2x\,\mathrm{d}x = x^2\Big|_{0.3}^{0.7} = 0.4$.

(3) $P\{-0.5 \leqslant X < 0.5\} = \int_{-0.5}^0 0\,\mathrm{d}x + \int_0^{0.5} 2x\,\mathrm{d}x = x^2\Big|_0^{0.5} = 0.25$.

由概率密度 $f(x)$ 的定义可知,分布函数 $F(x)$ 是概率密度 $f(x)$ 的一个原函数;另一方面,在 $f(x)$ 的连续点处,$f(x) = F'(x) = \dfrac{\mathrm{d}F(x)}{\mathrm{d}x}$.

3.1.4 常见的一维连续型随机变量的分布

1. 均匀分布

设随机变量 X 的概率密度函数为

$$f(x) = \begin{cases} \dfrac{1}{b-a}, & a \leqslant x \leqslant b, \\ 0, & \text{其他}, \end{cases}$$

则称 X 服从参数为 a,b 的**均匀分布**,记为 $X \sim U(a,b)$.

如果随机变量 $X \sim U(a,b)$,那么对于任意的 $c,d(a \leqslant c < d \leqslant b)$,按概率密度的定义,有

$$P\{c < X < d\} = \int_c^d f(x)\mathrm{d}x = \int_c^d \frac{1}{b-a}\mathrm{d}x = \frac{d-c}{b-a}.$$

上式表明,X 在 (a,b)(即有正概率密度区间)中任一个小区间上取值的概率与该区间的长度成正比,而与该小区间的位置无关,并且不难看出

$$\int_{-\infty}^{+\infty} f(x)\mathrm{d}x = \int_{-\infty}^a 0\,\mathrm{d}x + \int_a^b \frac{1}{b-a}\mathrm{d}x + \int_b^{+\infty} 0\,\mathrm{d}x = 1.$$

例 5 设随机变量 X 服从参数为 a,b 的均匀分布,确定其分布函数.

解 X 的概率密度函数为

$$f(x) = \begin{cases} \dfrac{1}{b-a}, & a \leqslant x \leqslant b, \\ 0, & \text{其他}, \end{cases}$$

于是

$$F(x) = \int_{-\infty}^{x} f(t) dt = \begin{cases} 0, & x < a, \\ \dfrac{x-a}{b-a}, & a \leqslant x < b, \\ 1, & x \geqslant b. \end{cases}$$

2. 指数分布

设随机变量 X 的分布密度函数为

$$f(x) = \begin{cases} \lambda e^{-\lambda x}, & x \geqslant 0, \\ 0, & x < 0, \end{cases}$$

其中 $\lambda > 0$ 为常数,则称 X 服从参数为 λ 的**指数分布**,记为 $X \sim \Gamma(1,\lambda)$ 或 $e(\lambda)$. 不难看出

$$\int_{-\infty}^{+\infty} f(x) dx = \int_{-\infty}^{0} 0 dx + \int_{0}^{+\infty} \lambda e^{-\lambda x} dx = 1.$$

例6 设 $X \sim f(x) = \begin{cases} 2e^{-2x}, & x \geqslant 0, \\ 0, & x < 0, \end{cases}$ 求:

(1) $P\{-1 \leqslant X \leqslant 4\}$; (2) $P\{X < -3\}$; (3) $P\{X \geqslant -10\}$.

解 (1) $P\{-1 \leqslant X \leqslant 4\} = \int_{-1}^{4} f(x) dx = \int_{-1}^{0} 0 dx + \int_{0}^{4} 2e^{-2x} dx = 1 - e^{-8}$.

(2) $P\{X < -3\} = \int_{-\infty}^{-3} f(x) dx = \int_{-\infty}^{-3} 0 dx = 0$.

(3) $P\{X \geqslant -10\} = \int_{-10}^{+\infty} f(x) dx = \int_{-10}^{0} 0 dx + \int_{0}^{+\infty} 2e^{-2x} dx = 1$.

3. 正态分布

设随机变量 X 的分布密度函数为

$$f(x) = \frac{1}{\sqrt{2\pi}\sigma} e^{-\frac{(x-\mu)^2}{2\sigma^2}}, \quad -\infty < x < +\infty,$$

其中 μ, σ 为常数,且 $\sigma > 0$,则称 X 服从参数为 μ, σ 的**正态分布**,记为 $X \sim N(\mu, \sigma^2)$. 若 X 近似服从正态分布,简记为 $X \dot\sim N(\mu, \sigma^2)$.

特别地,称 $\mu = 0, \sigma^2 = 1$ 的正态分布为**标准正态分布**,记为 $X \sim N(0,1)$,其密度函数为

$$f(x) = \frac{1}{\sqrt{2\pi}} e^{-\frac{x^2}{2}}, \quad -\infty < x < +\infty.$$

在高等数学中,我们证明了 $\int_{-\infty}^{+\infty} \frac{1}{\sqrt{2\pi}} e^{-\frac{x^2}{2}} dx = 1$. 由此,只要作变换 $\dfrac{x-\mu}{\sigma} = t$,不难验证,一般的正态分布密度也满足

$$\int_{-\infty}^{+\infty} f(x) dx = \int_{-\infty}^{+\infty} \frac{1}{\sqrt{2\pi}\sigma} e^{-\frac{(x-\mu)^2}{2\sigma^2}} dx = 1.$$

现在我们来讨论如何计算服从正态分布的随机变量在任一区间上取值的概率. 标准正态分布是最重要的分布,其分布函数为

$$\Phi(x) = \int_{-\infty}^{x} \frac{1}{\sqrt{2\pi}} e^{-\frac{t^2}{2}} dt, \quad -\infty < x < +\infty.$$

$\Phi(x)$ 具有性质 $\Phi(x)=1-\Phi(-x)$. 由此可知,$\Phi(0)=0.5=\dfrac{1}{2}$. $\Phi(x)$ 的其他函数值无法手工计算,需查表或利用 Excel 来计算.

用 Excel 计算正态分布的概率时,使用 NORMDIST 函数,其格式如下:
$$\text{NORMDIST}(变量,均值,标准差,累积)$$
其中,变量(x):分布要计算的 x 值;均值(μ):分布的均值;标准差(σ):分布的标准差;累积:"TRUE"为分布函数,"FALSE"为概率密度函数.

例 7 设 $X\sim N(1,2^2)$,求 $P\{0<X\leqslant 5\}$.

分析 对于服从非标准正态分布 $N(\mu,\sigma^2)$ 的随机变量,我们只需进行积分变换,有
$$P\{\alpha<X<\beta\}=\int_{\alpha}^{\beta}\dfrac{1}{\sqrt{2\pi}\sigma}\mathrm{e}^{-\dfrac{(x-\mu)^2}{2\sigma^2}}\mathrm{d}x$$
$$\xrightarrow{\text{令}\,t=\dfrac{x-\mu}{\sigma}}\int_{\dfrac{\alpha-\mu}{\sigma}}^{\dfrac{\beta-\mu}{\sigma}}\dfrac{1}{\sqrt{2\pi}}\mathrm{e}^{-\dfrac{t^2}{2}}\mathrm{d}t=\Phi\left(\dfrac{\beta-\mu}{\sigma}\right)-\Phi\left(\dfrac{\alpha-\mu}{\sigma}\right),$$
利用 Excel 即可求出此值.

解 这里 $\mu=1,\sigma=2,\beta=5,\alpha=0$,有 $\dfrac{\beta-\mu}{\sigma}=2,\dfrac{\alpha-\mu}{\sigma}=-0.5$.

在 Excel 中输入公式"=NORMSDIST(2)",得 0.9772,即 $\Phi(2)=0.9772$;输入公式"=NORMSDIST(0.5)",得 0.6915,即 $\Phi(0.5)=0.6915$. 于是
$$P\{0<X\leqslant 5\}=\Phi(2)-\Phi(-0.5)=\Phi(2)-[1-\Phi(0.5)]$$
$$=\Phi(2)+\Phi(0.5)-1=0.9772+0.6915-1=0.6687.$$

以上方法是将一般正态分布的概率计算转化为标准正态分布的分布函数值的计算,即对于服从正态分布或服从标准正态分布的随机变量,均能利用 $\Phi(x)$ 的值来计算其取值于任一区间的概率.

当然,对于例 7,还可以直接计算.

在 Excel 中输入公式"=NORMDIST(5,1,2,TRUE)",得
$$P\{X\leqslant 5\}=0.9772.$$
在 Excel 中输入公式"=NORMDIST(0,1,2,TRUE)",得
$$P\{X\leqslant 0\}=0.3085.$$
于是
$$P\{0<X\leqslant 5\}=P\{X\leqslant 5\}-P\{X\leqslant 0\}=0.6687.$$

对于正态分布,实际工作中会出现反问题,即已知概率,需确定分位数(临界值). Excel 提供了正态分布函数的反函数 NORMINV,NORMINV 函数的格式如下:
$$\text{NORMINV}(下侧概率,均值,标准差)$$

例 8 已知 $X\sim N(360,40^2)$,求 x,使 $P\{X\leqslant x\}=0.8413$.

解 输入公式"=NORMINV(0.8413,360,40)",得
$$x=400.$$

> **注意** （1）NORMDIST 函数的反函数 NORMINV 用于分布函数，而非概率密度函数．
>
> （2）Excel 提供了标准正态分布函数 NORMSDIST(x) 及标准正态分布的反函数 NORMSINV(概率)．

例如，设 $X \sim N(0,1)$，输入公式"=NORMSDIST(2.35)"，得 0.9906，即
$$\Phi(2.35)=0.9906.$$
输入公式"=NORMSINV(0.8944)"，得到数值 1.25，即
$$\Phi(1.25)=0.8944.$$
若求临界值 z_α，则使用公式"=NORMSINV($1-\alpha$)"．

例如，输入公式"=NORMSINV($1-0.05$)"，得到数值 1.645；输入公式"=NORMSINV($1-0.025$)"，得到数值 1.96．

练习题

1. 随机变量 X 的概率密度为
$$f(x)=\begin{cases} 2\left(1-\dfrac{1}{x^2}\right), & 1\leqslant x\leqslant 2,\\ 0, & \text{其他}, \end{cases}$$
求 X 的分布函数，并画图．

2. 向半径为 r 的圆内随机抛一点，并设每次都能抛到圆内，求此点到圆心的距离 X 的分布函数 $F(x)$．

3. 某元件的使用寿命 X 服从指数分布，已知其参数 $\lambda=\dfrac{1}{1000}$，求 3 个这样的元件使用 1000 小时，至少已有一个损坏的概率．

4. 设 $X \sim N(1,2^2)$，求 $F(5)$，$P\{0 < X \leqslant 1.6\}$，$P\{|X-1|\leqslant 2\}$．

复习巩固题

1. 设某个随机变量 X 的分布函数为
$$F(x)=\begin{cases} 0, & x<0,\\ Ax^2, & 0\leqslant x<1,\\ 1, & x\geqslant 1, \end{cases}$$
确定未知参数 A，求 X 的密度函数．

2. 设随机变量 X 的分布函数为 $F(x)=A+B\arctan x$ ($-\infty < x < +\infty$)，确定常数 A，

B,并求 X 的密度函数.

3. 设 X 是连续型随机变量,其密度函数为

$$f(x)=\begin{cases} c, & 0<x<2, \\ 0, & 其他, \end{cases}$$

求:(1) 常数 c; (2) $P\{X>1\}$; (3) X 的分布函数.

4. 设随机变量 X 的密度函数为

$$f(x)=\begin{cases} x, & 0<x\leqslant 1, \\ ax+b, & 1<x\leqslant 2, \\ 0, & 其他, \end{cases} 且 P\left\{0<X<\frac{3}{2}\right\}=\frac{7}{8},$$

求:(1) 常数 a,b; (2) $P\left\{\dfrac{1}{2}<X<\dfrac{3}{2}\right\}$; (3) 分布函数 $F(x)$.

5. 设随机变量 X 的分布函数为

$$F(x)=\begin{cases} 0, & x<1, \\ \ln x, & 1\leqslant x<e, \\ 1, & x\geqslant e, \end{cases}$$

求:(1) 概率密度 $f(x)$; (2) $P\left\{2<X<\dfrac{5}{2}\right\}$; (3) $P\{X=2\}$.

6. 以 X 表示某商店从早晨开始营业起直到第一个顾客到达的等待时间(单位:min),X 的分布函数如下:

$$F(x)=\begin{cases} 1-e^{-0.4x}, & x>0, \\ 0, & x\leqslant 0, \end{cases}$$

求:(1) X 的概率密度函数; (2) $P\{X\leqslant 3\}$; (3) $P\{3<X\leqslant 4\}$.

3.2 一维连续型随机变量的数学期望与方差

上一节我们讨论了一维连续型随机变量的分布函数与概率密度,分布函数和概率密度都能完整地描述随机变量的概率特性,但实际应用中并不都需要知道概率密度或分布函数,而只需知道随机变量的某些特征.例如,衡量数控机床的加工精度,既要看这台数控机床加工的圆面型工件的平均半径,又要看工件半径与平均半径的偏离程度.显然,平均长度越接近加工要求的长度,且偏离程度越小,则加工精度就越高.同上一章一样,与一维连续型随机变量有关的平均取值及取值的分散程度,也就是一维连续型随机变量的数学期望与方差,在理论和实践上都具有重要意义.

3.2.1 一维连续型随机变量的数学期望

设取值在有限区间 $[a,b]$ 上的连续型随机变量 X 的概率密度 $f(x)$ 满足:

(1) 当 $a \leqslant x \leqslant b$ 时，$f(x) \geqslant 0$；而当 $x < a$ 或 $x > b$ 时，$f(x) = 0$；

(2) $\int_a^b f(x) \mathrm{d}x = 1$.

在区间 $[a,b]$ 内插入 $n-1$ 个分点 $x_i(i=1,2,\cdots,n-1)$，把区间 $[a,b]$ 分成 n 个小区间 $[x_{i-1}, x_i](i=1,2,\cdots,n)$，其中 $x_0 = a, x_n = b$. 在区间 $[x_{i-1}, x_i]$ 上任取一点 ξ_i，用 $f(\xi_i)\Delta x_i$ 近似表示 $P\{x_{i-1} \leqslant X \leqslant x_i\}$，这里 $\Delta x_i = x_i - x_{i-1}, i=1,2,\cdots,n$. 于是 $\sum_{i=1}^{n} \xi_i f(\xi_i) \Delta x_i$ 就表示取 n 个值 ξ_i，并且取值 ξ_i 的概率为 $f(\xi_i)\Delta x_i$ 的离散型随机变量的数学期望.

如果 $\mathrm{Max}\{\Delta x_i\} \to 0$，那么 $\sum_{i=1}^{n} \xi_i f(\xi_i) \Delta x_i \to \int_a^b x f(x) \mathrm{d}x$，我们把 $\int_a^b x f(x) \mathrm{d}x$ 称为取值在有限区间 $[a,b]$ 上的连续型随机变量 X 的**数学期望**或**均值**，记作 $E(X)$，即

$$E(X) = \int_a^b x f(x) \mathrm{d}x.$$

当连续型随机变量 X 的取值区间为无限区间时，设其概率密度为 $f(x)$，且满足：

(1) $f(x) \geqslant 0, -\infty < x < +\infty$；

(2) $\int_{-\infty}^{+\infty} f(x) \mathrm{d}x = 1$，

则数学期望定义为

$$E(X) = \int_{-\infty}^{+\infty} x f(x) \mathrm{d}x,$$

这时要求

$$\int_{-\infty}^{+\infty} |x| f(x) \mathrm{d}x < +\infty.$$

注意 不是所有的随机变量都有数学期望. 例如，柯西(Cauchy)分布的密度函数为

$$f(x) = \frac{1}{\pi(1+x^2)}, -\infty < x < +\infty,$$

但 $\int_{-\infty}^{+\infty} |x| f(x) \mathrm{d}x = \int_{-\infty}^{+\infty} \frac{|x|}{\pi(1+x^2)} \mathrm{d}x$ 发散，它的数学期望不存在！

由数学期望的定义公式，连续型随机变量的数学期望具有同离散型随机变量的数学期望一样的性质，具体如下：

性质 1 常量 C 的数学期望等于它自己，即

$$E(C) = C.$$

性质 2 常量 C 与连续型随机变量 X 乘积的数学期望，等于常量 C 与这个连续型随机变量的数学期望的积，即

$$E(CX) = CE(X).$$

性质 3 连续型随机变量 X 与常量 C 和的数学期望，等于这个连续型随机变量的数学期望与常量 C 的和，即

$$E(X+C) = E(X) + C.$$

推论 连续型随机变量 X 的线性函数 $Y=aX+b$ 的数学期望,等于这个连续型随机变量 X 的数学期望的同一线性函数,即

$$E(aX+b)=aE(X)+b.$$

3.2.2 一维连续型随机变量的方差

设取值在有限区间 $[a,b]$ 上的连续型随机变量 X 的概率密度 $f(x)$ 满足:
(1) 当 $a \leqslant x \leqslant b$ 时,$f(x) \geqslant 0$,而当 $x<a$ 或 $x>b$ 时,$f(x)=0$;
(2) $\int_a^b f(x)\mathrm{d}x = 1$,

则方差定义为

$$D(X)=\int_a^b [x-E(X)]^2 f(x)\mathrm{d}x.$$

若连续型随机变量 X 的取值区间为无限区间,设其概率密度为 $f(x)$,满足:
(1) $f(x) \geqslant 0$, $-\infty < x < +\infty$;
(2) $\int_{-\infty}^{+\infty} f(x)\mathrm{d}x = 1$,

则方差定义为

$$D(X)=\int_{-\infty}^{+\infty} [x-E(X)]^2 f(x)\mathrm{d}x,$$

这时要求

$$\int_{-\infty}^{+\infty} [x-E(X)]^2 f(x)\mathrm{d}x < +\infty.$$

由方差的定义和数学期望的性质,有

$$D(X)=E(X^2)-E(X)^2.$$

这就是说,要计算随机变量 X 的方差,在求出 $E(X)$ 后,再算出 $E(X^2)$。

由方差的计算公式或方差与数学期望的关系及数学期望的性质,连续型随机变量的方差也具有同离散型随机变量的方差一样的性质,具体如下:

性质1 常量 C 的方差等于 0,即

$$D(C)=0.$$

性质2 常量 C 与连续型随机变量 X 乘积的方差,等于常量 C 的平方与这个随机变量的方差的积,即

$$D(CX)=C^2 D(X).$$

性质3 连续型随机变量 X 与常量 C 和的方差,等于这个连续型随机变量的方差,即

$$D(X+C)=D(X).$$

推论 连续型随机变量 X 的线性函数 $Y=aX+b$ 的方差,等于这个连续型随机变量 X 的方差与 a^2 的乘积,即

$$D(aX+b)=a^2 D(X).$$

例1 设随机变量 X 的概率密度函数为

$$f(x)=\begin{cases}2(1-x), & x\in[0,1],\\ 0, & x\notin[0,1],\end{cases}$$

求 $E(X)$ 与 $D(X)$.

解 由定义,有
$$E(X)=\int_0^1 xf(x)\mathrm{d}x=\int_0^1 x\cdot 2(1-x)\mathrm{d}x=\left(x^2-\frac{2}{3}x^3\right)\Big|_0^1=\frac{1}{3}.$$

由于
$$E(X^2)=\int_0^1 x^2 f(x)\mathrm{d}x=\int_0^1 x^2\cdot 2(1-x)\mathrm{d}x=\left(\frac{2}{3}x^3-\frac{1}{2}x^4\right)\Big|_0^1=\frac{1}{6},$$

则由方差与数学期望的关系,有
$$D(X)=E(X^2)-E(X)^2=\frac{1}{6}-\left(\frac{1}{3}\right)^2=\frac{1}{18}.$$

例 2 求均匀分布的数学期望与方差.

解 设随机变量 X 服从参数为 a,b 的均匀分布,概率密度函数为
$$f(x)=\begin{cases}\dfrac{1}{b-a}, & a\leqslant x\leqslant b,\\ 0, & \text{其他},\end{cases}$$

由定义,有
$$E(X)=\int_a^b xf(x)\mathrm{d}x=\int_a^b x\cdot\frac{1}{b-a}\mathrm{d}x=\frac{x^2}{2(b-a)}\Big|_a^b=\frac{a+b}{2}.$$

由于
$$E(X^2)=\int_a^b x^2 f(x)\mathrm{d}x=\int_a^b x^2\cdot\frac{1}{b-a}\mathrm{d}x=\frac{x^3}{3(b-a)}\Big|_a^b=\frac{a^2+ab+b^2}{3},$$

则由方差与数学期望的关系,有
$$D(X)=E(X^2)-E(X)^2=\frac{a^2+ab+b^2}{3}-\left(\frac{a+b}{2}\right)^2=\frac{(b-a)^2}{12}.$$

例 3 求指数分布的数学期望与方差.

解 先介绍 Γ 函数
$$\Gamma(s)=\int_0^{+\infty}x^{s-1}\mathrm{e}^{-x}\mathrm{d}x,\ s>0,$$

Γ 函数具有如下性质:

(1) $\Gamma(s+1)=s\Gamma(s),s>0$;

(2) $\Gamma(1)=\Gamma(2)=1$;

(3) $\Gamma\left(\dfrac{1}{2}\right)=\sqrt{\pi}$.

设随机变量 X 服从参数为 λ 的指数分布,其概率密度函数为
$$f(x)=\begin{cases}\lambda\mathrm{e}^{-\lambda x}, & x\geqslant 0,\\ 0, & x<0,\end{cases}$$

其中 $\lambda>0$,由定义,并利用 Γ 函数,有

$$E(X) = \int_{-\infty}^{+\infty} xf(x)\,\mathrm{d}x = \int_0^{+\infty} x\lambda \mathrm{e}^{-\lambda x}\,\mathrm{d}x \xlongequal{\lambda x = t} \frac{1}{\lambda}\int_0^{+\infty} t^{2-1}\mathrm{e}^{-t}\,\mathrm{d}t = \frac{1}{\lambda}\Gamma(2) = \frac{1}{\lambda}.$$

由于

$$E(X^2) = \int_{-\infty}^{+\infty} x^2 f(x)\,\mathrm{d}x = \int_0^{+\infty} x^2 \lambda \mathrm{e}^{-\lambda x}\,\mathrm{d}x \xlongequal{\lambda x = t} \frac{1}{\lambda^2}\int_0^{+\infty} t^{3-1}\mathrm{e}^{-t}\,\mathrm{d}t = \frac{1}{\lambda^2}\Gamma(3) = \frac{2}{\lambda^2},$$

则由方差与数学期望的关系,有

$$D(X) = E(X^2) - E(X)^2 = \frac{2}{\lambda^2} - \left(\frac{1}{\lambda}\right)^2 = \frac{1}{\lambda^2}.$$

例 4 求正态分布的数学期望与方差.

解 设随机变量 X 的分布密度函数为

$$f(x) = \frac{1}{\sqrt{2\pi}\sigma}\mathrm{e}^{-\frac{(x-\mu)^2}{2\sigma^2}}\quad(-\infty < x < +\infty),$$

由定义,有

$$E(X) = \int_{-\infty}^{+\infty} xf(x)\,\mathrm{d}x = \int_{-\infty}^{+\infty} x\frac{1}{\sqrt{2\pi}\sigma}\mathrm{e}^{-\frac{(x-\mu)^2}{2\sigma^2}}\,\mathrm{d}x \xlongequal{\frac{x-\mu}{\sigma}=t} \int_{-\infty}^{+\infty}(\sigma t + \mu)\frac{1}{\sqrt{2\pi}}\mathrm{e}^{-\frac{t^2}{2}}\,\mathrm{d}t$$

$$= \sigma\int_{-\infty}^{+\infty} t\frac{1}{\sqrt{2\pi}}\mathrm{e}^{-\frac{t^2}{2}}\,\mathrm{d}t + \mu\int_{-\infty}^{+\infty}\frac{1}{\sqrt{2\pi}}\mathrm{e}^{-\frac{t^2}{2}}\,\mathrm{d}t = \mu,$$

$$D(X) = \int_{-\infty}^{+\infty}(x-\mu)^2 f(x)\,\mathrm{d}x = \int_{-\infty}^{+\infty}(x-\mu)^2\frac{1}{\sqrt{2\pi}\sigma}\mathrm{e}^{-\frac{(x-\mu)^2}{2\sigma^2}}\,\mathrm{d}x$$

$$\xlongequal{\frac{x-\mu}{\sigma}=t} \sigma^2\int_{-\infty}^{+\infty} t^2\frac{1}{\sqrt{2\pi}}\mathrm{e}^{-\frac{t^2}{2}}\,\mathrm{d}t = \frac{2\sigma^2}{\sqrt{2\pi}}\int_0^{+\infty} t^2\mathrm{e}^{-\frac{t^2}{2}}\,\mathrm{d}t$$

$$\xlongequal{\frac{t^2}{2}=u} \frac{2\sigma^2}{\sqrt{2\pi}}\int_0^{+\infty}\sqrt{2}u^{\frac{3}{2}-1}\mathrm{e}^{-u}\,\mathrm{d}u = \frac{2\sigma^2}{\sqrt{\pi}}\Gamma\left(\frac{3}{2}\right) = \sigma^2.$$

特别地,若 $X \sim N(0,1)$,则 $E(X) = 0$,$D(X) = 1$.

练 习 题

1. 设随机变量 X 服从瑞利分布,其密度函数为

$$f(x) = \begin{cases} \dfrac{x}{\sigma^2}\mathrm{e}^{-\frac{x^2}{2\sigma^2}}, & x > 0, \\ 0, & x \leqslant 0, \end{cases}$$

其中 $\sigma > 0$ 是常数,求 $E(X)$,$D(X)$.

2. 设随机变量 X 的概率密度为 $f(x)$,并且 $E(|X|)$ 存在,证明:$|E(X)| \leqslant E(|X|)$.

复习巩固题

1. 设随机变量 X 的密度函数为
$$f(x)=\begin{cases}x, & 0\leqslant x<1,\\ 2-x, & 1\leqslant x<2,\\ 0, & \text{其他},\end{cases}$$
求 $E(X),D(X)$.

2. 设随机变量 X 的密度函数为
$$f(x)=e^{-2|x|},-\infty<x<+\infty,$$
求 $E(X),D(X)$.

3.3 一维连续型随机变量函数

前面讨论了从数控机床加工的一批圆面型工件中任意抽取一件测量其半径,该工件的半径值 X 的分布函数、概率密度、数学期望等内容.自然有问题:该工件的面积 Y 的分布函数、概率密度、数学期望如何确定?

显然,圆面型工件的面积 Y 是该工件半径值 X 的函数 $Y=\pi X^2$,即随机变量 Y 是随机变量 X 的随机变量函数.同一维离散型随机变量函数一样,产生一般的问题:如何确定一维连续型随机变量函数 $Y=g(X)$ 的分布及数学期望.

本节将介绍如何从 X 的概率密度来确定 $Y=g(X)$ 的分布函数、概率密度及数学期望.

3.3.1 一维连续型随机变量函数的分布

设 X 是连续型随机变量,其概率密度函数为 $f_X(x)$.对于给定的一个其导函数是连续的函数 $g(x)$,我们用分布函数的定义导出 $Y=g(X)$ 的分布.

为了讨论方便,对于 X 有正概率密度的区间上的一切 x,令 $\alpha=\min\limits_{x}\{g(x)\}$,$\beta=\max\limits_{x}\{g(x)\}$.于是,对于 $\alpha>-\infty,\beta<+\infty$ 的情形,有:

当 $y<\alpha$ 时,$\{g(X)\leqslant y\}$ 是一个不可能事件,故
$$F_Y(y)=P\{g(X)\leqslant y\}=0;$$
而当 $y\geqslant\beta$ 时,$\{g(X)\leqslant y\}$ 是一个必然事件,故
$$F_Y(y)=P\{g(X)\leqslant y\}=1.$$

这样,我们可设 Y 的分布函数为
$$F_Y(y)=\begin{cases}0, & y<\alpha,\\ *, & \alpha\leqslant y<\beta,\\ 1, & y\geqslant\beta.\end{cases}$$

对于 $\alpha = -\infty$ 或 $\beta = +\infty$ 的情形,只要去掉相应区间上 $F(y)$ 的表达式即可. 这里我们只需讨论 $\alpha \leqslant y < \beta$ 的情形. 根据分布函数的定义,有

$$* = P\{Y \leqslant y\} = P\{g(X) \leqslant y\} = P\{X \in D_y\} = \int_{D_y} f_X(x) \mathrm{d}x,$$

其中 $D_y = \{x \mid g(x) \leqslant y\}$,即 D_y 是由满足 $g(x) \leqslant y$ 的所有 x 组成的集合,它可由 y 的值及 $g(x)$ 的函数形式解出. 根据 $f_Y(y) = F'_Y(y)$,并考虑到常数的导数为 0,于是 Y 的分布密度为

$$f_Y(y) = \begin{cases} \left[\int_{D_y} f_X(x) \mathrm{d}x \right]'_y, & \alpha < y < \beta, \\ 0, & 其他. \end{cases}$$

例 1 对一圆片的半径进行测量,其值在 $[9.9, 10.1]$ 上服从均匀分布,求圆片面积的概率密度.

解 设圆片半径的测量值为 X,面积为 Y,则有 $Y = \pi X^2$. 按已知条件,X 的分布密度为

$$f_X(x) = \begin{cases} 5, & x \in [9.9, 10.1], \\ 0, & 其他. \end{cases}$$

对于函数 $y = \pi x^2$,当 $x \in [9.9, 10.1]$ 时,$\alpha = \min\{\pi x^2\} = 9.9^2 \pi$,$\beta = \max\{\pi x^2\} = 10.1^2 \pi$.

当 $9.9^2 \pi \leqslant y < 10.1^2 \pi$ 时,

$$F_Y(y) = P\{Y \leqslant y\} = P\{\pi X^2 \leqslant y\} = P\left\{0 \leqslant X \leqslant \sqrt{\frac{1}{\pi} y}\right\}$$

$$= \int_0^{\sqrt{\frac{1}{\pi} y}} f_X(x) \mathrm{d}x = \int_0^{9.9} 0 \mathrm{d}x + \int_{9.9}^{\sqrt{\frac{1}{\pi} y}} 5 \mathrm{d}x = 5\left(\sqrt{\frac{1}{\pi} y} - 9.9\right);$$

当 $y < 9.9^2 \pi$ 时,$F_Y(y) = 0$;

当 $y \geqslant 10.1^2 \pi$ 时,$F_Y(y) = 1$.

于是

$$F_Y(y) = \begin{cases} 0, & y < 9.9^2 \pi, \\ 5\left(\sqrt{\frac{1}{\pi} y} - 9.9\right), & 9.9^2 \pi \leqslant y < 10.1^2 \pi, \\ 1, & y \geqslant 10.1^2 \pi. \end{cases}$$

由于 $f_Y(y) = F'_Y(y)$,故随机变量 Y 的概率密度函数为

$$f_Y(y) = \begin{cases} \dfrac{5}{2\sqrt{\pi y}}, & 9.9^2 \pi \leqslant y \leqslant 10.1^2 \pi, \\ 0, & 其他. \end{cases}$$

利用上述方法可以推出,当函数 $y = g(x)$ 为单调函数时,随机变量 Y 的概率密度可由下面的公式得到

$$f_Y(y) = \begin{cases} f_X[g^{-1}(y)] \cdot \left| [g^{-1}(y)]'_y \right|, & \alpha \leqslant y \leqslant \beta, \\ 0, & 其他, \end{cases}$$

其中,$g^{-1}(y)$ 为 $g(x)$ 的反函数,$f_X(x)$ 为随机变量 X 的概率密度函数.

在例 1 中

$$g^{-1}(y) = \sqrt{\frac{y}{\pi}}, \quad [g^{-1}(y)]'_y = \left(\sqrt{\frac{1}{\pi}y}\right)'_y = \frac{1}{2\sqrt{\pi y}},$$

而当 $9.9^2\pi \leqslant y \leqslant 10.1^2\pi$ 时,$9.9 \leqslant x \leqslant 10.1$,有

$$f_X\left(\sqrt{\frac{y}{\pi}}\right) = f_X(x).$$

由公式可得到 Y 的概率密度函数

$$f_Y(y) = \begin{cases} \dfrac{5}{2\sqrt{\pi y}}, & 9.9^2\pi \leqslant y \leqslant 10.1^2\pi, \\ 0, & \text{其他}. \end{cases}$$

当函数 $y = f(x)$ 不是单调函数时,也可利用上述公式求出随机变量 Y 的概率密度,即

$$f_Y(y) = \sum_i f_{Y_i}(y),$$

其中 $f_{Y_i}(y)$ 是 $y = g(x)$ 的第 i 个单调可微子区间上的概率密度.

例 2 设随机变量 X 的密度函数为

$$f_X(x) = \begin{cases} 0, & x < 0, \\ x^3 e^{-x^2}, & x \geqslant 0, \end{cases}$$

试求:(1) $Y_1 = 2X + 3$; (2) $Y_2 = X^2$; (3) $Y_3 = \ln X$ 的密度函数.

解 (1) 若 $Y_1 = 2X + 3$,则 $y = 2x + 3$,其反函数为 $x = \dfrac{y-3}{2}$,于是 $x' = \dfrac{1}{2}$,故

$$f_1(y) = \begin{cases} \dfrac{1}{2}\left(\dfrac{y-3}{2}\right)^3 e^{-\left(\frac{y-3}{2}\right)^2}, & y \geqslant 3, \\ 0, & y < 3. \end{cases}$$

(2) 若 $Y_2 = X^2$,则 $y = x^2$,其反函数分别为 $x_1 = \sqrt{y}$ 或 $x_2 = -\sqrt{y}$,于是 $x'_1 = \dfrac{1}{2\sqrt{y}}$, $x'_2 = -\dfrac{1}{2\sqrt{y}}$,故

$$f_2(y) = f_X(\sqrt{y})(\sqrt{y})'_y + f_X(-\sqrt{y})|(-\sqrt{y})'| = \frac{1}{2}y e^{-y}, \quad y > 0,$$

从而

$$f_2(y) = \begin{cases} \dfrac{1}{2}y e^{-y}, & y > 0, \\ 0, & y \leqslant 0. \end{cases}$$

(3) 若 $Y_3 = \ln X$,则 $y = \ln x$,其反函数为 $x = e^y$,于是 $x' = e^y$,故

$$f_3(y) = f_X(e^y) \cdot e^y = e^{4y} e^{-e^{2y}}, \quad -\infty < y < +\infty.$$

3.3.2 一维连续型随机变量函数的数学期望

设取值在有限区间 $[a, b]$ 上的连续型随机变量 X 的概率密度 $f(x)$ 满足:

(1) 当 $a \leqslant x \leqslant b$ 时,$f(x) \geqslant 0$,而当 $x < a$ 或 $x > b$ 时,$f(x) = 0$;

(2) $\int_a^b f(x)\mathrm{d}x = 1$.

我们把 $\int_a^b g(x)f(x)\mathrm{d}x$ 称为随机变量函数 $Y = g(X)$ 的**数学期望**或**均值**，记作 $E(Y)$，即

$$E(Y) = \int_a^b g(x)f(x)\mathrm{d}x.$$

当连续型随机变量 X 的取值区间为无限区间时，设其概率密度为 $f(x)$，满足：

(1) $f(x) \geqslant 0, -\infty < x < +\infty$；

(2) $\int_{-\infty}^{+\infty} f(x)\mathrm{d}x = 1$.

随机变量函数 $Y = g(X)$ 的数学期望定义为

$$E(Y) = \int_{-\infty}^{+\infty} g(x)f(x)\mathrm{d}x,$$

这时要求 $\int_{-\infty}^{+\infty} |g(x)| f(x)\mathrm{d}x < +\infty$.

例 3 已知随机变量 X 的概率密度为

$$f_X(x) = \begin{cases} \dfrac{x}{a^2}\mathrm{e}^{-\frac{x^2}{2a^2}}, & x > 0, \\ 0, & x \leqslant 0, \end{cases}$$

求随机变量 $Y = X^{-1}$ 的数学期望.

解 利用 Γ 函数，有

$$E(Y) = \int_{-\infty}^{+\infty} x^{-1} f_X(x)\mathrm{d}x = \int_0^{+\infty} x^{-1} \frac{x}{a^2} \mathrm{e}^{-\frac{x^2}{2a^2}} \mathrm{d}x \xrightarrow{\frac{x^2}{2a^2} = t} \frac{1}{\sqrt{2}a} \int_0^{+\infty} t^{\frac{1}{2}-1} \mathrm{e}^{-t} \mathrm{d}t$$

$$= \frac{1}{\sqrt{2}a} \Gamma\left(\frac{1}{2}\right) = \frac{\sqrt{2\pi}}{2a}.$$

练 习 题

1. 设 $X \sim N(\mu, \sigma^2)$，试证明当 $a \neq 0$ 时，有 $Y = aX + b \sim N(a\mu + b, a^2\sigma^2)$.

2. 设 $X \sim N(0,1)$，求 $Y = X^2$ 的分布.

复习巩固题

1. 设连续型随机变量 X 的概率密度为

$$f_X(x) = \begin{cases} \dfrac{x}{8}, & 0 < x < 4, \\ 0, & \text{其他}, \end{cases}$$

试求 $Y=2X+8$ 的概率密度.

2. 设随机变量 X 服从 $[a,b]$ 上的均匀分布,令 $Y=cX+d(c\neq 0)$,试求 Y 的密度函数.

3. 某电流 I 是一个随机变量,它均匀分布在 9A～11A. 若此电流通过 2Ω 的电阻,在其上消耗的功率 $W=2I^2$,求 W 的概率密度与数学期望.

4. 设随机变量 X 的概率密度为

$$f(x)=\begin{cases} \dfrac{2x}{\pi^2}, & 0<x<\pi, \\ 0, & \text{其他}, \end{cases}$$

求 $Y=\sin X$ 的概率密度与数学期望.

3.4 案例分析——企业招聘员工

某企业准备通过招聘考试招收 300 名员工,其中正式工 280 名,临时工 20 名. 报考的人数是 1657 人,考试满分是 400 分. 考试后得知,考试总平均成绩 $\mu=166$ 分,360 分以上的考生 31 人. 某考生 B 得 256 分. 问他能否被录取?又能否被聘为正式工?

解 分两步来解答.

第一步 预测最低分数线.

设最低分数线为 x_1,考生成绩为 ξ,则对一次成功的考生来说,ξ 服从正态分布,由题意可知 $\xi\sim N(166,\sigma^2)$,则 $\eta=\dfrac{\xi-166}{\sigma}\sim N(0,1)$.

因为高于 360 分的考生的概率是 $\dfrac{31}{1657}$,故

$$P\{\xi>360\}=P\left\{\eta>\dfrac{360-166}{\sigma}\right\}\approx\dfrac{31}{1657},$$

因此

$$P\{\xi\leqslant 360\}=P\left\{\eta\leqslant\dfrac{360-166}{\sigma}\right\}\approx 1-\dfrac{31}{1657}\approx 0.9813,$$

在 Excel 中输入公式"=NORMSINV(0.9813)",得

$$\dfrac{360-166}{\sigma}\approx 2.08137,\text{即 }\sigma\approx 93,\text{故 }\xi\sim N(166,93^2).$$

因为最低分数线的确定应使录取考生的概率等于 $\dfrac{300}{1657}$,即

$$P\left\{\eta>\dfrac{x_1-166}{93}\right\}\approx\dfrac{300}{1657},$$

所以

$$P\left\{\eta\leqslant\dfrac{x_1-166}{93}\right\}\approx 1-\dfrac{300}{1657}\approx 0.8189.$$

在 Excel 中输入公式"=NORMSINV(0.8189)",得
$$\frac{x_1-166}{93} \approx 0.91118,$$
由此有 $x_1 \approx 251$.

第二步 预测考生 B 的考试名次,这样就能取定该考生能否被录取.

在 $\xi=256$ 分时,输入公式"=NORMSDIST(30/31)",可得
$$P\left\{\eta \leqslant \frac{256-166}{93}\right\} \approx 0.8334,$$
则
$$P\left\{\eta > \frac{256-166}{93}\right\} \approx 1-0.8334=0.1666.$$

这表明,考试成绩高于考生 B 的人数大约占总考生的 16.66%,所以名次排在考生 B 之前的考生大约有 $1657 \times 16.66\% = 276$,即考生 B 大约排在 277 名.

由于一共招收 300 名,故该考生可以被录取,又正式工只招收 280 名,而 $277 < 280$,故该考生被录用为正式工的可能性很大.

3.5 本章内容小结

本章首先学习了连续型随机变量,即可能取值充满一个区间或若干个区间的随机变量. 上一章学习了离散型随机变量,即可能取值为有限个或可数个(即称为至多可数个)的随机变量. 一般地,随机试验的每一个可能的结果 ω 都用一个实数 $X=X(\omega)$ 来表示,随机试验的所有可能的结果 Ω 用随机变量 X 来表示. 也就是说,随机变量是随机试验结果的函数,它的取值随试验的结果而定,是不能预先确定的,它的取值具有一定的概率. 随机变量的引入,使概率论的研究由个别随机事件扩大为随机变量所表征的随机现象的研究. 今后,我们主要研究随机变量和它的分布.

设 X 为一随机变量,x 是任意实数,称函数
$$F(x) = P\{X \leqslant x\} \quad (-\infty < x < +\infty)$$
为 X 的分布函数. 分布函数 $F(x)$ 具有以下的基本性质:

(1) $0 \leqslant F(x) \leqslant 1$;

(2) $F(x)$ 是非减函数;

(3) $F(x)$ 是右连续的(连续型随机变量的分布函数 $F(x)$ 连续);

(4) $\lim\limits_{x \to -\infty} F(x) = 0$,$\lim\limits_{x \to +\infty} F(x) = 1$.

知道了随机变量 X 的分布函数,就知道 X 落在任一区间 $(a,b]$ 上的概率
$$P\{a < X \leqslant b\} = F(b) - F(a).$$
这样,分布函数就完整地描述了随机变量取值的统计规律性.

对于离散型随机变量,我们需要掌握的是它可能取哪些值,以及它以怎样的概率取这些

值,这就是离散型随机变量取值的统计规律性.因此,用分布律
$$P\{X=x_k\}=p_k, k=1,2,\cdots$$
来描述离散型随机变量取值的统计规律性更为直观、简洁.分布律与分布函数有如下关系:
$$F(x)=P\{X\leqslant x\}=\sum_{x_i\leqslant x}P\{X=x_i\}=\sum_{x_i\leqslant x}p_i,$$
它们是一一对应的.

若连续型随机变量 X 的概率密度为 $f(x)$,则分布函数为
$$F(x)=P\{X\leqslant x\}=P\{-\infty<X\leqslant x\}=\int_{-\infty}^{x}f(x)\mathrm{d}x, -\infty<x<+\infty,$$
即给定 X 的概率密度 $f(x)$,就能确定分布函数 $F(x)$.

由于 $f(x)$ 位于积分号内,改变 $f(x)$ 在个别点的函数值并不改变 $F(x)$ 的函数值.因此,改变 $f(x)$ 在个别点的函数值是无关紧要的.

若连续型随机变量 X 的分布函数为 $F(x)$,则其概率密度为
$$f(x)=F'(x), -\infty<x<+\infty,$$
即给定 X 的分布函数 $F(x)$,就能确定概率密度 $f(x)$.

对于连续型随机变量,在理论上和实际应用上使用概率密度 $f(x)$ 来描述较为方便.

连续型随机变量 X 的分布函数处处连续,连续型随机变量 X 取任一实数值的概率为 0. 这两条特性是离散型随机变量不具备的.

随机变量一般可分为离散型和非离散型两大类,非离散型又可分为连续型和混合型.设随机变量 X 的分布函数为
$$F(x)=\begin{cases}0, & x<0,\\ x+\dfrac{1}{2}, & 0\leqslant x<\dfrac{1}{2},\\ 1, & x\geqslant\dfrac{1}{2},\end{cases}$$
因为 $F(x)$ 在点 $x=0$ 处不连续,故 X 不是连续型的随机变量. $F(x)$ 又不是阶梯函数,故 X 也不是离散型的随机变量. X 属混合型随机变量,非离散、非连续.同学们不要误以为一个随机变量,如果它不是离散的,那么就一定是连续的.本教材只研究离散型随机变量和连续型随机变量.

随机变量 X 的函数 $Y=g(X)$ 也是一个随机变量,要会由 X 的分布(概率分布或概率密度)求 $Y=g(X)$ 的分布(概率分布或概率密度).

随机变量的数字特征——数学期望、方差是由随机变量的分布确定的,能描述随机变量某一方面的特征的常数.数学期望 $E(X)$ 是加权平均数这一概念在随机变量中的推广,它反映了随机变量 X 取值的平均水平,其统计意义就是对随机变量进行长期观测或大量观测所得数值的理论平均数.方差 $D(X)$ 描述随机变量 X 取值与其数学期望 $E(X)$ 的偏离程度.数学期望、方差虽不能像分布函数、分布列、概率密度一样完整地描述随机变量,但它们能描述随机变量取值方面的特征,在理论上和实际应用上都非常重要.

要会用公式计算随机变量函数 $Y=g(X)$ 的数学期望,而不是先由 X 的分布(概率分布或概率密度)求 $Y=g(X)$ 的分布(概率分布或概率密度)再计算数学期望.

常用公式
$$D(X)=E(X^2)-E(X)^2$$
来计算方差,注意 $E(X^2)$ 与 $E(X)^2$ 的差别.

同学们应当掌握随机变量的分布律、概率密度与分布函数的性质,掌握随机变量数学期望、方差的性质.本章引入均匀分布、指数分布、正态分布三个连续型随机变量,要熟知它们的概率密度、数学期望、方差.

重要术语与主题

随机变量　混合型随机变量　连续型随机变量　连续型随机变量的概率密度与分布函数　均匀分布　指数分布　正态分布　标准正态分布　连续型随机变量函数的概率密度　数学期望　方差

提 高 题

1. 设随机变量 X 具有概率密度
$$f(x)=\begin{cases} kx, & 0\leqslant x<3, \\ 2-\dfrac{x}{2}, & 3\leqslant x\leqslant 4, \\ 0, & 其他, \end{cases}$$
求:(1) 常数 k; (2) X 的分布函数 $F(x)$; (3) $P\left\{1<X\leqslant\dfrac{7}{2}\right\}$.

2. 已知连续型随机变量 $X\sim e(\lambda),\lambda>0,P\{k<X<2k\}=\dfrac{1}{4}$,求 k.

3. 设某种电子元件的使用寿命服从正态分布 $N(40,100)$,随机地取 5 个元件,求恰有两个元件的使用寿命小于 50 的概率.($\Phi(1)=0.8413,\Phi(2)=0.9772$)

4. 一工厂生产的某种元件的使用寿命 X(以小时计)服从参数 $\mu=160,\sigma$ 的正态分布.若要求 $P\{120<X\leqslant 200\}\geqslant 0.80$,允许 σ 最大为多少?

5. 设随机变量 $X\sim N(108,9)$,求:

(1) $P\{101.1<X\leqslant 117.6\}$;

(2) 使得 $P\{X<a\}=0.9$ 的常数 a.

6. 设随机变量 X 服从标准正态分布,试求 $Y=|X|$ 的分布密度.

7. 向区间 $(0,a)$ 内任意投点,用 X 表示这个点的坐标.设该点落在 $(0,a)$ 内任一小区间的概率与这个小区间的长度成正比例,而与小区间的位置无关,求 X 的分布函数和密度函数.

8. 设随机变量 X 具有连续的分布函数 $F(x)$,求 $Y=F(X)$ 的分布函数和密度函数.

9. 设随机变量 $X\sim e(\lambda)$,求 $Y=\min\{X,2\}$ 的分布函数.

10. 恒温箱是靠温度调节器根据箱内温度的变化不断调整的,所以恒温箱内的实际温度 X(单位为℃)是一个随机变量,如果将温度调节器设定在 d℃,且 $X\sim N(d,0.5^2)$. 要有 95% 的可能性保证箱内温度不低于 90℃,问应将温度调节器设定为多少度为宜?

11. 在电源电压不超过 200V、200~240V 和超过 240V 三种情况下,某种电子元件损坏的概率分别为 0.1、0.001 和 0.2. 假设电源电压 X 服从正态分布 $N(220,25^2)$,试求:

(1) 该电子元件损坏的概率;

(2) 该电子元件损坏时,电源电压在 200~240V 的概率.

12. 从数字 $0,1,2,\cdots,n$ 中任取两个不同的数字,求这两个数字之差的绝对值的数学期望.

13. 设随机变量 X 的分布函数为

$$F(x)=\begin{cases}0, & x\leqslant 0,\\ \dfrac{x}{4}, & 0<x<4,\\ 1, & x\geqslant 4,\end{cases}$$

求 $E(X),E[F(X)]$.

14. 设随机变量 X 的密度函数为

$$f(x)=\frac{1}{\pi(1+x^2)},$$

求 $E[\min(|X|,1)]$.

15. 在半圆的直径上任取一点 P,过点 P 作直径的垂线交圆周于点 Q. 设圆的半径为 1,求 $E(PQ)$ 和 $D(PQ)$.

16. 假设由自动线加工的某种零件的内径 X(mm)服从正态分布 $N(\mu,1)$,内径小于 10mm 或大于 12mm 为不合格品,其余为合格品. 销售合格品获利,销售不合格品亏损,已知销售利润 T(单位:元)与销售零件的内径 X 有如下关系:

$$T=\begin{cases}-1, & X<10,\\ 20, & 10\leqslant X\leqslant 12,\\ -5, & X>12,\end{cases}$$

问平均内径 μ 取何值时,销售一个零件的平均利润最大?

17. 假设随机变量 X 的概率密度为

$$f(x)=\begin{cases}2x, & 0<x<1,\\ 0, & \text{其他},\end{cases}$$

现在对 X 进行 n 次独立重复观测,以 V_n 表示观测值不大于 0.1 的次数,试求随机变量 V_n 的概率分布.

18. 若 $f(x),g(x)$ 均为同一区间 $[a,b]$ 上的概率密度函数. 试证:

(1) $f(x)+g(x)$ 不是这一区间上的概率密度函数;

(2) 对任一数 $\beta(0<\beta<1)$, $\beta f(x)+(1-\beta)g(x)$ 是这一区间上的概率密度函数.

19. 假设一大型设备在任何长为 t(单位:h)的时间内发生故障的次数 $N(t)$ 服从参数为 λt 的泊松分布,求:

(1) 相继两次故障之间时间间隔 T 的概率分布;

(2) 在设备已无故障工作 8h 的情形下,再无故障运行 8h 的概率 Q.

20. 设随机变量 X 的概率密度函数 $f(x)$ 为偶函数.证明:对任意 $a>0$,随机变量 X 的分布函数 $F(x)$ 有:(1) $F(0)=0.5$; (2) $F(-a)=1-F(a)$; (3) $P\{|X|<a\}=2F(a)-1$; (4) $P\{|X|>a\}=2F(-a)$.

21. 假设随机变量 X 服从参数为 2 的指数分布,证明:$Y=1-e^{-2X}$ 在区间 $(0,1)$ 上服从均匀分布.

22. 设随机变量 X 具有连续的分布函数 $F(x)$,求 $Y=F(X)$ 的分布密度函数.

23. 设随机变量 X 和 Y 同分布,X 的概率密度为

$$f(x)=\begin{cases} \dfrac{3x^2}{8}, & 0<x<2, \\ 0, & \text{其他}. \end{cases}$$

(1) 已知事件 $A=\{X>a\}$ 和 $B=\{Y>a\}$ 独立,且 $P\{A\cup B\}=\dfrac{3}{4}$,求常数 a;

(2) 求 X^{-2} 的数学期望.

第 4 章

二维随机变量

4.0 引论与本章学习指导

4.0.1 引 论

某高校新选出了校学生会 6 名女委员,医类、文经管类、理工类各占 $\frac{1}{6},\frac{1}{3},\frac{1}{2}$,现从中随机指定 2 人为学生会主席候选人,观察候选人来自理工类、文经管类人数的概率特性与数字特征. 一电子仪器由两个部件构成,以 X 和 Y 分别表示两个部件的使用寿命(单位:千小时),研究该电子仪器使用寿命的概率特性与数字特征.

对于这样两个问题,完全利用前两章的知识不能解答,需要本章介绍的二维随机变量的知识,包括二维随机变量的概念,二维随机变量的联合分布函数,二维连续型随机变量的联合概率密度、边缘概率密度、条件概率密度,二维离散型随机变量的联合概率分布、边缘概率分布、条件概率分布,二维随机变量的数学期望、方差、协方差及相关系数的概念、性质和计算方法等.

4.0.2 本章学习指导

本章知识点教学要求如下:

(1) 在理解一维随机变量概念的基础上,理解二维随机变量联合分布函数的概念和性质.

(2) 掌握求二维离散型随机变量的联合概率分布、边缘概率分布、条件概率分布的方法.

(3) 会求简单二维连续型随机变量的联合概率密度、边缘概率密度、条件概率密度.

(4) 会利用联合分布函数与联合概率分布或联合概率密度计算有关事件的概率.

(5) 理解随机变量的独立性并会判别.

(6) 理解二维随机变量的数学期望、方差、协方差及相关系数的概念、性质,掌握二维随机变量的数学期望的计算方法,会求简单二维随机变量的方差、协方差及相关系数.

（7）知道二维随机变量函数的概念，会求两个随机变量的和、平方和的分布、两个随机变量的最大（小）值分布.

显然，需要理解的概念和需要掌握的性质与计算方法是教学重点，这部分内容同学们学习时要特别注意.

当然，二维随机变量的概念，二维随机变量的联合分布函数、联合概率分布的概念，二维连续型随机变量的联合概率密度、边缘概率密度、条件概率密度的概念和计算，二维连续型随机变量的数学期望、方差、协方差及相关系数的计算，二维随机变量函数的分布这几个内容学习时大多数同学会感到有困难，希望有困难的同学课上认真听讲，课后与老师讨论.

本章教学安排 12 学时.

4.1 二维随机变量及其联合分布

第 2 章我们学习了一维离散型随机变量的概念及其概率分布与分布函数的概念和性质，第 3 章学习了一维连续型随机变量的概念及其分布函数、概率密度的概念和性质.

本节学习二维随机变量及其联合分布，包括二维随机变量的联合分布函数、二维离散型随机变量的联合概率分布、二维连续型随机变量的联合概率密度的概念、性质和计算方法.

4.1.1 二维随机变量的概念

在实际问题中，试验结果有时需要同时用两个或两个以上的随机变量来描述. 例如，某高校新选出了校学生会 6 名女委员，医类、理工类、文经管类各占 $\frac{1}{6}, \frac{1}{2}, \frac{1}{3}$，现从中随机指定 2 人为学生会主席候选人，观察候选人来自理工类、文经管类的人数. 对于此问题，样本空间为 $\Omega_1 = \{(x, y) \mid x = 0, 1, 2, 3; y = 0, 1, 2; 1 \leqslant x + y \leqslant 2\}$. 显然这样的样本空间 Ω_1 不能用一维随机变量来描述，需要用二维随机变量描述. 即用 X 表示 2 名学生会主席候选人中来自理工类的人数，用 Y 表示 2 名学生会主席候选人中来自文经管类的人数，于是随机指定 2 人为学生会主席候选人，观察候选人来自理工、文经管类人数就要用两个一维随机变量 X 和 Y 同时、联合描述. 又如，一电子仪器由两个部件构成，以 X 和 Y 分别表示两个部件的使用寿命（单位：千小时），该电子仪器使用寿命的描述要用两个部件的使用寿命 X 和 Y 同时、联合描述. 再如，通过对含碳、含硫、含磷量的测定来研究钢的成分要用三个一维随机变量同时、联合描述. 要研究这些随机变量之间的联系，就需考虑多维随机变量及其取值规律——多维随机变量分布. 本章主要讨论二维随机变量.

一般地，随机试验的每一个可能的结果 ω 都要用两个实数 $X = X(\omega), Y = Y(\omega)$ 来同时表示，随机试验的所有可能的结果 Ω 要用两个一维随机变量 X 和 Y 来同时表示. 也就是说，设 Ω 为随机试验的样本空间，对于任意的 $\omega \in \Omega$，按照一定的规则，若存在数组 $(X(\omega), Y(\omega)) \in \mathbf{R}^2$ 与之对应，则称 (X, Y) 为**二维随机变量**或**二维随机向量**.

二维随机变量是随机试验结果的函数,它的取值随试验的结果而定,是不能预先确定的,它的取值具有一定的概率.因此,二维随机变量作为一个整体具有概率特性.

对于二维随机变量,如果可能取值为有限个或无限可数个,我们称这样的二维随机变量为**二维离散型随机变量**.例如,观察 2 名学生会主席候选人中来自理工类、文经管类的人数用二维随机变量(X,Y)表示,其为二维离散型随机变量.对于二维随机变量,如果取值充满一个或几个平面区域(无限不可数),我们称这样的二维随机变量为**二维连续型随机变量**.例如,一电子仪器由两个部件构成,该电子仪器的使用寿命用两个部件的使用寿命 X 和 Y 同时、联合描述为(X,Y),其为二维连续型随机变量.应当指出,同一维随机变量一样,二维随机变量也分为离散型和非离散型两大类,而非离散型又可分为连续型和混合型.本教材只讨论离散型随机变量和连续型随机变量.

对于二维随机变量,同一维随机变量一样,可用随机变量的等式或不等式表达随机事件.例如,对于观察 2 名学生会主席候选人中来自理工类、文经管类的人数这例,$\{X\leqslant 1,Y=1\}$表示 2 名学生会主席候选人中 1 名来自文经管类,另 1 名可能来自理工类,也可能来自医类.又如,对于电子仪器使用寿命这例,$\{X\geqslant 1,Y\geqslant 1\}$表示两个部件的使用寿命至少都达到 1 千小时,从而电子仪器的使用寿命达到 1 千小时;$\{X\leqslant 2,Y\leqslant 1\}$表示一个部件的使用寿命最多为 2 千小时,另一个部件的使用寿命最多为 1 千小时,从而电子仪器的使用寿命最多为 1 千小时.

4.1.2 二维随机变量的联合分布函数

对于上面观察 2 名学生会主席候选人中来自理工类、文经管类的人数这例,"随机指定 2 人为学生会主席候选人,来自理工类的候选人人数小于 2、来自文经管类的候选人人数小于 1"这一事件可表示为$\{X\leqslant 1,Y\leqslant 0\}$.注意到医类只有 1 名委员,因此利用古典概型,可得

$$P\{X\leqslant 1,Y\leqslant 0\}=P\{X=1,Y=0\}=\frac{C_3^1}{C_6^2}=\frac{1}{5}.$$

任取一组实数 x 和 y,问 2 名学生会主席候选人中来自理工类的人数不大于 x 并且来自文经管类的人数不大于 y 的概率是多少?显然,这个概率 $P\{X\leqslant x,Y\leqslant y\}$ 与 x,y 的取值有关系,即

当 $x<1$ 和 $y<1$ 时,

$$P\{X\leqslant x,Y\leqslant y\}=P\{X=0,Y=0\}=0;$$

当 $x<1$ 和 $1\leqslant y<2$ 时,

$$P\{X\leqslant x,Y\leqslant y\}=P\{X=0,Y=0\}+P\{X=0,Y=1\}=0+\frac{C_3^0 C_2^1}{C_6^2}=\frac{2}{15};$$

类似地,

当 $x<1$ 和 $y\geqslant 2$ 时,

$$P\{X\leqslant x,Y\leqslant y\}=\frac{1}{5};$$

当 $1\leqslant x<2$ 和 $y<1$ 时,

$$P\{X\leqslant x, Y\leqslant y\} = \frac{1}{5};$$

当 $1\leqslant x<2$ 和 $y\geqslant 1$ 时,
$$P\{X\leqslant x, Y\leqslant y\} = \frac{2}{5};$$

当 $x\geqslant 2$ 和 $y<1$ 时,
$$P\{X\leqslant x, Y\leqslant y\} = \frac{2}{5};$$

当 $x\geqslant 2$ 和 $1\leqslant y<2$ 时,
$$P\{X\leqslant x, Y\leqslant y\} = \frac{14}{15};$$

当 $x\geqslant 2$ 和 $y\geqslant 2$ 时,
$$P\{X\leqslant x, Y\leqslant y\} = 1.$$

于是,对于一组实数 x 和 y,x 和 y 与事件 $\{X\leqslant x, Y\leqslant y\}$ 的概率 $P\{X\leqslant x, Y\leqslant y\}$ 对应;而且 (x,y) 的取值范围为实数集 $\mathbf{R}^2$. 同一维随机变量一样,记 $P\{X\leqslant x, Y\leqslant y\} = F(x,y)$,这是一个定义在实数集 $\mathbf{R}^2$ 上的函数.

设 (X,Y) 为二维随机变量,x 和 y 是任意实数,称函数
$$F(x,y) = P\{X\leqslant x, Y\leqslant y\} \quad (-\infty<x,y<+\infty)$$
为二维随机变量 (X,Y) 的**联合分布函数**.

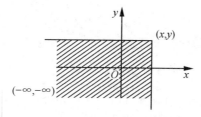

图 4.1 二维随机变量分布函数的几何意义

联合分布函数的几何意义:如果用平面上的点 (x,y) 表示二维随机变量 (X,Y) 的一组可能的取值,则 $F(x,y)$ 表示 (X,Y) 的取值落入如图 4.1 所示的平面区域内的概率.

对于二维随机变量 (X,Y),由于联合分布函数 $F(x,y)$ 是一个以实数集 $\mathbf{R}^2$ 为其定义域、以事件 $\{\omega \mid -\infty<X(\omega)\leqslant x, -\infty<Y(\omega)\leqslant y\}$ 的概率为函数值的一个实值函数,因此 $0\leqslant F(x,y)\leqslant 1$.

当 $x\to -\infty$ 或 $y\to -\infty$ 时,事件 $\{\omega \mid -\infty<X(\omega)\leqslant x, -\infty<Y(\omega)\leqslant y\}$ 是不可能事件 $\varnothing$,即 $\lim\limits_{x\to -\infty} F(x,y) = \lim\limits_{y\to -\infty} F(x,y) = \lim\limits_{\substack{x\to -\infty \\ y\to -\infty}} F(x,y) = 0$. 同样地,当 $x\to +\infty$ 和 $y\to +\infty$ 时,事件 $\{\omega \mid -\infty<X(\omega)\leqslant x, -\infty<Y(\omega)\leqslant y\}$ 是必然事件 Ω,即 $\lim\limits_{\substack{x\to +\infty \\ y\to +\infty}} F(x) = 1$.

对于 $x_1<x_2$,显然
$$\{\omega \mid -\infty<X(\omega)\leqslant x_1, -\infty<Y(\omega)\leqslant y\} \subset \{\omega \mid -\infty<X(\omega)\leqslant x_2, -\infty<Y(\omega)\leqslant y\},$$
于是

$$F(x_1,y)=P\{X\leqslant x_1,Y\leqslant y\}\leqslant P\{X\leqslant x_2,Y\leqslant y\}=F(x_2,y).$$

同理,当 $y_1<y_2$ 时,$F(x,y_1)\leqslant F(x,y_2)$,即 $F(x,y)$ 是非减函数.

对于任意 $a<b,c<d$,显然 $P\{a<X\leqslant b,c<Y\leqslant d\}\geqslant 0$,于是
$$F(b,d)-F(b,c)-F(a,d)+F(a,c)\geqslant 0.$$

最后,$F(x,y)$ 关于每个自变量是右连续的.

总结以上讨论,二维随机变量的联合分布函数 $F(x,y)$ 具有以下的基本性质:

(1) 对任意实数 $x,y,0\leqslant F(x,y)\leqslant 1$;

(2) $F(x,y)$ 是非减函数;

(3) $F(x,y)$ 关于每个自变量是右连续的;

(4) $\lim\limits_{x\to-\infty}F(x,y)=\lim\limits_{y\to-\infty}F(x,y)=\lim\limits_{\substack{x\to-\infty\\y\to-\infty}}F(x,y)=0,\lim\limits_{\substack{x\to+\infty\\y\to+\infty}}F(x)=1$;

(5) 对于任意 $a<b,c<d,F(b,d)-F(b,c)-F(a,d)+F(a,c)\geqslant 0$.

应当指出,上述性质也是 $F(x,y)$ 成为某个二维随机变量联合分布函数的充分条件.

例 1 设
$$F(x,y)=\begin{cases}0, & x+y<1,\\ 1, & x+y\geqslant 1.\end{cases}$$

讨论 $F(x,y)$ 能否成为二维随机变量 (X,Y) 的联合分布函数.

解 由于
$$F(2,2)-F(0,2)-F(2,0)+F(0,0)=1-1-1+0=-1<0,$$

故 $F(x,y)$ 不能作为二维随机变量 (X,Y) 的联合分布函数.

例 2 设随机变量 (X,Y) 的联合分布函数为
$$F(x,y)=A\left(B+\arctan\frac{x}{2}\right)\left(C+\arctan\frac{y}{2}\right),-\infty<x,y<+\infty,$$

其中 A,B,C 为常数.

(1) 确定 A,B,C; (2) 求 $P\{X>2\}$.

解 (1) 由联合分布函数的性质,有

$$F(+\infty,+\infty)=A\left(B+\frac{\pi}{2}\right)\left(C+\frac{\pi}{2}\right)=1,$$

$$F(-\infty,+\infty)=A\left(B-\frac{\pi}{2}\right)\left(C+\frac{\pi}{2}\right)=0,$$

$$F(+\infty,-\infty)=A\left(B+\frac{\pi}{2}\right)\left(C-\frac{\pi}{2}\right)=0,$$

于是得 $B=\frac{\pi}{2},C=\frac{\pi}{2},A=\frac{1}{\pi^2}$.

(2) $P\{X>2\}=1-P\{X\leqslant 2\}=1-P\{X\leqslant 2,Y<+\infty\}$

$$=1-\left(\frac{1}{2}+\frac{1}{\pi}\arctan\frac{2}{2}\right)=\frac{1}{4}.$$

4.1.3 二维离散型随机变量

从新选的校学生会 6 名女委员（理工类 3 名、文经管类 2 名、医类 1 名）中随机指定 2 人为学生会主席候选人，用 X 表示 2 名学生会主席候选人中来自理工类的人数，用 Y 表示 2 名学生会主席候选人中来自文经管类的人数，于是随机指定 2 人为学生会主席候选人，观察候选人来自理工、文经管类人数就要用 (X,Y) 描述．由 X 和 Y 的可能取值分别为 $0, 1, 2$ 知道，(X,Y) 的可能取值分别为 $(0,1),(1,0),(0,2),(1,1),(2,0)$，利用古典概型，得

$$P\{X=0,Y=1\}=\frac{C_2^1}{C_6^2}=\frac{2}{15}, P\{X=0,Y=2\}=\frac{C_2^2}{C_6^2}=\frac{1}{15},$$

$$P\{X=1,Y=0\}=\frac{C_3^1}{C_6^2}=\frac{1}{5}, P\{X=2,Y=0\}=\frac{C_3^2}{C_6^2}=\frac{1}{5},$$

$$P\{X=1,Y=1\}=\frac{C_3^1 C_2^1}{C_6^2}=\frac{2}{5}.$$

同一维离散型随机变量的分布律一样，$P\{X=0,Y=1\}=\frac{2}{15}, P\{X=0,Y=2\}=\frac{1}{15}$ 等为候选人来自理工、文经管类人数的分布律．

一般地，若二维随机向量 (X,Y) 的所有可能取值为至多可数个有序对 (x,y)，则称 (X,Y) 为**离散型随机变量**．设 (X,Y) 的所有可能取值为 $(x_i, y_j)(i, j = 1, 2, \cdots)$，且事件 $\{X=x_i, Y=y_j\}$ 的概率为 p_{ij}，称

$$P\{X=x_i, Y=y_j\} = p_{ij} (i, j = 1, 2, \cdots)$$

为 (X,Y) 的**联合分布律**，简称**分布律**．

联合分布律也用下面的表格来表示：

Y \ X	y_1	y_2	$\cdots$	y_j	$\cdots$
x_1	p_{11}	p_{12}	$\cdots$	p_{1j}	$\cdots$
x_2	p_{21}	p_{22}	$\cdots$	p_{2j}	$\cdots$
$\vdots$	$\vdots$	$\vdots$		$\vdots$	
x_i	p_{i1}	p_{i2}	$\cdots$	p_{ij}	$\cdots$
$\vdots$	$\vdots$	$\vdots$		$\vdots$	$\vdots$

这里 p_{ij} 具有下面两个性质：

(1) $p_{ij} \geq 0 (i, j = 1, 2, \cdots)$；

(2) $\sum_i \sum_j p_{ij} = 1$．

应当指出，以上两个性质也是 $p_{ij}(i, j = 1, 2, \cdots)$ 为某个二维离散型随机变量联合概率分布的充分条件．

已知二维离散型随机变量 (X,Y) 的联合分布律

$$P\{X=x_i, Y=y_j\} = p_{ij} (i, j = 1, 2, \cdots),$$

可以确定其联合分布函数

$$F(x,y) = \sum_{x_i \leqslant x}\sum_{y_j \leqslant y} p_{ij}, -\infty < x, y < +\infty.$$

反之，由二维离散型随机变量(X,Y)的联合分布函数也可求出其联合分布律

$$\begin{aligned}p_{ij} &= P\{X=x_i, Y=y_j\}\\&=F(x_i,y_j)-F(x_i,y_j-0)-F(x_i-0,y_j)+F(x_i-0,y_j-0), i,j=1,2,\cdots.\end{aligned}$$

4.1.4 二维连续型随机变量

一电子仪器由甲、乙两个部件构成，用X和Y分别表示甲部件、乙部件的使用寿命（单位：千小时），假设$X \sim e(\lambda_1), Y \sim e(\lambda_2)$，即

$$X \sim f_X(x) = \begin{cases} 0, & x<0, \\ \lambda_1 e^{-\lambda_1 x}, & x \geqslant 0, \end{cases} \quad Y \sim f_Y(y) = \begin{cases} 0, & y<0, \\ \lambda_2 e^{-\lambda_2 y}, & y \geqslant 0, \end{cases}$$

注意到甲部件的使用寿命与乙部件的使用寿命之间没有相互影响，即对于任意实数x和y，事件$\{X \leqslant x\}$与事件$\{Y \leqslant y\}$相互独立，于是

$$\begin{aligned}F(x,y) &= P\{X \leqslant x, Y \leqslant y\} = P\{X \leqslant x\}P\{Y \leqslant y\}\\&=\int_{-\infty}^{x} f_X(u)du \int_{-\infty}^{y} f_Y(v)dv\\&=\begin{cases} 0, & x<0 \text{ 或 } y<0, \\ 1-e^{-\lambda_1 x}-e^{-\lambda_2 y}+e^{-\lambda_1 x-\lambda_2 y}, & x \geqslant 0, y \geqslant 0, \end{cases}\end{aligned}$$

这是该电子仪器使用寿命的分布函数．该分布函数为

$$f(x,y) = \begin{cases} 0, & x<0 \text{ 或 } y<0, \\ \lambda_1\lambda_2 e^{-\lambda_1 x-\lambda_2 y}, & x \geqslant 0, y \geqslant 0 \end{cases}$$

的原函数，即

$$F(x,y) = \int_{-\infty}^{x} du \int_{-\infty}^{y} f(u,v)dv.$$

设二维随机变量(X,Y)的分布函数为$F(x,y)$，若存在非负可积函数$f(x,y)$，使得对于任意实数x和y，有

$$F(x,y) = \int_{-\infty}^{x}\int_{-\infty}^{y} f(u,v)dvdu,$$

则称(X,Y)为**二维连续型随机变量**，并且$f(x,y)$为(X,Y)的**联合概率密度**，简称**概率密度**．

概率密度$f(x,y)$具有下列性质：

(1) $f(x,y) \geqslant 0, -\infty < x, y < +\infty$；

(2) $\int_{-\infty}^{+\infty}\int_{-\infty}^{+\infty} f(x,y)dxdy = 1$.

应当指出，上述性质也是$f(x,y)$成为某个二维连续型随机变量的联合概率密度的充分条件．

设$f(x,y)$为二维连续型随机变量(X,Y)的联合概率密度，若D是平面上的区域，则

$$P\{(X,Y) \in D\} = \iint_D f(x,y)\,\mathrm{d}x\mathrm{d}y.$$

特别地,
$$P\{X=a, Y=b\} = P\{X=a, -\infty<Y<+\infty\} = P\{-\infty<X<+\infty, Y=b\} = 0.$$

由联合概率密度 $f(x,y)$ 的定义可知,分布函数 $F(x,y)$ 是联合概率密度 $f(x,y)$ 的一个原函数;另一方面,在 $f(x,y)$ 的连续点处

$$f(x,y) = \frac{\partial^2 F(x,y)}{\partial x \partial y}.$$

例 3 设二维连续型随机变量 (X,Y) 的联合概率密度为

$$f(x,y) = \begin{cases} kxy, & 0 \leqslant x \leqslant y, 0 \leqslant y \leqslant 1, \\ 0, & \text{其他}, \end{cases}$$

其中 k 为常数. 求:(1)常数 k; (2) $P\{X+Y \geqslant 1\}$; (3) $P\{X<0.5\}$.

解 令 $D = \{(x,y) \mid 0 \leqslant x \leqslant y, 0 \leqslant y \leqslant 1\}$.

(1)由性质 $\int_{-\infty}^{+\infty} \int_{-\infty}^{+\infty} f(x,y)\,\mathrm{d}x\mathrm{d}y = 1$,有

$$1 = \iint_D f(x,y)\,\mathrm{d}x\mathrm{d}y = \int_0^1 \mathrm{d}y \int_0^y kxy\,\mathrm{d}x = k\int_0^1 y \frac{y^2}{2}\mathrm{d}y = \frac{k}{8},$$

于是 $k=8$.

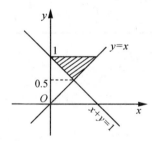 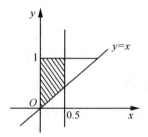

图 4.2 二重积分区域(1)　　图 4.3 二重积分区域(2)

(2)由图 4.2 可知,
$$P\{X+Y \geqslant 1\} = \int_{0.5}^1 \mathrm{d}y \int_{1-y}^y 8xy\,\mathrm{d}x = \frac{5}{6},$$

(3)由图 4.3 可知,
$$P\{X<0.5\} = \int_0^{0.5} \mathrm{d}x \int_x^1 8xy\,\mathrm{d}y = \frac{7}{16}.$$

设 D 是平面上的有界区域,面积为 A,若二维随机变量 (X,Y) 的联合概率密度为

$$f(x,y) = \begin{cases} \dfrac{1}{A}, & (x,y) \in D, \\ 0, & \text{其他}, \end{cases}$$

则称随机变量 (X,Y) 服从区域 D 上的**均匀分布**,记作 $(X,Y) \sim U(D)$.

若二维随机变量 (X,Y) 的联合概率密度为

$$f(x,y)=\frac{1}{2\pi\sigma_1\sigma_2\sqrt{1-\rho^2}}e^{-\frac{1}{2(1-\rho^2)}\left[\frac{(x-\mu_1)^2}{\sigma_1^2}-\frac{2\rho(x-\mu_1)(y-\mu_2)}{\sigma_1\sigma_2}+\frac{(y-\mu_2)^2}{\sigma_2^2}\right]},-\infty<x,y<+\infty,$$

其中 $\mu_1,\mu_2,\sigma_1,\sigma_2,\rho$ 都是常数,且 $\sigma_1>0,\sigma_2>0,|\rho|<1$,则称随机变量 (X,Y) 服从参数为 μ_1, $\mu_2,\sigma_1,\sigma_2,\rho$ 的**二维正态分布**,记作 $(X,Y)\sim N(\mu_1,\mu_2,\sigma_1^2,\sigma_2^2,\rho)$.

练 习 题

1. 设二维随机变量 (X,Y) 的联合分布函数为

$$F(x,y)=\begin{cases}C-3^{-x}-3^{-y}+3^{-x-y}, & x\geqslant 0,y\geqslant 0,\\ 0, & 其他,\end{cases}$$

求:(1) 常数 C;(2) 分布密度 $f(x,y)$.

2. 设某二维离散型随机变量的联合分布律如下表:

X \ Y	1	2	3	4
1	$\frac{1}{4}$	0	0	$\frac{1}{16}$
2	$\frac{1}{16}$	$\frac{1}{4}$	0	$\frac{1}{4}$
3	0	$\frac{1}{16}$	$\frac{1}{16}$	0

求:(1) $P\left\{\frac{1}{2}<X<\frac{3}{2},0<Y<4\right\}$;(2) $P\{1\leqslant X\leqslant 2,3\leqslant Y\leqslant 4\}$.

3. 设随机变量 (X,Y) 的概率密度为

$$f(x,y)=\begin{cases}Ae^{-(x+y)}, & x>0,y>0,\\ 0, & 其他,\end{cases}$$

求:(1) 系数 A;(2) 联合分布函数 $F(x,y)$.

复习巩固题

1. 设有 5 件产品,其中 3 件正品,2 件次品,分别采用不放回和有放回两种方式从中任意抽取 2 件,每次任取 1 件,并分别以 X 和 Y 表示第一次和第二次取到的次品数,求 (X,Y) 的联合分布律.

2. 将一枚硬币抛 3 次,以 X 表示前 2 次中出现正面的次数,以 Y 表示 3 次中出现正面的次数,求 (X,Y) 的联合分布律.

3. 设二维连续型随机变量 (X,Y) 的联合概率密度为

$$f(x,y)=\begin{cases}k(6-x-y), & 0<x<2,0<y<4,\\ 0, & 其他,\end{cases}$$

求:(1) 常数 k;(2) $P\{X<1,Y<3\}$;(3) $P\{X<1.5\}$;(4) $P\{X+Y\leqslant 4\}$.

4. 设二维随机变量(X,Y)具有如下联合概率密度

$$f(x,y)=\begin{cases}C(1-\sqrt{x^2+y^2}), & x^2+y^2<1,\\ 0, & x^2+y^2\geqslant 1,\end{cases}$$

试求:(1) 常数C; (2) (X,Y)落在$x^2+y^2\leqslant\dfrac{1}{4}$上的概率.

4.2 二维随机变量的边缘分布

上一节介绍了二维随机变量的概念及其联合分布,实际工作中经常只要考虑其中一个一维随机变量,这时便转化为研究一维随机变量的分布,这就是本节讨论的二维随机变量的边缘分布.

设二维随机变量(X,Y)的联合分布函数为$F(x,y)$,即对于任意实数x和y,
$$F(x,y)=P\{X\leqslant x,Y\leqslant y\}(-\infty<x,y<+\infty),$$
用$F_X(x)$和$F_Y(y)$分别表示二维随机变量(X,Y)关于X和关于Y的**边缘分布函数**,即
$$F_X(x)=P\{X\leqslant x\},F_Y(y)=P\{Y\leqslant y\}.$$

由于
$$\{X\leqslant x\}=\{X\leqslant x\}\cap\{Y<+\infty\}=\{X\leqslant x,Y<+\infty\},$$
$$\{Y\leqslant y\}=\{Y\leqslant y\}\cap\{X<+\infty\}=\{X<+\infty,Y\leqslant y\},$$

于是
$$F_X(x)=P\{X\leqslant x\}=P\{X\leqslant x,Y<+\infty\}=F(x,+\infty),$$
$$F_Y(y)=P\{Y\leqslant y\}=P\{X<+\infty,Y\leqslant y\}=F(+\infty,y).$$

例1 设二维随机变量(X,Y)的联合分布函数为
$$F(x,y)=\frac{1}{\pi^2}\left(\frac{\pi}{2}+\arctan\frac{x}{2}\right)\left(\frac{\pi}{2}+\arctan\frac{y}{2}\right),-\infty<x,y<+\infty,$$
求(X,Y)的关于X和关于Y的边缘分布函数.

解 关于X的边缘分布函数为
$$F_X(x)=F(x,+\infty)=\frac{1}{\pi}\left(\frac{\pi}{2}+\arctan\frac{x}{2}\right),-\infty<x<+\infty,$$
关于Y的边缘分布函数为
$$F_Y(y)=F(+\infty,y)=\frac{1}{\pi}\left(\frac{\pi}{2}+\arctan\frac{y}{2}\right),-\infty<y<+\infty.$$

4.2.1 二维离散型随机变量的边缘分布

设二维离散型随机变量(X,Y)的联合分布律为
$$p_{ij}=P\{X=x_i,Y=y_j\}\ (i,j=1,2,\cdots),$$
注意到

$$\{X = x_i\} = \bigcup_{j=1}^{+\infty} \{X = x_i, Y = y_j\}, \{Y = y_j\} = \bigcup_{i=1}^{+\infty} \{X = x_i, Y = y_j\},$$

容易得到一维随机变量 X 的边缘分布律为

$$P\{X = x_i\} = \sum_{j=1}^{+\infty} P\{X = x_i, Y = y_j\} = \sum_{j=1}^{+\infty} p_{ij} \xrightarrow{\text{记作}} p_{i\cdot}, i = 1, 2, \cdots,$$

一维随机变量 Y 的边缘分布律为

$$P\{Y = y_j\} = \sum_{i=1}^{+\infty} P\{X = x_i, Y = y_j\} = \sum_{i=1}^{+\infty} p_{ij} \xrightarrow{\text{记作}} p_{\cdot j}, j = 1, 2, \cdots.$$

(X, Y) 的联合概率分布律与边缘概率分布律用表格表示如下：

Y \ X	y_1	y_2	$\cdots$	y_j	$\cdots$	$p_{i\cdot}$
x_1	p_{11}	p_{12}	$\cdots$	p_{1j}	$\cdots$	$p_{1\cdot}$
x_2	p_{21}	p_{22}	$\cdots$	p_{2j}	$\cdots$	$p_{2\cdot}$
$\vdots$	$\vdots$	$\vdots$		$\vdots$		$\vdots$
x_i	p_{i1}	p_{i2}	$\cdots$	p_{ij}	$\cdots$	$p_{i\cdot}$
$\vdots$	$\vdots$	$\vdots$		$\vdots$		$\vdots$
$p_{\cdot j}$	$p_{\cdot 1}$	$p_{\cdot 2}$	$\cdots$	$p_{\cdot j}$	$\cdots$	1

由表可见，把联合分布律表进行行相加即得 X 的边缘分布律，进行列相加即得 Y 的边缘分布律．但是，仅由边缘分布律不一定能得到联合分布律．

例 2 设从新选的校学生会 6 名女委员（理工类 3 名、文经管类 2 名、医类 1 名）中随机指定 2 人为学生会主席候选人，用 X 表示 2 名学生会主席候选人中来自理工类的人数，用 Y 表示 2 名学生会主席候选人中来自文经管类的人数．

求：(1) 二维随机变量 (X, Y) 的联合分布律； (2) 关于 X, Y 的边缘分布律．

解 由 4.1.3 引例可得，(X, Y) 的联合分布律及关于 X, Y 的边缘分布律如下表：

Y \ X	0	1	2	$p_{i\cdot}$
0	0	$\frac{2}{15}$	$\frac{1}{15}$	$\frac{1}{5}$
1	$\frac{1}{5}$	$\frac{2}{5}$	0	$\frac{3}{5}$
2	$\frac{1}{5}$	0	0	$\frac{1}{5}$
$p_{\cdot j}$	$\frac{2}{5}$	$\frac{8}{15}$	$\frac{1}{15}$	1

4.2.2 二维连续型随机变量的边缘概率密度

设二维连续型随机变量 (X, Y) 的联合分布函数为 $F(x, y)$，联合概率密度为 $f(x, y)$，则 (X, Y) 的边缘分布函数为

$$F_X(x) = P\{X \leqslant x, Y < +\infty\} = F(x, +\infty) = \int_{-\infty}^{x} du \int_{-\infty}^{+\infty} f(u,v) dv,$$

$$F_Y(y) = P\{X < +\infty, Y \leqslant y\} = F(+\infty, y) = \int_{-\infty}^{y} dv \int_{-\infty}^{+\infty} f(u,v) du,$$

于是(X,Y)的**边缘概率密度**为

$$f_X(x) = F'_X(x) = \int_{-\infty}^{+\infty} f(x,v) dv, \quad f_Y(y) = F'_Y(y) = \int_{-\infty}^{+\infty} f(u,y) du.$$

由此可见,X 的边缘概率密度就是对(X,Y)的联合概率密度 $f(x,y)$ 关于 y 从 $-\infty$ 到 $+\infty$ 积分;Y 的边缘概率密度就是对(X,Y)的联合概率密度 $f(x,y)$ 关于 x 从 $-\infty$ 到 $+\infty$ 的积分.

例 3 设二维连续型随机变量(X,Y)的联合概率密度为

$$f(x,y) = \begin{cases} 8xy, & 0 \leqslant x \leqslant y, 0 \leqslant y \leqslant 1, \\ 0, & \text{其他}, \end{cases}$$

求边缘概率密度与边缘分布函数.

分析 由于联合概率密度 $f(x,y)$ 仅在如图 4.4 所示区域 D 上才可能不为 0,因此计算 $\int_{-\infty}^{+\infty} f(x,v) dv$ 时先要考虑 x 的取值范围,其次要考虑 $f(x,y) \neq 0$ 的 y 的取值区间(见图 4.5). 计算 $\int_{-\infty}^{+\infty} f(u,y) du$ 时,同样要考虑 y 的取值范围及 $f(x,y) \neq 0$ 的 x 的取值区间(见图 4.6).

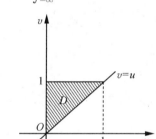
图 4.4 区域 D

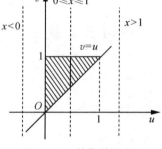
图 4.5 y 的取值区间

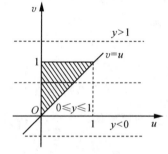
图 4.6 x 的取值区间

解 X 的边缘概率密度为

$$f_X(x) = \int_{-\infty}^{+\infty} f(x,v) dv = \begin{cases} \int_x^1 8xv \, dv, & 0 \leqslant x < 1, \\ 0, & \text{其他} \end{cases} = \begin{cases} 4x - 4x^3, & 0 \leqslant x < 1, \\ 0, & \text{其他}, \end{cases}$$

X 的边缘分布函数为

$$F_X(x) = \int_{-\infty}^{x} f_X(u) du = \begin{cases} 0, & x < 0, \\ 2x^2 - x^4, & 0 \leqslant x < 1, \\ 1, & x \geqslant 1. \end{cases}$$

Y 的边缘概率密度为

$$f_Y(y) = \int_{-\infty}^{+\infty} f(u,y) du = \begin{cases} \int_0^y 8uy \, du, & 0 \leqslant y < 1, \\ 0, & \text{其他}, \end{cases} = \begin{cases} 4y^3, & 0 \leqslant y < 1, \\ 0, & \text{其他}, \end{cases}$$

Y 的边缘分布函数为

$$F_Y(y) = \int_{-\infty}^{y} f_Y(v)\mathrm{d}v = \begin{cases} 0, & y < 0, \\ y^4, & 0 \leqslant y < 1, \\ 1, & y \geqslant 1. \end{cases}$$

最后我们指出,若随机变量(X,Y)服从参数为$\mu_1,\mu_2,\sigma_1,\sigma_2,\rho$的正态分布,则$X \sim N(\mu_1,\sigma_1^2)$, $Y \sim N(\mu_2,\sigma_2^2)$.

练习题

1. 设二维随机变量(X,Y)的联合分布函数为
$$F(x,y) = \begin{cases} 1 - \mathrm{e}^{-\lambda_1 x} - \mathrm{e}^{-\lambda_2 y} + \mathrm{e}^{-\lambda_1 x - \lambda_2 y - \lambda_{12} \max(x,y)}, & x > 0, y > 0, \\ 0, & 其他, \end{cases}$$
求X与Y各自的边缘分布函数.

2. 设二维随机变量(X,Y)的联合概率密度为
$$f(x,y) = \frac{1}{2\pi} \mathrm{e}^{-\frac{1}{2}(x^2+y^2)}(1+\sin x \sin y),$$
求边缘概率密度$f_X(x)$和$f_Y(y)$.

复习巩固题

1. 设二维离散型随机变量(X,Y)的可能值为$(0,0),(-1,1),(-1,2),(1,0)$,且取这些值的概率依次为$\frac{1}{6},\frac{1}{3},\frac{1}{12},\frac{5}{12}$,试求$X$与$Y$各自的边缘分布律.

2. 把一枚均匀硬币连掷三次,以X表示三次中正面向上的次数,Y表示三次中正面向上的次数与反面向上的次数差的绝对值,试求(X,Y)的联合分布律和边缘分布律.

3. 设二维随机变量(X,Y)的联合概率密度为
$$f(x,y) = \begin{cases} 6, & x^2 \leqslant y \leqslant x, \\ 0, & 其他, \end{cases}$$
求X与Y的边缘概率密度.

4. 设二维随机变量$(X,Y) \sim U(D)$,其中$D: \begin{cases} 0 \leqslant x \leqslant 1, \\ 0 \leqslant y \leqslant x, \end{cases}$求$X$与$Y$的边缘概率密度.

5. 求以下给出的(X,Y)的联合概率密度的边缘概率密度$f_X(x)$和$f_Y(y)$:

(1) $f_1(x,y) = \begin{cases} \mathrm{e}^{-y}, & 0 < x < y, \\ 0, & 其他; \end{cases}$

(2) $f_2(x,y) = \begin{cases} \dfrac{5}{4}(x^2+y), & 0 < y < 1-x^2, \\ 0, & 其他. \end{cases}$

6. 试证：以下给出的两个不同的联合概率密度

(1) $p(x,y)=\begin{cases} x+y, & 0\leqslant x\leqslant 1, 0\leqslant y\leqslant 1, \\ 0, & \text{其他}; \end{cases}$

(2) $q(x,y)=\begin{cases} (0.5+x)(0.5+y), & 0\leqslant x\leqslant 1, 0\leqslant y\leqslant 1, \\ 0, & \text{其他} \end{cases}$

有相同的边缘概率密度．

4.3 二维随机变量的条件分布

上一节介绍了边缘分布，本节介绍源于条件概率的一种分布——条件分布．

4.3.1 二维离散型随机变量的条件分布

在上一节例 2 中我们得到了 2 名候选人中来自理工、文经管类的人数 X 和 Y 的联合分布律及边缘分布律为

X \ Y	0	1	2	$p_i.$
0	0	$\frac{2}{15}$	$\frac{1}{15}$	$\frac{1}{5}$
1	$\frac{1}{5}$	$\frac{2}{5}$	0	$\frac{3}{5}$
2	$\frac{1}{5}$	0	0	$\frac{1}{5}$
$p._j$	$\frac{2}{5}$	$\frac{8}{15}$	$\frac{1}{15}$	1

现在提出这样的问题，已知 2 名候选人中有 1 名来自文经管类，试确定候选人中来自理工类人数 X 的分布律．

此问题即是计算 $P\{X=i|Y=1\}, i=0,1,2$．

由于 $P\{X=i|Y=1\}=\dfrac{P\{X=i,Y=1\}}{P\{Y=1\}}$，于是由 X 和 Y 的联合分布律及 Y 的边缘分布律，得知 2 名候选人中有 1 名来自文经管类时来自理工类候选人人数 X 的条件分布律为

$$P\{X=0|Y=1\}=\frac{P\{X=0,Y=1\}}{P\{Y=1\}}=\frac{\frac{2}{15}}{\frac{8}{15}}=\frac{1}{4},$$

$$P\{X=1|Y=1\}=\frac{P\{X=1,Y=1\}}{P\{Y=1\}}=\frac{\frac{2}{5}}{\frac{8}{15}}=\frac{3}{4},$$

$$P\{X=2|Y=1\}=\frac{P\{X=2,Y=1\}}{P\{Y=1\}}=\frac{0}{\frac{8}{15}}=0.$$

一般地，设 X 和 Y 的联合分布律与边缘分布律如下表所示：

X \ Y	y_1	y_2	$\cdots$	y_j	$\cdots$	$p_i.$
x_1	p_{11}	p_{21}	$\cdots$	p_{1j}	$\cdots$	$p_1.$
x_2	p_{21}	p_{22}	$\cdots$	p_{2j}	$\cdots$	$p_2.$
$\vdots$	$\vdots$	$\vdots$		$\vdots$		$\vdots$
x_i	p_{i1}	p_{i2}	$\cdots$	p_{ij}	$\cdots$	$p_i.$
$\vdots$	$\vdots$	$\vdots$		$\vdots$		$\vdots$
$p._j$	$p._1$	$p._2$	$\cdots$	$p._j$	$\cdots$	1

若 $p_i. = P\{X = x_i\} = \sum\limits_{j=1}^{+\infty} p_{ij} > 0$，则称

$$\frac{P\{X = x_i, Y = y_j\}}{P\{X = x_i\}} = \frac{p_{ij}}{p_i.} \xrightarrow{\text{记作}} P\{Y = y_j \mid X = x_i\}, j = 1, 2, \cdots$$

为在 **$X = x_i$ 条件下 Y 的条件分布律**.

若 $p._j = P\{Y = y_j\} = \sum\limits_{i=1}^{+\infty} p_{ij} > 0$，则称

$$\frac{P\{X = x_i, Y = y_j\}}{P\{Y = y_j\}} = \frac{p_{ij}}{p._j} \xrightarrow{\text{记作}} P\{X = x_i \mid Y = y_j\}, i = 1, 2, \cdots$$

为在 **$Y = y_j$ 条件下 X 的条件分布律**.

由此可见，求在 $X = x_i$ 条件下 Y 的条件分布律，即是从 X 和 Y 的联合分布律找到 x_i 所在的行，用此行每一个数作分子、该行所有数之和 $p_i.$ 作分母，即得在 $X = x_i$ 条件下 Y 的条件分布律. 同样，求在 $Y = y_j$ 条件下 X 的条件分布律，即是从 X 和 Y 的联合分布律找到 y_j 所在的列，用此列每一个数作分子、该列所有数之和 $p._j$ 作分母，即得在 $Y = y_j$ 条件下 X 的条件分布律.

4.3.2 二维连续型随机变量的条件概率密度

当 X 连续时，条件分布不能用 $P\{X = x_i \mid Y = y_j\}$ 来定义，因为 $P\{X = x_i \mid Y = y_j\} \equiv 0$，而应该用 $P\{X \leqslant x \mid Y = y\}$ 来定义. 另一方面，对于连续型随机变量 Y，恒有 $P\{Y = y\} = 0$. 因此在 $Y = y$ 的条件下 X 的条件分布不能由直接计算条件概率而确定.

设 $\Delta y > 0$，如果 $f_Y(y) > 0$，规定

$$P\{X \leqslant x \mid Y = y\} = \lim_{\Delta y \to 0} P\{X \leqslant x \mid y - \Delta y < Y \leqslant y\}$$

$$= \lim_{\Delta y \to 0} \frac{\dfrac{P\{X \leqslant x, y - \Delta y < Y \leqslant y\}}{\Delta y}}{\dfrac{P\{y - \Delta y < Y \leqslant y\}}{\Delta y}} = \frac{\int_{-\infty}^{x} f(u, y) \mathrm{d}u}{f_Y(y)}$$

为 **$Y = y$ 时 X 的条件分布函数**，记作 $F_{X \mid Y}(x \mid y)$，即

$$F_{X \mid Y}(x \mid y) = \int_{-\infty}^{x} \frac{f(u, y)}{f_Y(y)} \mathrm{d}u.$$

相应地，如果 $f_Y(y)>0$，$\dfrac{f(x,y)}{f_Y(y)}$ 称为 $Y=y$ 时 X 的条件概率密度，记作 $f_{X|Y}(x|y)$，即

$$f_{X|Y}(x|y)=\frac{f(x,y)}{f_Y(y)}.$$

同样地，如果 $f_X(x)>0$，定义 $X=x$ 时 Y 的条件分布函数为

$$F_{Y|X}(y|x)=\int_{-\infty}^{y}\frac{f(x,v)}{f_X(x)}\mathrm{d}v,$$

$X=x$ 时 Y 的条件概率密度为

$$f_{Y|X}(y|x)=\frac{f(x,y)}{f_X(x)}.$$

例 1 已知 (X,Y) 服从圆域 $x^2+y^2\leqslant r^2$ 上的均匀分布，求 $f_{X|Y}(x|y)$ 和 $f_{Y|X}(y|x)$.

解 容易得到 (X,Y) 的联合概率密度为

$$f(x,y)=\begin{cases}\dfrac{1}{\pi r^2}, & x^2+y^2<r^2,\\ 0, & \text{其他}.\end{cases}$$

如图 4.7 所示为 y 的取值区间，则有

$$f_X(x)=\int_{-\infty}^{+\infty}f(x,y)\mathrm{d}y=\begin{cases}\displaystyle\int_{-\sqrt{r^2-x^2}}^{+\sqrt{r^2-x^2}}\dfrac{1}{\pi r^2}\mathrm{d}y, & -r<x<r,\\ 0, & \text{其他},\end{cases}$$

$$=\begin{cases}\dfrac{2\sqrt{r^2-x^2}}{\pi r^2}, & -r<x<r,\\ 0, & \text{其他}.\end{cases}$$

同理，

$$f_Y(y)=\int_{-\infty}^{+\infty}f(x,y)\mathrm{d}x=\begin{cases}\dfrac{2\sqrt{r^2-y^2}}{\pi r^2}, & -r<y<r,\\ 0, & \text{其他}.\end{cases}$$

可见，均匀分布的边缘分布不一定是均匀分布. 但是，边平行于坐标轴的矩形域上的均匀分布的边缘分布仍为均匀分布.

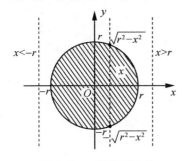

图 4.7 y 的取值区间

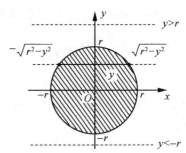

图 4.8 y 为常数时 x 的取值区间

当 $-r<y<r$ 时，x 的取值区间如图 4.8 所示，有

$$f_{X|Y}(x|y)=\frac{f(x,y)}{f_Y(y)}=\begin{cases}\dfrac{1}{2\sqrt{r^2-y^2}}, & -\sqrt{r^2-y^2}<x<\sqrt{r^2-y^2},\\ 0, & \text{其他},\end{cases}$$

这里 y 是常数,当 $Y=y$ 时,$X\sim U(-\sqrt{r^2-y^2},\sqrt{r^2-y^2})$.

同理,当 $-r<x<r$ 时,有

$$f_{Y|X}(y|x)=\frac{f(x,y)}{f_X(x)}=\begin{cases}\dfrac{1}{2\sqrt{r^2-x^2}}, & -\sqrt{r^2-x^2}<y<\sqrt{r^2-x^2},\\ 0, & \text{其他},\end{cases}$$

这里 x 是常数,当 $X=x$ 时,$Y\sim U(-\sqrt{r^2-x^2},\sqrt{r^2-x^2})$.

复习巩固题

1. 设有 5 件产品,其中 3 件正品,2 件次品,分别采用不放回和有放回两种方式从中任意抽取 2 件,每次任取 1 件,并分别以 X 和 Y 表示第一次和第二次取到的次品数. 求:

(1) 在 $X=1$ 的条件下,Y 的条件分布律;

(2) 在 $Y=0$ 的条件下,X 的条件分布律.

2. 在一汽车厂中,一辆汽车有两道工序是由机器人完成的:一是紧固 3 只螺栓,二是焊接 2 处焊点. 以 X 表示由机器人紧固的紧固不良的螺栓数目,以 Y 表示由机器人焊接的焊接不良的焊点数目,且知 (X,Y) 具有联合分布律如下表:

Y\X	0	1	2	3
0	0.84	0.03	0.02	0.01
1	0.06	0.01	0.008	0.002
2	0.01	0.005	0.004	0.001

求:(1) 在 $X=1$ 的条件下,Y 的条件分布律; (2) 在 $Y=0$ 的条件下,X 的条件分布律.

3. 设二维随机变量 (X,Y) 的联合概率密度为

$$f(x,y)=\begin{cases}2, & 0\leqslant y\leqslant x, 0\leqslant x\leqslant 1,\\ 0, & \text{其他},\end{cases}$$

求 X 与 Y 的条件概率密度 $f_{X|Y}(x|y)$ 与 $f_{Y|X}(y|x)$.

4. 设二维随机变量 (X,Y) 的联合概率密度为

$$f(x,y)=\begin{cases}Ce^{-(2x+y)}, & x>0, y>0,\\ 0, & \text{其他},\end{cases}$$

求:(1) 常数 C 的值; (2) 条件概率密度 $f_{X|Y}(x|y)$.

4.4 二维随机变量的独立性与判定

本节介绍二维随机变量独立性的概念及判定.

4.4.1 二维随机变量的独立性

一电子仪器由甲、乙两个部件构成,用 X 和 Y 分别表示甲部件、乙部件的使用寿命(单位:千小时),假设甲部件的使用寿命与乙部件的使用寿命之间没有相互影响,即事件 $\{X \leqslant x\}$ 与 $\{Y \leqslant y\}$ 相互独立,用 $F(x,y)$ 表示 X 和 Y 的联合分布函数,$F_X(x)$ 和 $F_Y(y)$ 分别表示 X 和 Y 的边缘分布函数,则对于任意实数 x 和 y,恒成立 $F(x,y)=F_X(x)F_Y(y)$.

X 和 Y 之间的这种关系就是二维随机变量的独立性.

一般地,设 (X,Y) 为二维随机变量,对于任意实数 x 和 y,有
$$P\{X \leqslant x, Y \leqslant y\} = P\{X \leqslant x\} P\{Y \leqslant y\},$$
$$F(x,y) = F_X(x) F_Y(y),$$
则称**随机变量 X 与 Y 相互独立**.

例如,对于 4.2 节中的例 3,在图 4.4 所示的区域 D 上可以计算得到 $F(x,y)=2x^2y^2-x^4$,可见关系式 $F(x,y)=F_X(x)F_Y(y)$ 在上述区域 D 上并不成立.因此例 3 中的随机变量 X 与 Y 不相互独立.

设 (X,Y) 为二维随机变量,显然,"X 与 Y 相互独立"等价于"对于 $\forall a<b,c<d$,成立 $P\{a<X \leqslant b, c<Y \leqslant d\} = P\{a<X \leqslant b\} P\{c<Y \leqslant d\}$",也等价于"$\forall a,c \in \mathbf{R}$,成立 $P\{X>a, Y>c\} = P\{X>a\} P\{Y>c\}$".

4.4.2 二维离散型随机变量独立性的判定

设离散型随机变量 X 和 Y 的联合分布律与边缘分布律如下表:

X \ Y	y_1	y_2	$\cdots$	y_j	$\cdots$	$p_{i\cdot}$
x_1	p_{11}	p_{21}	$\cdots$	p_{1j}	$\cdots$	$p_{1\cdot}$
x_2	p_{21}	p_{22}	$\cdots$	p_{2j}	$\cdots$	$p_{2\cdot}$
$\vdots$	$\vdots$	$\vdots$		$\vdots$		$\vdots$
x_i	p_{i1}	p_{i2}	$\cdots$	p_{ij}	$\cdots$	$p_{i\cdot}$
$\vdots$	$\vdots$	$\vdots$		$\vdots$		$\vdots$
$p_{\cdot j}$	$p_{\cdot 1}$	$p_{\cdot 2}$	$\cdots$	$p_{\cdot j}$		1

若对一切 i,j,有 $p_{ij}=p_{i\cdot} \cdot p_{\cdot j}$ 或 $P\{X=x_i, Y=y_j\}=P\{X=x_i\} P\{Y=y_j\}$,则 X 与 Y 相互独立.反之亦然.

由此可见,若二维离散型随机变量 (X,Y) 相互独立,则边缘分布律就完全确定联合分布

律. 进一步, 如果二维离散型随机变量 (X,Y) 相互独立, 那么

$$P\{X=x_i \mid Y=y_j\}=P\{X=x_i\}, i=1,2,\cdots; \quad P\{Y=y_j \mid X=x_i\}=P\{Y=y_j\}, j=1,2,\cdots.$$

例1 设 X 和 Y 的联合分布律及边缘分布律为

X \ Y	0	1	2	$p_i.$
0	0	$\frac{2}{15}$	$\frac{1}{15}$	$\frac{1}{5}$
1	$\frac{1}{5}$	$\frac{2}{5}$	0	$\frac{3}{5}$
2	$\frac{1}{5}$	0	0	$\frac{1}{5}$
$p._j$	$\frac{2}{5}$	$\frac{8}{15}$	$\frac{1}{15}$	1

问 X 与 Y 是否相互独立?

解 由于 $P\{X=0,Y=0\}=0 \neq \frac{2}{25}=P\{X=0\}P\{Y=0\}$, 因此 X 与 Y 不相互独立.

4.4.3 二维连续型随机变量独立性的判定

设连续型随机变量 X 和 Y 的联合概率密度为 $f(x,y)$, 边缘概率密度分别为 $f_X(x)$, $f_Y(y)$, 若对任意实数 x 和 y, 有 $f(x,y)=f_X(x)f_Y(y)$, 则 X 与 Y 相互独立. 反之亦然.

由此可见, 若二维连续型随机变量 (X,Y) 相互独立, 则由边缘概率密度就完全确定联合概率密度. 进一步, 如果二维连续型随机变量 (X,Y) 相互独立, 那么

$$f_X(x)=f_{X \mid Y}(x \mid y) \; (f_Y(y)>0); \quad f_Y(y)=f_{Y \mid X}(y \mid x)(f_X(x)>0).$$

例2 设 $(X,Y) \sim N(\mu_1,\mu_2,\sigma_1^2,\sigma_2^2,\rho)$, 证明: X 与 Y 相互独立的充要条件是 $\rho=0$.

证 设 X 与 Y 相互独立, 则对任意实数 x 和 y, 有

$$\frac{1}{2\pi\sigma_1\sigma_2\sqrt{1-\rho^2}}e^{-\frac{1}{2(1-\rho^2)}\left[\frac{(x-\mu_1)^2}{\sigma_1^2}-2\rho\frac{(x-\mu_1)(y-\mu_2)}{\sigma_1\sigma_2}+\frac{(y-\mu_2)^2}{\sigma_2^2}\right]}=\frac{1}{\sqrt{2\pi}\sigma_1}e^{-\frac{(x-\mu_1)^2}{2\sigma_1^2}}\frac{1}{\sqrt{2\pi}\sigma_2}e^{-\frac{(y-\mu_2)^2}{2\sigma_2^2}},$$

取 $x=\mu_1, y=\mu_2$, 得 $\rho=0$.

反之, 设 $\rho=0$, 显然对任意实数 x 和 y, 有

$$f(x,y)=f_X(x)f_Y(y),$$

于是 X 与 Y 相互独立.

例3 设二维连续型随机变量 (X,Y) 的联合概率密度为

$$f(x,y)=\begin{cases} 8xy, & 0 \leqslant x \leqslant y, 0 \leqslant y \leqslant 1, \\ 0, & \text{其他}, \end{cases}$$

讨论 X 与 Y 是否相互独立.

解 由 4.2 节中的例 3 可知, 当 $0<x<y,0<y<1$ 时, $f(x,y) \neq f_X(x)f_Y(y)$. 因此, X 与 Y 不相互独立.

例4 已知 (X,Y) 服从圆域 $x^2+y^2 \leqslant r^2$ 上的均匀分布, 讨论 X 与 Y 是否相互独立.

解 由 4.3 节中的例 1 可知, 当 $x^2+y^2 \leqslant r^2$ 时, $f(x,y) \neq f_X(x)f_Y(y)$. 因此, X 与 Y 不

相互独立.

二维随机变量相互独立的概念可以推广到 n 维随机变量.

练 习 题

1. 甲、乙两人独立地各进行两次射击,假设甲的命中率为 0.2,乙的命中率为 0.5,以 X 和 Y 分别表示甲和乙的命中次数.试求:(1) X 和 Y 的联合分布律;(2) 在 $Y=1$ 的条件下,X 的条件分布律.

2. 设随机变量 X 与 Y 相互独立,下表列出了二维随机变量 (X,Y) 的联合分布律及关于 X 和关于 Y 的边缘分布律中的部分数值,试将其余数值填入表中的空白处.

X \ Y	y_1	y_2	y_3	$p_i.$
x_1		$\frac{1}{8}$		
x_2	$\frac{1}{8}$			
$p._j$	$\frac{1}{6}$			1

3. 设随机变量 (X,Y) 的分布律如下表:

X \ Y	1	2	3
1	$\frac{1}{6}$	$\frac{1}{9}$	$\frac{1}{18}$
2	$\frac{1}{3}$	α	β

问 α,β 为何值时,X 与 Y 相互独立?

4. 设随机变量 (X,Y) 的分布函数为

$$F(x,y)=\begin{cases}1-\mathrm{e}^{-0.01x}-\mathrm{e}^{-0.01y}+\mathrm{e}^{-0.01(x+y)}, & x\geqslant 0,y\geqslant 0,\\ 0, & 其他.\end{cases}$$

(1) 问 X 与 Y 是否相互独立? (2) 求 $P\{X>120,Y>120\}$.

复习巩固题

1. 设随机变量 (X,Y) 的联合概率密度为

$$f(x,y)=\begin{cases}\mathrm{e}^{-y}, & 0<x<y,\\ 0, & 其他,\end{cases}$$

问 X 与 Y 是否相互独立?

2. 设随机变量 (X,Y) 的概率密度函数为
$$f(x,y)=\begin{cases}1, & |y|<x, 0<x<1,\\ 0, & \text{其他},\end{cases}$$
问 X 与 Y 是否相互独立？

4.5 二维随机变量函数的分布

对于一维随机变量 X，我们研究了随机变量函数 $Y=g(X)$，其中 $y=g(x)$ 是定义在数集 $D\subset\mathbf{R}$ 上的一元函数. 对于二维随机变量 (X,Y)，设有定义在数集 $D\subset\mathbf{R}^2$ 上的二元函数 $z=g(x,y)$，则称 $Z=g(X,Y)$ 为二维随机变量 (X,Y) 的**随机变量函数**.

本节介绍几个简单二维随机变量函数（如和、平方和、最大（小）值）的分布.

4.5.1 二维离散型随机变量函数的分布

从新选的校学生会 6 名女委员（理工类 3 名、文经管类 2 名、医类 1 名）中随机指定 2 人为学生会主席候选人，用 X 表示 2 名学生会主席候选人来自理工类的人数，用 Y 表示 2 名学生会主席候选人来自文经管类的人数，研究 $X+Y$ 的概率分布.

首先，$X+Y$ 的可能取值为 1, 2. 其次，由 4.4 节中的例 1 的 (X,Y) 的联合分布律，得
$$P\{X+Y=1\}=P\{X=0,Y=1\}+P\{X=1,Y=0\}=\frac{1}{3},$$
$$P\{X+Y=2\}=P\{X=0,Y=2\}+P\{X=2,Y=0\}+P\{X=1,Y=1\}=\frac{2}{3}.$$

一般地，设离散型随机变量 (X,Y) 的联合分布律为
$$P\{(X,Y)=(x_i,y_j)\}=p_{ij}\ (i,j=1,2,\cdots),$$
则随机变量 $Z=X+Y$ 的分布律为
$$P\{Z=z_k\}=\sum_i P\{X=x_i,Y=z_k-x_i\}$$
$$=\sum_j P\{X=z_k-y_j,Y=y_j\}, k=1,2,\cdots,$$
其中 $z_k, k=1,2,\cdots$ 为 $Z=X+Y$ 的可能取值.

设随机变量 $Z=X^2+Y^2$ 的可能取值为 $h_k, k=1,2,\cdots$，则随机变量 $Z=X^2+Y^2$ 的分布律为
$$P\{Z=h_k\}=\sum_i P\{X=x_i,Y=\pm\sqrt{h_k-x_i^2}\}$$
$$=\sum_j P\{X=\pm\sqrt{h_k-y_j^2},Y=y_j\}, k=1,2,\cdots.$$

例 1 设两个独立的随机变量 X 与 Y 的分布律分别为
$$X\sim\begin{bmatrix}1 & 3\\ 0.3 & 0.7\end{bmatrix},\quad Y\sim\begin{bmatrix}2 & 4\\ 0.6 & 0.4\end{bmatrix},$$

求随机变量 $Z=X+Y$ 的分布律.

解 因为 X 与 Y 相互独立,于是随机变量 (X,Y) 的联合分布律为

X \ Y	2	4
1	0.18	0.12
3	0.42	0.28

因此

p_{ij}	(X,Y)	$Z=X+Y$
0.18	(1,2)	3
0.12	(1,4)	5
0.42	(3,2)	5
0.28	(3,4)	7

故 $Z=X+Y$ 的分布律为

$$\begin{bmatrix} 3 & 5 & 7 \\ 0.18 & 0.54 & 0.28 \end{bmatrix}.$$

例 2 设二维随机变量 (X,Y) 的联合分布律为

X \ Y	-1	0
-1	$\frac{1}{4}$	$\frac{1}{4}$
1	$\frac{1}{6}$	$\frac{1}{8}$
2	$\frac{1}{8}$	$\frac{1}{12}$

求 $X+Y, X-Y, XY, \dfrac{Y}{X}$ 的分布律.

解 根据 (X,Y) 的联合分布律可得如下表格:

P	$\frac{1}{4}$	$\frac{1}{4}$	$\frac{1}{6}$	$\frac{1}{8}$	$\frac{1}{8}$	$\frac{1}{12}$
(X,Y)	$(-1,-1)$	$(-1,0)$	$(1,-1)$	$(1,0)$	$(2,-1)$	$(2,0)$
$X+Y$	-2	-1	0	1	1	2
$X-Y$	0	-1	2	1	3	2
XY	1	0	-1	0	-2	0
$\dfrac{Y}{X}$	1	0	-1	0	$-\dfrac{1}{2}$	0

于是

$$X+Y \sim \begin{pmatrix} -2 & -1 & 0 & 1 & 2 \\ \dfrac{1}{4} & \dfrac{1}{4} & \dfrac{1}{6} & \dfrac{1}{4} & \dfrac{1}{12} \end{pmatrix}, \quad X-Y \sim \begin{pmatrix} -1 & 0 & 1 & 2 & 3 \\ \dfrac{1}{4} & \dfrac{1}{4} & \dfrac{1}{8} & \dfrac{1}{4} & \dfrac{1}{8} \end{pmatrix},$$

$$XY \sim \begin{pmatrix} -2 & -1 & 0 & 1 \\ \dfrac{1}{8} & \dfrac{1}{6} & \dfrac{11}{24} & \dfrac{1}{4} \end{pmatrix}, \quad \dfrac{Y}{X} \sim \begin{pmatrix} -1 & -\dfrac{1}{2} & 0 & 1 \\ \dfrac{1}{6} & \dfrac{1}{8} & \dfrac{11}{24} & \dfrac{1}{4} \end{pmatrix}.$$

具有可加性的两个离散分布:

(1) 若 X 与 Y 相互独立,并且 $X \sim B(n_1, p), Y \sim B(n_2, p)$,则 $X+Y \sim B(n_1+n_2, p)$;

(2) 若 X 与 Y 相互独立,并且 $X \sim P(\lambda_1), Y \sim P(\lambda_2)$,则 $X+Y \sim P(\lambda_1+\lambda_2)$.

4.5.2 二维连续型随机变量函数的分布

已知二维连续型随机变量 (X,Y) 的联合概率密度为 $f(x,y)$,对于平面上的二元实函数 $g(x,y)$,要确定随机变量函数 $Z=g(X,Y)$ 的概率密度 $f_Z(z)$. 主要采用上一章的方法,即从求 Z 的分布函数出发,将 Z 的分布函数转化为 (X,Y) 的事件,利用 (X,Y) 的联合概率密度 $f(x,y)$ 计算相应事件的概率(与 z 有关),最后关于 z 求导即得概率密度 $f_Z(z)$.

1. 随机变量和的分布

设二维连续型随机变量 (X,Y) 的联合概率密度为 $f(x,y)$,则

$$F_Z(z) = P\{Z \leqslant z\} = P\{X+Y \leqslant z\} = \iint\limits_{x+y \leqslant z} f(x,y) \mathrm{d}x \mathrm{d}y.$$

这里积分区域 $x+y \leqslant z$ 是直线 $x+y=z$ 及其左下方的半平面,如图 4.9 所示. 将二重积分化为累次积分,得

$$F_Z(z) = \int_{-\infty}^{+\infty} \mathrm{d}x \int_{-\infty}^{z-x} f(x,y) \mathrm{d}y$$

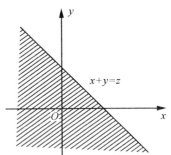

图 4.9 随机变量和的积分区域

$$= \int_{-\infty}^{+\infty} \mathrm{d}y \int_{-\infty}^{z-y} f(x,y) \mathrm{d}x, \quad -\infty < z < +\infty,$$

于是

$$f_Z(z) = \int_{-\infty}^{+\infty} f(x, z-x) \mathrm{d}x = \int_{-\infty}^{+\infty} f(z-y, y) \mathrm{d}y, \quad -\infty < z < +\infty.$$

特别地,当 X 与 Y 相互独立时

$$f_Z(z) = \int_{-\infty}^{+\infty} f_X(x) f_Y(z-x) \mathrm{d}x = \int_{-\infty}^{+\infty} f_X(z-y) f_Y(y) \mathrm{d}y, \quad -\infty < z < +\infty.$$

由此可证:若 $X \sim N(\mu_1, \sigma_1^2), Y \sim N(\mu_2, \sigma_2^2)$,并且 X 与 Y 相互独立,则

$$Z = X+Y \sim N(\mu_1+\mu_2, \sigma_1^2+\sigma_2^2).$$

实际上有更一般的结论:有限多个服从正态分布的相互独立的随机变量的线性组合仍然服从正态分布.

此外,若$(X,Y) \sim N(\mu_1,\mu_2,\sigma_1^2,\sigma_2^2,\rho)$,则
$$X+Y \sim N(\mu_1+\mu_2,\sigma_1^2+2\rho\sigma_1\sigma_2+\sigma_2^2).$$

例3 设 X 与 Y 是两个相互独立的随机变量,并且 $X \sim U(0,1), Y \sim e(1)$,求随机变量 $Z=X+Y$ 的概率密度.

解 由 $X \sim U(0,1), Y \sim e(1)$,有
$$f_X(x) = \begin{cases} 1, & x \in [0,1], \\ 0, & x \notin [0,1], \end{cases} \quad f_Y(y) = \begin{cases} e^{-y}, & y>0, \\ 0, & y \leqslant 0. \end{cases}$$

因为 X 与 Y 相互独立,于是随机变量 (X,Y) 的联合概率密度为
$$f(x,y) = f_X(x)f_Y(y) = \begin{cases} e^{-y}, & 0 \leqslant x \leqslant 1, y>0, \\ 0, & \text{其他}. \end{cases}$$

当 $z \leqslant 0$ 时,区域 $\{(x,y) \mid x+y \leqslant z\}$ 与 $f(x,y)>0$ 的区域 $D=\{(x,y) \mid 0 \leqslant x \leqslant 1, y>0\}$ 不相交,如图 4.11 所示,因此在积分区域 $\{(x,y) \mid x+y \leqslant z\}$ 上 $f(x,y)=0$,于是
$$F_Z(z) = P\{X+Y \leqslant z\} = \iint\limits_{x+y \leqslant z} f(x,y) \mathrm{d}x\mathrm{d}y = 0.$$

当 $0<z \leqslant 1$ 时,区域 $\{(x,y) \mid x+y \leqslant z\}$ 与 $f(x,y)>0$ 的区域 $D=\{(x,y) \mid 0 \leqslant x \leqslant 1, y>0\}$ 相交,相交区域为 $D_1 = \{(x,y) \mid x+y \leqslant z, x \geqslant 0, y>0\}$,如图 4.12 所示,于是
$$F_Z(z) = P\{X+Y \leqslant z\} = \iint\limits_{x+y \leqslant z} f(x,y)\mathrm{d}x\mathrm{d}y = \iint\limits_{D_1} f(x,y)\mathrm{d}x\mathrm{d}y$$
$$= \int_0^z \mathrm{d}x \int_0^{z-x} e^{-y}\mathrm{d}y = z-1+e^{-z}.$$

当 $z>1$ 时,区域 $\{(x,y) \mid x+y \leqslant z\}$ 与 $f(x,y)>0$ 的区域 $D=\{(x,y) \mid 0 \leqslant x \leqslant 1, y>0\}$ 相交,相交区域为 $D_2 = \{(x,y) \mid x+y \leqslant z, 0 \leqslant x \leqslant 1, y>0\}$,如图 4.13 所示,于是
$$F_Z(z) = P\{X+Y \leqslant z\} = \iint\limits_{x+y \leqslant z} f(x,y)\mathrm{d}x\mathrm{d}y = \iint\limits_{D_2} f(x,y)\mathrm{d}x\mathrm{d}y$$
$$= \int_0^1 \mathrm{d}x \int_0^{z-x} e^{-y}\mathrm{d}y = 1-(e-1)e^{-z}.$$

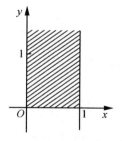
图 4.10

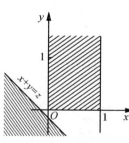
图 4.11 $z \leqslant 0$

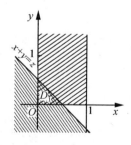
图 4.12 $0<z \leqslant 1$

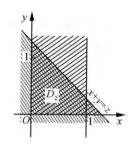
图 4.13 $z>1$

故随机变量 $Z=X+Y$ 的概率密度为
$$f_Z(z) = F_Z'(z) = \begin{cases} (e-1)e^{-z}, & z>1, \\ 1-e^{-z}, & 0<z \leqslant 1, \\ 0, & z \leqslant 0. \end{cases}$$

2. 随机变量的平方和的分布

设连续型随机变量 (X,Y) 的联合概率密度为 $f(x,y)$，则随机变量 $Z=X^2+Y^2$ 的分布函数为

$$F_Z(z)=\begin{cases}\iint\limits_{x^2+y^2<z}f(x,y)\mathrm{d}x\mathrm{d}y, & z>0,\\ 0, & z\leqslant 0,\end{cases}$$

于是 $Z=X^2+Y^2$ 的概率密度为

$$f_Z(z)=\frac{\mathrm{d}}{\mathrm{d}z}F_Z(z).$$

例 4 设 $X\sim N(0,1)$，$Y\sim N(0,1)$，X 与 Y 相互独立，$Z=X^2+Y^2$，求 $f_Z(z)$.

解 设 (X,Y) 的联合概率密度为 $f(x,y)$，则

$$f(x,y)=\frac{1}{2\pi}\mathrm{e}^{-\frac{x^2+y^2}{2}}.$$

当 $z\leqslant 0$ 时，$F_Z(z)=0$；

当 $z>0$ 时，$F_Z(z)=\iint\limits_{x^2+y^2<z}f(x,y)\mathrm{d}x\mathrm{d}y=\int_0^{2\pi}\mathrm{d}\theta\int_0^{\sqrt{z}}\mathrm{e}^{-\frac{r^2}{2}}r\mathrm{d}r$

$$=\int_0^{2\pi}\frac{1}{2\pi}(1-\mathrm{e}^{-\frac{z}{2}})\mathrm{d}\theta=1-\mathrm{e}^{-\frac{z}{2}}.$$

则

$$f_Z(z)=\begin{cases}0, & z\leqslant 0,\\ \frac{1}{2}\mathrm{e}^{-\frac{z}{2}}, & z>0,\end{cases}$$

所求的分布称为自由度为 2 的 χ^2 分布．

3. 随机变量的差的分布*

例 5 设随机向量 (X,Y) 的概率密度为

$$f(x,y)=\begin{cases}3x, & 0<y<x,0<x<1,\\ 0, & \text{其他},\end{cases}$$

求 $Z=X-Y$ 的概率密度．

解 当 $z<0$ 时，$F_Z(z)=0$；

当 $z\geqslant 1$ 时，$F_Z(z)=1$；

当 $0\leqslant z<1$ 时，$F_Z(z)=\iint\limits_{x-y\leqslant z}f(x,y)\mathrm{d}x\mathrm{d}y$

$$=\int_0^z\mathrm{d}x\int_0^x 3x\mathrm{d}y+\int_z^1\mathrm{d}x\int_{x-z}^x 3x\mathrm{d}y=\frac{3}{2}z-\frac{1}{2}z^3.$$

综上，有

$$F_Z(z)=\begin{cases}0, & z<0,\\ \frac{3}{2}z-\frac{1}{2}z^3, & 0\leqslant z<1,\\ 1, & z\geqslant 1,\end{cases}$$

故 $Z=X-Y$ 的概率密度函数为

$$f_Z(z)=\begin{cases}\dfrac{3}{2}(1-z^2), & 0\leqslant z<1,\\ 0, & \text{其他.}\end{cases}$$

例6 在区间$[0,1]$上随机地投掷两点,试求这两点间距离的概率密度.

解 设 X 和 Y 分别表示两投点的坐标,那么(X,Y)服从二维均匀分布,其联合概率密度为

$$f(x,y)=\begin{cases}1, & 0\leqslant x\leqslant 1, 0\leqslant y\leqslant 1,\\ 0, & \text{其他.}\end{cases}$$

设 $Z=|X-Y|$,并且 Z 的分布函数为

$$F_Z(z)=P\{Z\leqslant z\}.$$

当 $z<0$ 时,$F_Z(z)=0, f_Z(z)=0$;

当 $z\geqslant 1$ 时,$F_Z(z)=\iint\limits_{|x-y|\leqslant z}f(x,y)\mathrm{d}x\mathrm{d}y=\int_0^1\mathrm{d}x\int_0^1\mathrm{d}y=1, f_Z(z)=0$;

当 $0\leqslant z<1$ 时,$F_Z(z)=\iint\limits_{|x-y|\leqslant z}f(x,y)\mathrm{d}x\mathrm{d}y$

$$=\int_0^z\mathrm{d}x\int_0^{x+z}\mathrm{d}y+\int_z^{1-z}\mathrm{d}x\int_{x-z}^{x+z}\mathrm{d}y+\int_{1-z}^1\mathrm{d}x\int_{x-z}^1\mathrm{d}y=2z-z^2,$$

$f_Z(z)=2-2z.$

所以 Z 的概率密度为

$$f_Z(z)=\begin{cases}2-2z, & 0\leqslant z<1,\\ 0, & \text{其他.}\end{cases}$$

例7 设随机变量 $X\sim N(1,2), Y\sim N(0,1)$,并且 X 和 Y 相互独立,求 $Z=2X-Y+3$ 的概率密度.

解 因为正态随机变量的线性组合仍为正态随机变量,所以随机变量 Z 服从正态分布.由题设及随机变量数字特征的性质(参见4.6节定理1推论及定理3),有

$$E(Z)=2E(X)-E(Y)+3=5, D(Z)=2^2D(X)+(-1)^2D(Y)=9,$$

于是 $Z\sim N(5,3^2)$,从而 Z 的概率密度为

$$f_Z(z)=\frac{1}{\sqrt{2\pi}\cdot 3}e^{-\frac{(z-5)^2}{2\cdot 3^2}}=\frac{1}{\sqrt{18\pi}}e^{-\frac{(z-5)^2}{18}}, -\infty<z<+\infty.$$

4. 随机变量的积的分布*

例8 设二维随机变量(X,Y)服从均匀分布,且联合概率密度为

$$f(x,y)=\begin{cases}0.5, & 0\leqslant x\leqslant 2, 0\leqslant y\leqslant 1,\\ 0, & \text{其他,}\end{cases}$$

试求边长为 X 和 Y 的矩形面积 S 的概率密度 $f(s)$.

解 设 S 的分布函数为 $F(s)=P\{S\leqslant s\}$,则

当 $s\leqslant 0$ 时,$F(s)=0$;

当 $s \geq 2$ 时,$F(s)=1$;

当 $0 < s < 2$ 时,$F(s) = P\{XY \leq s\} = 1 - P\{XY > s\}$

$$= 1 - \iint\limits_{xy>s} 0.5 \mathrm{d}x\mathrm{d}y = 1 - 0.5 \int_s^2 \mathrm{d}x \int_{\frac{s}{x}}^1 \mathrm{d}y$$

$$= \frac{s}{2}(1 + \ln 2 - \ln s).$$

于是,得

$$f(s) = F'(s) = \begin{cases} 0.5(\ln 2 - \ln s), & 0 < s < 2, \\ 0, & \text{其他}. \end{cases}$$

5. 随机变量的商的分布[*]

例 9 设 X, Y 相互独立,服从相同的分布 $U(0,1)$,求 $Z = \dfrac{X}{Y}$ 的概率密度 $f_Z(z)$.

解 由题意,有

$$f_X(x) = \begin{cases} 1, & 0 \leq x \leq 1, \\ 0, & \text{其他}; \end{cases} \qquad f_Y(y) = \begin{cases} 1, & 0 \leq y \leq 1, \\ 0, & \text{其他}. \end{cases}$$

由于 X 与 Y 相互独立,故 (X, Y) 的概率密度为

$$f(x, y) = f_X(x) f_Y(y) = \begin{cases} 1, & 0 \leq x \leq 1, 0 \leq y \leq 1, \\ 0, & \text{其他}. \end{cases}$$

当 $z < 0$ 时,$F_Z(z) = 0$,$f_Z(z) = 0$;

当 $z \geq 1$ 时,$F_Z(z) = \iint\limits_{\frac{x}{y} \leq z} f(x, y) \mathrm{d}x\mathrm{d}y = \int_0^1 \mathrm{d}x \int_{\frac{x}{z}}^1 \mathrm{d}y = 1 - \dfrac{1}{2z}$,$f_Z(z) = \dfrac{1}{2z^2}$;

当 $0 \leq z < 1$ 时,$F_Z(z) = \iint\limits_{\frac{x}{y} \leq z} f(x, y) \mathrm{d}x\mathrm{d}y = \int_0^1 \mathrm{d}y \int_0^{yz} \mathrm{d}x = \dfrac{z}{2}$,$f_Z(z) = \dfrac{1}{2}$.

于是,有

$$f_Z(z) = \begin{cases} 0, & z < 0, \\ \dfrac{1}{2}, & 0 \leq z < 1, \\ \dfrac{1}{2z^2}, & z \geq 1. \end{cases}$$

4.5.3 二维随机变量的最大(小)值分布

设随机变量 X 与 Y 相互独立,它们的分布函数分别为 $F_X(x)$ 及 $F_Y(y)$,则 $\max\{X, Y\}$ 和 $\min\{X, Y\}$ 的分布函数分别为

$$F_{\max}(z) = F_X(z) F_Y(z), \quad F_{\min}(z) = 1 - [1 - F_X(z)][1 - F_Y(z)].$$

由此可以求得 $\max\{X, Y\}$ 和 $\min\{X, Y\}$ 的概率分布(离散型)或概率密度(连续型).

例 10 设 X, Y 相互独立,且都服从参数为 0.5 的 0-1 分布,求 $M = \max\{X, Y\}$ 的分布律.

解 因为 X 与 Y 相互独立,于是随机变量 (X,Y) 的联合分布律为

X \ Y	1	0
1	0.25	0.25
0	0.25	0.25

因此

p_{ij}	(X,Y)	$M=\max\{X,Y\}$
0.25	(1,1)	1
0.25	(1,0)	1
0.25	(0,1)	1
0.25	(0,0)	0

故 $M=\max\{X,Y\}$ 的概率分布为

$$\begin{bmatrix} 1 & 0 \\ 0.75 & 0.25 \end{bmatrix}.$$

例 11 系统 L 由相互独立的两个元件组成,其连接方式为(1)串联;(2)并联.若两个元件的使用寿命分别为 X_1, X_2,并且 $X_i \sim E(\lambda_i), i=1,2$,求在以上两种组成方式下,系统 L 的使用寿命 X 的概率密度.

解 $f_{X_i}(x_i) = \begin{cases} \lambda e^{-\lambda x_i}, & x_i > 0, \\ 0, & \text{其他}, \end{cases}$ $F_{X_i}(x_i) = \begin{cases} 1 - e^{-\lambda x_i}, & x_i > 0, \\ 0, & \text{其他}, \end{cases}$ $i=1,2.$

(1) 当连接方式为串联,即 $X = \min\{X_1, X_2\}$ 时,

$$F_X(x) = 1 - \prod_{i=1}^{n} [1 - F_{X_i}(x)] = \begin{cases} 1 - e^{-2\lambda x}, & x > 0, \\ 0, & x \leqslant 0; \end{cases}$$

$$f_X(x) = \begin{cases} 2\lambda e^{-2\lambda x}, & x > 0, \\ 0, & x \leqslant 0. \end{cases}$$

(2) 当连接方式为并联,即 $X = \max\{X_1, X_2\}$ 时,

$$F_X(x) = \prod_{i=1}^{n} F_{X_i}(x) = \begin{cases} (1 - e^{-\lambda x})^2, & x > 0, \\ 0, & x \leqslant 0; \end{cases}$$

$$f_X(x) = \begin{cases} 2\lambda(e^{-\lambda x} - e^{-2\lambda x}), & x > 0, \\ 0, & x \leqslant 0. \end{cases}$$

练习题

1. 设 (X,Y) 的联合分布律为

X \ Y	1	2	3
0	0.05	0.15	0.20
1	0.07	a	0.22
2	0.04	0.07	0.09

试求：(1) a 的值；(2) $U=\max(X,Y)$ 和 $V=\min(X,Y)$ 的分布律.

2. 设 (X,Y) 的联合分布律为

X \ Y	-1	0	1
0	$\frac{1}{4}$	0	$\frac{1}{4}$
1	$\frac{1}{4}$	$\frac{1}{4}$	0

求：(1) $Z_1=2X+Y$ 的分布律；(2) $Z_2=X^2+Y^2$ 的分布律；(3) $Z_3=\min\{X,Y\}$ 的分布律.

3. 设 X 与 Y 是两个相互独立的随机变量，其概率密度分别为

$$f_X(x)=\begin{cases}1, & 0\leqslant x\leqslant 1,\\ 0, & \text{其他,}\end{cases} \quad f_Y(y)=\begin{cases}e^{-y}, & y>0,\\ 0, & y\leqslant 0,\end{cases}$$

求随机变量 $Z=2X+Y$ 的概率密度.

4.6 二维随机变量的协方差与相关系数

对二维随机变量，除每个随机变量各自的概率特性外，相互之间可能还有某种联系. 那么，该用一个怎样的数去反映这种联系？

本节介绍的协方差和相关系数，正是反映二维随机变量相互之间的某种联系的.

4.6.1 二维随机变量的数学期望与方差

在第2章、第3章我们先后学习了一维离散型、连续型随机变量的数学期望、方差，下面我们利用二维随机变量的边缘分布来定义二维随机变量的数学期望与方差.

二维随机变量 (X,Y) 的数学期望定义为

$$E(X,Y)=(E(X),E(Y)),$$

其中 $E(X)$ 和 $E(Y)$ 分别为随机变量 X 和 Y 的数学期望.

若(X,Y)为离散型,并且其联合分布律为
$$P\{(X,Y)=(x_i,y_j)\}=p_{ij}\ (i,j=1,2,\cdots),$$
则X的数学期望为
$$E(X)=\sum_i x_i p_{i\cdot}=\sum_i\sum_j x_i p_{ij};$$
Y的数学期望为
$$E(Y)=\sum_j y_j p_{\cdot j}=\sum_i\sum_j y_j p_{ij}.$$
若(X,Y)为连续型随机向量,并且其联合概率密度为$f(x,y)$,则X的数学期望为
$$E(X)=\int_{-\infty}^{+\infty}xf_X(x)\mathrm{d}x=\int_{-\infty}^{+\infty}\int_{-\infty}^{+\infty}xf(x,y)\mathrm{d}x\mathrm{d}y;$$
Y的数学期望为
$$E(Y)=\int_{-\infty}^{+\infty}yf_Y(y)\mathrm{d}y=\int_{-\infty}^{+\infty}\int_{-\infty}^{+\infty}yf(x,y)\mathrm{d}y\mathrm{d}x.$$
二维随机变量(X,Y)的方差定义为
$$D(X,Y)=(D(X),D(Y)),$$
其中$D(X)$和$D(Y)$分别为随机变量X和Y的方差.

若(X,Y)为离散型,并且其联合分布律为
$$P\{(X,Y)=(x_i,y_j)\}=p_{ij}\ (i,j=1,2,\cdots),$$
则X的方差为
$$D(X)=\sum_i[x_i-E(X)]^2 p_{i\cdot}=\sum_i\sum_j[x_i-E(X)]^2 p_{ij};$$
Y的方差为
$$D(Y)=\sum_j[y_j-E(Y)]^2 p_{\cdot j}=\sum_i\sum_j[y_j-E(Y)]^2 p_{ij}.$$
若(X,Y)为连续型随机向量,并且其联合概率密度为$f(x,y)$,则X的方差为
$$D(X)=\int_{-\infty}^{+\infty}[x-E(X)]^2 f_X(x)\mathrm{d}x=\int_{-\infty}^{+\infty}\int_{-\infty}^{+\infty}[x-E(X)]^2 f(x,y)\mathrm{d}x\mathrm{d}y;$$
Y的方差为
$$D(Y)=\int_{-\infty}^{+\infty}[y-E(Y)]^2 f_Y(y)\mathrm{d}y=\int_{-\infty}^{+\infty}\int_{-\infty}^{+\infty}[y-E(Y)]^2 f(x,y)\mathrm{d}y\mathrm{d}x.$$

注意 定义数学期望与方差时,所涉及的级数与广义积分要求绝对收敛.

4.6.2 二维随机变量的协方差

对于二维随机变量(X,Y),假设X和Y的数学期望与方差存在,则称
$$E\{[X-E(X)][Y-E(Y)]\}$$
为X与Y的**协方差**或**相关矩**,记为σ_{XY}或$\mathrm{Cov}(X,Y)$或K_{XY}.

与记号σ_{XY}相对应,X与Y的方差$D(X)$与$D(Y)$也可分别记为σ_{XX}与σ_{YY}.

协方差具有如下性质:

性质 1 $\text{Cov}(X,Y) = \text{Cov}(Y,X)$.

性质 2 $\text{Cov}(aX,bY) = ab\text{Cov}(X,Y)$,其中 a,b 是常数.

性质 3 $\text{Cov}(X_1+X_2,Y) = \text{Cov}(X_1,Y) + \text{Cov}(X_2,Y)$.

性质 4 $\text{Cov}(X,Y) = E(XY) - E(X)E(Y)$.

由协方差的性质可知,若随机变量 X 与 Y 相互独立,则 $\sigma_{XY}=0$;但是 $\sigma_{XY}=0$ 并不能保证 X 与 Y 相互独立.

4.6.3 二维随机变量的相关系数

对于随机变量 X 与 Y,若 $D(X)>0, D(Y)>0$,则称

$$\frac{\text{Cov}(X,Y)}{\sqrt{D(X)}\sqrt{D(Y)}}$$

为 X 与 Y 的**相关系数**,记作 ρ_{XY}(有时可简记为 ρ).

例如,在 $(X,Y) \sim N(\mu_1,\mu_2,\sigma_1^2,\sigma_2^2,\rho)$ 的情况下,可以推出

$$\rho_{XY} = \rho,$$

即二维正态分布的第五个参数 ρ 就是相关系数.

相关系数具有如下性质:

性质 1 任意两个随机变量 X 与 Y 的相关系数 ρ_{XY} 满足:

$$|\rho_{XY}| \leqslant 1,$$

若 $\rho \neq 0$,则称 X 与 Y 是**相关的**;若 $\rho = 0$,则称 X 与 Y **不相关**.

性质 2 $|\rho_{XY}|=1$ 的充要条件是随机变量 X 与 Y 之间存在线性关系的概率为 1,即存在常数 a 与 b,使

$$P\{Y = aX+b\} = 1.$$

相关系数 ρ_{XY} 的实际意义是:它刻画了 X 与 Y 之间线性关系的近似程度. 一般说来, $|\rho|$ 越接近于 1, X 与 Y 越近似地有线性关系. 要注意的是,当 X,Y 之间有很密切的曲线关系时, $|\rho|$ 的数值也可能很小. 例如, $X \sim N(0,1), Y=X^2$,此时 Y 与 X 有很密切的曲线关系, 但是 $\rho_{XY}=0$.

下面介绍关于数字特征的一些常用定理.

定理 1 两个随机变量的和的数学期望等于它们的数学期望的和,即

$$E(X+Y) = E(X) + E(Y).$$

推论 有限个随机变量的和的数学期望等于它们的数学期望的和,即

$$E\left(\sum_{i=1}^{n} X_i\right) = \sum_{i=1}^{n} E(X_i).$$

定理 2 两个随机变量的和的方差等于它们各自的方差与它们的协方差的两倍的和,即

$$D(X+Y) = D(X) + D(Y) + 2\text{Cov}(X,Y).$$

定理 3 两个独立的随机变量的和的方差等于它们各自的方差的和,即

$$D(X+Y) = D(X) + D(Y).$$

推论 有限个独立的随机变量的和的方差等于它们的方差的和,即
$$D(\sum_{i=1}^{n} X_i) = \sum_{i=1}^{n} D(X_i).$$

定理 4 两个随机变量的乘积的数学期望等于它们的数学期望的乘积与它们的协方差的和,即
$$E(XY) = E(X)E(Y) + \text{Cov}(X,Y).$$

定理 5 两个独立的随机变量的乘积的数学期望等于它们的数学期望的乘积,即
$$E(XY) = E(X)E(Y).$$

推论 有限个独立的随机变量的乘积的数学期望等于它们的数学期望的乘积,即
$$E(\prod_{i=1}^{n} X_i) = \prod_{i=1}^{n} E(X_i).$$

说明 计算协方差,常常使用定理 2、定理 4 的公式.

由定理 5 可知,如果随机变量 X 与 Y 相互独立,那么 X 与 Y 的协方差就为 0,从而 X 与 Y 的相关系数 $\rho_{XY}=0$. 反之不然. 例如,设二维随机变量 (X,Y) 的概率密度为
$$f(x,y) = \begin{cases} \dfrac{1}{\pi}, & x^2+y^2 \leqslant 1, \\ 0, & \text{其他}, \end{cases}$$

由 4.4 节中的例 4 知 X 和 Y 不是相互独立的;容易得到 $E(XY)=0, E(X)=E(Y)=0$,故 X 与 Y 的协方差就为 0,从而 X 与 Y 的相关系数 $\rho_{XY}=0$,即 X 和 Y 是不相关的. 但对于 $(X,Y) \sim N(\mu_1,\mu_2,\sigma_1^2,\sigma_2^2,\rho)$,$X$ 与 Y 相互独立的充分必要条件为相关系数 $\rho=0$.

4.6.4 几种常见随机变量的数字特征

1. 正态分布

若 $\xi=(X,Y) \sim N(\mu_1,\mu_2,\sigma_1^2,\sigma_2^2,\rho)$,则
$$E(\xi)=(\mu_1,\mu_2), D(\xi)=(\sigma_1^2,\sigma_2^2), \sigma_{XY}=\text{Cov}(X,Y)=\rho\sigma_1\sigma_2, \rho_{XY}=\rho.$$

> **课堂思考** 设 (X,Y) 服从二维正态分布,且 $X \sim N(0,3), Y \sim N(0,4)$,相关系数 $\rho_{XY}=-\dfrac{1}{4}$,试写出 X 和 Y 的联合概率密度.

2. 均匀分布

若 $\xi=(X,Y) \sim U(D)$,其中 $D=\{(x,y) \mid a \leqslant x \leqslant b, c \leqslant y \leqslant d\}$,则
$$E(\xi)=\left(\frac{a+b}{2},\frac{c+d}{2}\right), D(\xi)=\left(\frac{(b-a)^2}{12},\frac{(d-c)^2}{12}\right), \sigma_{XY}=0, \rho_{XY}=0.$$

例 1 设 $\xi=(X,Y)$ 的联合概率密度为
$$f(x,y) = \begin{cases} 2-x-y, & 0 \leqslant x \leqslant 1, 0 \leqslant y \leqslant 1, \\ 0, & \text{其他}. \end{cases}$$

(1) 判别 X,Y 是否相互独立,是否相关;

(2) 求 $E(\xi), D(\xi), D(X+Y)$.

解 (1) 先求 X 的边缘概率密度：

当 $x<0$ 或 $x>1$ 时，$f_X(x)=0$；

当 $0 \leqslant x \leqslant 1$ 时，$f_X(x)=\int_{-\infty}^{+\infty} f(x,y)\mathrm{d}y = \int_0^1 (2-x-y)\mathrm{d}y = \frac{3}{2}-x$.

因此

$$f_X(x) = \begin{cases} \frac{3}{2}-x, & 0 \leqslant x \leqslant 1, \\ 0, & 其他; \end{cases}$$

同理，可以求出 Y 的边缘概率密度：

$$f_Y(y) = \begin{cases} \frac{3}{2}-y, & 0 \leqslant y \leqslant 1, \\ 0, & 其他. \end{cases}$$

由于

$$f_X(x)f_Y(y) \neq f(x,y), 0 \leqslant x, y \leqslant 1,$$

所以 X 与 Y 不相互独立.

$$E(X) = \int_{-\infty}^{+\infty} x f_X(x) \mathrm{d}x = \int_0^1 x\left(\frac{3}{2}-x\right)\mathrm{d}x = \frac{5}{12},$$

$$E(Y) = \int_{-\infty}^{+\infty} y f_Y(y) \mathrm{d}y = \int_0^1 y\left(\frac{3}{2}-y\right)\mathrm{d}y = \frac{5}{12},$$

$$E(XY) = \int_{-\infty}^{+\infty}\int_{-\infty}^{+\infty} xy f(x,y) \mathrm{d}x\mathrm{d}y = \int_0^1 \mathrm{d}x \int_0^1 xy(2-x-y)\mathrm{d}y = \frac{1}{6},$$

$$D(X) = \int_{-\infty}^{+\infty} (x-EX)^2 f_X(x) \mathrm{d}x = \int_0^1 \left(x-\frac{5}{12}\right)^2 \left(\frac{3}{2}-x\right)\mathrm{d}x = \frac{11}{144},$$

$$D(Y) = \int_{-\infty}^{+\infty} (y-EY)^2 f_Y(y) \mathrm{d}y = \int_0^1 \left(y-\frac{5}{12}\right)^2 \left(\frac{3}{2}-y\right)\mathrm{d}y = \frac{11}{144},$$

于是

$$\rho_{XY} = \frac{E(XY)-E(X)E(Y)}{\sqrt{D(X)}\sqrt{D(Y)}} = -\frac{1}{11} \neq 0,$$

所以 X 与 Y 不相关.

(2) $E(\xi) = (E(X), E(Y)) = \left(\frac{5}{12}, \frac{5}{12}\right)$,

$$D(\xi) = (D(X), D(Y)) = \left(\frac{11}{144}, \frac{11}{144}\right),$$

$$D(X+Y) = D(X)+D(Y)+2\sigma_{XY} = D(X)+D(Y)+2[E(XY)-E(X)E(Y)] = \frac{5}{36}.$$

4.6.5 二维随机变量函数的数学期望

设离散型随机变量 (X,Y) 的联合分布律为

$$P\{(X,Y)=(x_i,y_j)\}=p_{ij}\ (i,j=1,2,\cdots),$$

则随机变量函数 $g(X,Y)$ 的数学期望为

$$E[g(X,Y)]=\sum_i\sum_j f(x_i,y_j)p_{ij}.$$

设连续型随机变量 (X,Y) 的联合概率密度为 $f(x,y)$，则随机变量函数 $g(X,Y)$ 的数学期望为

$$E[g(X,Y)]=\int_{-\infty}^{+\infty}\int_{-\infty}^{+\infty}g(x,y)f(x,y)\mathrm{d}x\mathrm{d}y.$$

练 习 题

1. 已知 (X,Y) 的联合分布律为

Y \ X	0	1	2
-1	0.2	0.1	0
0	0.1	0	0.3
1	0	0.2	0.1

求 $E(X), E(Y), \mathrm{Cov}(X,Y), \rho_{XY}$.

2. 已知随机变量 X 和 Y 的方差分别为 $D(X)=1, D(Y)=4$，且 $\mathrm{Cov}(X,Y)=1$，记 $U=X-2Y, V=2X-Y$，试求 $\mathrm{Cov}(U,V), \rho_{UV}$.

3. 设二维随机变量 (X,Y) 的概率密度为

$$f(x,y)=\begin{cases}\dfrac{1}{8}(x+y), & 0<x<2, 0<y<2,\\ 0, & \text{其他},\end{cases}$$

求 $E(X), E(Y), \mathrm{Cov}(X,Y), \rho_{XY}, D(X+Y)$.

4. 已知随机变量 X 和 Y 的联合分布律为

Y \ X	0	1
0	0.10	0.15
1	0.25	0.20
2	0.15	0.15

求：(1) $X+Y$ 的概率分布； (2) $Z=\sin\dfrac{\pi(X+Y)}{2}$ 的数学期望； (3) X 与 Y 的相关系数 ρ_{XY}.

> **复习巩固题**

1. 设随机变量 (X,Y) 具有概率密度

$$f(x,y)=\begin{cases}12y^2, & 0\leqslant y\leqslant x\leqslant 1,\\ 0, & 其他,\end{cases}$$

求 $E(X), E(Y), \text{Cov}(X,Y), \rho_{XY}$.

2. 设随机变量 (X,Y) 具有概率密度

$$f(x,y)=\begin{cases}1, & |y|<x, 0<x<1,\\ 0, & 其他,\end{cases}$$

求 $E(X), D(Y), \text{Cov}(X,Y), \rho_{XY}$.

3. 设 (X,Y) 在 A 上均匀分布,其中 A 为 $x=0, y=0$ 及 $x+y-1=0$ 所围成的区域,试求 $Z=2Y^2$ 的数学期望.

4. 设 X 与 Y 独立,并且 X 和 Y 的概率密度分别为

$$f_X(x)=\begin{cases}20x^3(1-x), & 0<x<1,\\ 0, & 其他,\end{cases}\quad f_Y(y)=\begin{cases}2y, & 0<y<1,\\ 0, & 其他,\end{cases}$$

试求 $Z=\dfrac{Y}{X^3}+\dfrac{X}{Y}$ 的数学期望.

4.7 案例分析——求职面试与灯泡的使用寿命

4.7.1 求职面试问题

你刚刚接到一位有可能成为你雇主的面试通知. 每位雇主都提供三个不同的空缺职位:一般的、好的、极好的职位,其年薪分别为 25000, 30000, 40000. 你所在的学院就业指导中心估计每个公司向你提供一般的职位的可能性为 $\dfrac{4}{10}$,而提供好的和极好的职位的可能性分别为 $\dfrac{3}{10}$ 和 $\dfrac{2}{10}$,不聘你的可能性为 $\dfrac{1}{10}$. 假定每个公司都要求你在面试结束时表态接受或拒绝他们提供的职位,你应采取什么样的对策?

解 如果任何一个公司都向你提供极好的职位,那么接受,并不去下一个公司面试,因为如果你继续到下一个公司去面试,情况不会变好. 如果面试的结果是不提供工作,那么你继续去下一个公司面试,你没有什么损失,你的处境只会改善. 如果第一次面试或第二次面试结束时是给你一个好的或一般的职位,无所适从的情况就发生了. 如果你接受了其中的一个职位,那么你就放弃了下一个面试中得到一个更好职位的机会. 如果你放弃了,就要冒后一个面试可能得到的是更不想要的结果的风险. 我们采用动态规划的折返法来解决.

假设以 $X_i(i=1,2,3)$ 表示第 i 次面试可能得到职位的年薪(单位:元),我们来考虑你尚未接受职位而要去进行第三次面试,随机变量 X_3 的分布律为

X_3	25000	30000	40000	0
p_k	$\frac{4}{10}$	$\frac{3}{10}$	$\frac{2}{10}$	$\frac{1}{10}$

则第三次面试雇主所提供的年薪期望为

$$E(X_3)=25000\times\frac{4}{10}+30000\times\frac{3}{10}+40000\times\frac{2}{10}+0\times\frac{1}{10}=27000(元).$$

知道了第三次面试的期望值,我们就能倒推以决定第二次面试时应采取的行动.如果提供的是一般的工作,那么必须在接受这一工作(年薪预期为 25000 元)与试着碰碰第三次面试的运气(年薪预期为 27000 元)这二者中做出选择.由于后者有比较大的预期值,这就是应采取的行动.另一方面,如果第二次面试雇主提供的是好的工作,那么其预期值较高(30000 元对 27000 元),因此,应该接受该工作并放弃第三次面试.

在这样的策略下,第二次面试的年薪 X_2 的分布律为

职位	一般的	好的	极好的	不提供
对策	第三次面试	接受	接受	第三次面试
X_2	27000	30000	40000	27000
p_k	$\frac{4}{10}$	$\frac{3}{10}$	$\frac{2}{10}$	$\frac{1}{10}$

其期望为

$$E(X_2)=27000\times\frac{4}{10}+30000\times\frac{3}{10}+40000\times\frac{2}{10}+27000\times\frac{1}{10}=30500(元).$$

现在返回到第一次面试.如果提供的是一般的工作,面临一次选择:如果接受,年薪预期为 25000 元;如果拒绝,年薪预期为 30500 元.为了更高的预期而拒绝一般的工作,对于好的工作,年薪预期为 30000 元.可供选择的是:年薪为 30500 元的继续面试和年薪为 30000 元的接受这个工作.为了极大化年薪预期,也应该在这个阶段放弃好的职位.

因此,对面试问题的最优策略是:第一次面试仅接受极好的职位,否则进行第二次面试.第二次面试接受好的或极好的职位,否则进行第三次面试,第三次面试要接受提供给你的任何工作.

在这种最优策略下第一次面试时年薪 X_1 的分布律为

职位	一般的	好的	极好的	不提供
对策	第二次面试	第二次面试	接受	第二次面试
X_1	30500	30500	40000	30500
p_k	$\frac{4}{10}$	$\frac{3}{10}$	$\frac{2}{10}$	$\frac{1}{10}$

其期望为

$$E(X_1)=30500\times\frac{4}{10}+30500\times\frac{3}{10}+40000\times\frac{2}{10}+30500\times\frac{1}{10}=32400(\text{元}),$$

即在这种最优策略下,可预期的平均年薪为 32400 元.

4.7.2 灯泡的使用寿命问题

某家庭原来有 4 只灯泡用于室内照明,新装修后有 24 只灯泡用于室内照明.装修入住后主人总认为灯泡更容易坏了,试解释其中的原因.

解 设所有灯泡的使用寿命相互独立,且服从指数分布 $e(\lambda)$.用 X_i 表示第 i 只灯泡的使用寿命,则装修前等待第一只灯泡烧坏的时间长度 X 为

$$X=\min\{X_1,X_2,X_3,X_4\},$$

装修后等待第一只灯泡烧坏的时间长度 Y 为

$$Y=\min\{X_1,X_2,\cdots,X_{24}\},$$

利用独立性,得

$$P\{X>t\}=P\{X_1>t,\cdots,X_4>t\}=\prod_{i=1}^{4}P\{X_i>t\}=\mathrm{e}^{-4\lambda t},$$

类似得

$$P\{Y>t\}=\mathrm{e}^{-24\lambda t},$$

则 X,Y 的概率密度分别为

$$f_X(t)=4\lambda\mathrm{e}^{-4\lambda t},\quad f_Y(t)=24\lambda\mathrm{e}^{-24\lambda t},$$

所以 $X\sim e(4\lambda),Y\sim e(24\lambda)$.

容易计算当 $\lambda=\dfrac{1}{1500}$(h)(即某品牌灯泡的平均使用寿命为 1500 h)时,

$$P\{X>400\}=0.3442,P\{X>200\}=0.5866,P\{X>100\}=0.7651;$$
$$P\{Y>400\}=0.0017,P\{Y>200\}=0.0408,P\{Y>100\}=0.2019.$$

从中不难看出,Y 要比 X 随机地小很多.装修前使用 200 h 不换灯泡的概率是 58.7%,装修后使用 200 h 不换灯泡是不大可能的. X,Y 的概率密度的图形如图 4.14 所示.

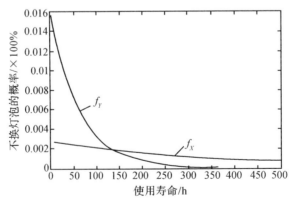

图 4.14 密度函数图形

4.8 本章内容小结

本章主要研究二维随机变量,同一维随机变量类似,我们定义二维随机变量(X,Y)的分布函数为
$$F(x,y)=P\{X\leqslant x,Y\leqslant y\}(-\infty<x,y<+\infty),$$
对于二维离散型随机变量(X,Y),定义了联合分布律
$$P\{X=x_i,Y=y_j\}=p_{ij}(i,j=1,2,\cdots),$$
对于二维连续型随机变量(X,Y),定义了联合概率密度$f(x,y)$,则有
$$F(x,y)=\int_{-\infty}^{x}\int_{-\infty}^{y}f(u,v)\mathrm{d}v\mathrm{d}u(-\infty<x,y<+\infty).$$

人们通常利用分布律与概率密度而不是分布函数来描述和研究二维随机变量.二维随机变量的分布律与概率密度的性质与一维随机变量类似,但分布函数的性质有所不同.

对于二维随机变量,需研究边缘分布、条件分布及随机变量的独立性等内容.

由二维随机变量(X,Y)的联合分布可以确定关于X、关于Y的边缘分布;但由关于X、关于Y的边缘分布一般不能确定(X,Y)的联合分布,除非X与Y相互独立.

随机变量的独立性是随机事件独立性的延伸.我们也常利用问题的实际意义去判断两个随机变量的独立性.例如,若X与Y分别表示甲、乙两所大学的就业率,可以认为X与Y相互独立.

本章讨论了二维随机变量(X,Y)函数的分布,主要介绍了$Z=X+Y$,$Z=X^2+Y^2$,$Z=\max\{X,Y\}$和$Z=\min\{X,Y\}$的分布,所用方法类似于一维.另外提到了X与Y的差、积、商等函数的分布.

对于二维随机变量(X,Y)也研究了数字特征,如数学期望、方差、协方差、相关系数等.

本章在进行有关连续型随机变量的有关问题的计算时要用到二重积分,或用到二元函数固定一个变量对另一个变量的定积分,同学们一定要明白积分变量的变化范围.解题时,在平面直角坐标系中画出概率密度大于0的区域的图形,接着确定积分区域、积分区间.要注意,求得的边缘概率密度、条件概率密度、随机变量函数的概率密度往往是分段函数.

重要术语与主题

二维随机变量及分布函数　二维离散型随机变量及联合分布律、边缘分布律与条件分布律　二维连续型随机变量及联合概率密度、边缘概率密度与条件概率密度　随机变量的独立性　二维随机变量函数的分布　和分布　平方和分布　最大(小)分布　数学期望　方差　协方差　相关系数

提 高 题

1. 设数 X 在区间 $(0,1)$ 上随机取值,当观察到 $X=x(0<x<1)$ 时,数 Y 在区间 $(x,1)$ 上随机地取值.求 Y 的概率密度 $f_Y(y)$.

2. 设随机变量 (X,Y) 的概率密度为
$$f(x,y) = \begin{cases} A, & |x|<y, 0<y<1, \\ 0, & \text{其他}, \end{cases}$$
求:(1) 待定常数 A;(2) 边缘概率密度 $f_X(x), f_Y(y)$,并判别其独立性.

3. 若 $X \sim B(m,p), Y \sim B(n,p)$,且 X 与 Y 相互独立,证明:
$$Z = X+Y \sim B(m+n,p) (二项分布具有可加性).$$
问泊松分布是否也具有可加性?

4. 设二维随机变量 (X,Y) 的联合密度函数为 $f(x,y)$,证明:X 与 Y 相互独立的充要条件是 $f(x,y)$ 可分离变量,即 $f(x,y)=p(x)q(y)$.

5. 设随机变量 X_1 和 X_2 的分布列为
$$X_1 \sim \begin{bmatrix} -1 & 0 & 1 \\ 0.25 & 0.5 & 0.25 \end{bmatrix}, \quad X_2 \sim \begin{bmatrix} 0 & 1 \\ 0.5 & 0.5 \end{bmatrix},$$
而且 $P\{X_1 X_2 = 0\} = 1$.

(1) 求 X_1 和 X_2 的联合分布律;

(2) 问 X_1 和 X_2 是否相互独立?并说明理由.

6. 设随机变量 $X \sim f_X(x)$ 与 $Y \sim f_Y(y)$,且
$$f(x,y) = f_X(x) f_Y(y) + h(x,y), -\infty < x < +\infty, -\infty < y < +\infty$$
为二维随机向量 (X,Y) 的联合概率密度.试证:

(1) $h(x,y) \geqslant -f_X(x) f_Y(y), -\infty < x < +\infty, -\infty < y < +\infty$;

(2) $\int_{-\infty}^{+\infty} \int_{-\infty}^{+\infty} h(x,y) \mathrm{d}x \mathrm{d}y = 0$.

7. 在一简单电路中,两电阻串联连接,设 R_1, R_2 相互独立,它们的概率密度均为 $f(x) = \begin{cases} \dfrac{10-x}{5}, & 0 \leqslant x \leqslant 10, \\ 0, & \text{其他}, \end{cases}$
求总电阻 $R = R_1 + R_2$ 的概率密度.

8. 设某系统 L 由两个相互独立的系统 L_1, L_2 连接而成,其各连接方式如图 4.15 所示.已知 L_1, L_2 的使用寿命 X 与 Y 分别服从参数为 α, β 的指数分布,求系统 L 的使用寿命 Z 的分布.

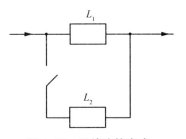

图 4.15 系统连接方式

9. 设随机变量 X_1, X_2, X_3, X_4 相互独立且同分布,$P\{X_i = 0\} = 0.6, P\{X_i = 1\} = 0.4$,

$i=1,2,3,4$,求行列式 $X = \begin{vmatrix} X_1 & X_2 \\ X_3 & X_4 \end{vmatrix}$ 的分布律.

10. 设随机变量 X 和 Y 相互独立,且服从同一分布,试证明:
$$P\{a<\min\{X,Y\}\leqslant b\}=[P\{X>a\}]^2-[P\{X>b\}]^2.$$

11. 设某昆虫的产卵数 $X\sim P(50)$,又设一个卵能孵化成虫的概率为 0.8,且各卵的孵化是相互独立的,求此昆虫的产卵数 X 与下一代只数 Y 的联合分布律.

12. 设 (X,Y) 服从二维正态分布,且有 $D(X)=\sigma_X^2, D(Y)=\sigma_Y^2$. 证明:当 $a^2=\sigma_X^2/\sigma_Y^2$ 时,随机变量 $U=X-aY$ 与 $V=X+aY$ 相互独立.

13. 设随机变量 X 和 Y 相互独立,且都服从正态分布 $N(\mu,\sigma^2)$.
(1) 设 $U=aX+bY, V=aX-bY$(其中 a,b 是不为 0 的常数),求 ρ_{UV};
(2) 求 $\max(X,Y)$ 的数学期望;
(3) 求 $\min(X,Y)$ 的数学期望.

14. 设二维随机变量 (X,Y) 的概率密度为
$$f(x,y)=\begin{cases} A\sin(x+y), & 0<x<\dfrac{\pi}{2}, 0<y<\dfrac{\pi}{2}, \\ 0, & \text{其他}, \end{cases}$$
求: $A, E(X), E(Y), D(X), D(Y), \text{Cov}(X,Y), \rho_{XY}$.

15. 设 $X\sim N(0,1), Y$ 各以 0.5 的概率取值 1 或 -1,且假定 X 和 Y 相互独立,令 $Z=X\cdot Y$,证明:(1) $Z\sim N(0,1)$; (2) X 与 Z 不相关,但不独立.

16. 某酒吧柜台前有吧凳 7 张,此时全空着,若有 2 个陌生人进来随机入座,
(1) 求这 2 人就座相隔凳子数的分布律和期望;
(2) 若服务员预言这 2 人之间至少相隔 2 张凳子,求服务员预言为真的概率.

17. 设随机变量 X 以概率 1 取值 0,而 Y 是任意的随机变量,证明: X 与 Y 相互独立.

18. 设随机变量 (X,Y) 的联合分布律为
$$P\{X=i,Y=j\}=\frac{1}{2^{i+j}} \ (i,j=1,2,\cdots),$$
求随机变量函数 $Z=\sin 2\pi X+\cos\pi Y$ 的概率分布.

19. 设 ξ,η 是相互独立且服从同一分布的两个随机变量,已知 ξ 的分布律为
$$P\{\xi=i\}=\frac{1}{3}, i=1,2,3,$$
又设 $X=\max\{\xi,\eta\}, Y=\min\{\xi,\eta\}$. 求随机变量 (X,Y) 的数字特征.

20. 设随机变量 X 和 Y 的分布律如下表所示:

X \ Y	−1	0	1	$p_{i\cdot}$
−1	$\frac{1}{8}$	$\frac{1}{8}$	$\frac{1}{8}$	$\frac{3}{8}$
0	$\frac{1}{8}$	0	$\frac{1}{8}$	$\frac{2}{8}$
1	$\frac{1}{8}$	$\frac{1}{8}$	$\frac{1}{8}$	$\frac{3}{8}$
$p_{\cdot j}$	$\frac{3}{8}$	$\frac{2}{8}$	$\frac{3}{8}$	1

证明：X 与 Y 不相关，但不相互独立．

21. 已知随机变量 (X,Y) 服从二维正态分布，并且 X 和 Y 分别服从正态分布 $N(1,3^2)$ 和 $N(0,4^2)$，X 与 Y 的相关系数 $\rho_{XY}=-0.5$．设 $Z=\dfrac{X}{3}+\dfrac{Y}{2}$．

(1) 求 Z 的数学期望 $E(Z)$ 和方差 $D(Z)$；

(2) 求 X 与 Z 的相关系数 ρ_{XZ}；

(3) 问 X 与 Z 是否相互独立？为什么？

22. 一超市经销某种商品，每周进货的数量 X 与顾客对该种商品的需求量 Y 是相互独立的随机变量，且都服从区间 $[10,20]$ 上的均匀分布，超市每售出一单位商品可得利润 1000 元；若需求量超过了进货量，可从其他超市调剂供应，这时每单位商品获利润为 500 元．试求此超市经销该种商品每周所得利润的期望值．

23. 设两个随机变量 X 和 Y 相互独立，且都服从均值为 0、方差为 $\dfrac{1}{2}$ 的正态分布，求随机变量 $|X-Y|$ 的方差．

24. 设随机变量 X 和 Y 有有限方差，并且 $D(X)>0$．求常数 a,b，使 $E[Y-(aX+b)]^2$ 达到最大．

25. 设随机变量 X 和 Y 有有限方差，且相互独立．证明：$D(X)D(Y) \leqslant D(XY)$．

第 5 章 大数定律与中心极限定理

5.0 引论与本章学习指导

5.0.1 引论

设有一大批种子,其中良种占 $\frac{1}{6}$. 试估计在任选的 6000 粒种子中,良种所占比例与 $\frac{1}{6}$ 比较相差小于 1‰ 的概率.

用二项分布作精确计算,概率为 0.959. 如果仅需知道概率是否大于 0.5,有没有简单的方法? 考察在任选的 n 粒种子中,当 $n \to \infty$ 时良种所占比例与 $\frac{1}{6}$ 比较相差小于 ε 的概率的变化趋势. 考察在任选的 n 粒种子中,当 $n \to \infty$ 时良种数所服从的概率分布的变化趋势.

对于这几个问题,利用前三章的知识可以解答,但形成的理论和方法不仅在概率论中占有很重要的地位,而且是数理统计的理论基础.

5.0.2 本章学习指导

本章介绍大数定律、中心极限定理.

1. 大数定律解决了概率论为何能以某事件发生的频率作为该事件的概率的估计问题,也回答了数理统计中为何能以样本均值作为总体期望的估计问题.

2. 中心极限定理不仅回答了为何正态分布在概率论中占有极其重要地位的问题,也提供了数理统计的大样本统计推断的理论基础.

同学们学习时要在理解随机变量的理论和方法的基础上,理解大数定律、中心极限定理. 大数定律、中心极限定理学习时大多数同学会感到有困难,希望有困难的同学课上认真听讲,要明白其本质,课后多与老师讨论.

本章教学安排 3 学时.

5.1 大数定律

第1章我们学习了频率的概念,通过实例观察频率具有稳定性,由此得到概率的统计定义.本节介绍大数定律,从理论上刻画频率具有稳定性,为概率的统计定义提供理论基础.

本节学习切比雪夫(chebyshev)不等式和大数定律,包括伯努利(Bernoulli)大数定律、切比雪夫大数定律及辛钦(khinchine)大数定律.

5.1.1 切比雪夫不等式

在良种占 $\frac{1}{6}$ 的一批种子中任选 6000 粒种子,用 X 表示 6000 粒种子中的良种数,则 $X \sim B\left(6000, \frac{1}{6}\right)$,并且 $E(X) = 6000 \times \frac{1}{6} = 1000, D(X) = 6000 \times \frac{1}{6} \times \left(1 - \frac{1}{6}\right) = \frac{2500}{3}$.

下面将求良种所占比例与 $\frac{1}{6}$ 比较相差小于 1% 的概率.

$$P\left\{\left|\frac{X}{6000} - \frac{1}{6}\right| < 0.01\right\} = P\{940 < X < 1060\} = \sum_{i=941}^{1059} C_{6000}^i \left(\frac{1}{6}\right)^i \left(1 - \frac{1}{6}\right)^{6000-i}$$
$$= 0.959036.$$

显然结果是精确的,但计算量相当大.如果仅需知道良种所占比例与 $\frac{1}{6}$ 比较相差小于 1% 的概率是否大于 0.5,可用下面估计的方法.

由于

$$P\left\{\left|\frac{X}{6000} - \frac{1}{6}\right| < 0.01\right\} = P\{|X - 1000| < 60\} = 1 - P\{|X - E(X)| \geqslant 60\},$$

而

$$P\{|X - E(X)| \geqslant 60\}$$
$$= \sum_{i=0}^{940} C_{6000}^i \left(\frac{1}{6}\right)^i \left(1 - \frac{1}{6}\right)^{6000-i} + \sum_{i=1060}^{+\infty} C_{6000}^i \left(\frac{1}{6}\right)^i \left(1 - \frac{1}{6}\right)^{6000-i}$$
$$\leqslant \sum_{i=0}^{940} \frac{[i - E(X)]^2}{60^2} C_{6000}^i \left(\frac{1}{6}\right)^i \left(1 - \frac{1}{6}\right)^{6000-i} + \sum_{i=1060}^{+\infty} \frac{[i - E(X)]^2}{60^2} C_{6000}^i \left(\frac{1}{6}\right)^i \left(1 - \frac{1}{6}\right)^{6000-i}$$
$$\leqslant \sum_{i=0}^{+\infty} \frac{[i - E(X)]^2}{60^2} C_{6000}^i \left(\frac{1}{6}\right)^i \left(1 - \frac{1}{6}\right)^{6000-i}$$
$$= \frac{1}{60^2} \sum_{i=0}^{+\infty} [i - E(X)]^2 C_{6000}^i \left(\frac{1}{6}\right)^i \left(1 - \frac{1}{6}\right)^{6000-i}$$
$$= \frac{D(X)}{60^2} = \frac{25}{108} = 0.231481,$$

故

$$P\left\{\left|\frac{X}{6000}-\frac{1}{6}\right|<0.01\right\}=1-P\{|X-E(X)|\geqslant 60\}\geqslant 0.768519,$$

即所求的概率大于 0.5.

仔细考察上面估计概率的方法,发现使用了把计算概率之和的问题转化为用方差来估计的问题,这就是切贝雪夫不等式.

设随机变量 X 的方差 $D(X)$ 存在,则对于任意实数 $\varepsilon>0$,有

$$P\{|X-E(X)|\geqslant\varepsilon\}\leqslant\frac{D(X)}{\varepsilon^2}$$

或

$$P\{|X-E(X)|<\varepsilon\}\geqslant 1-\frac{D(X)}{\varepsilon^2}.$$

我们仅对 X 是连续型随机变量的情形证明,X 是离散型随机变量情形的证明从上面良种所占比例与 $\frac{1}{6}$ 比较相差小于 1% 的概率估计的过程不难得到.

设连续型随机变量 X 的概率密度为 $f(x)$,于是

$$\begin{aligned}&P\{|X-E(X)|\geqslant\varepsilon\}\\&=\int_{-\infty}^{-\varepsilon+E(X)}f(x)\mathrm{d}x+\int_{\varepsilon+E(X)}^{+\infty}f(x)\mathrm{d}x\\&\leqslant\int_{-\infty}^{-\varepsilon+E(X)}\frac{[x-E(X)]^2}{\varepsilon^2}f(x)\mathrm{d}x+\int_{\varepsilon+E(X)}^{+\infty}\frac{[x-E(X)]^2}{\varepsilon^2}f(x)\mathrm{d}x\\&\leqslant\int_{-\infty}^{+\infty}\frac{[x-E(X)]^2}{\varepsilon^2}f(x)\mathrm{d}x\\&=\frac{1}{\varepsilon^2}\int_{-\infty}^{+\infty}[x-E(X)]^2f(x)\mathrm{d}x=\frac{D(X)}{\varepsilon^2},\end{aligned}$$

而且

$$P\{|X-E(X)|<\varepsilon\}=1-P\{|X-E(X)|\geqslant\varepsilon\}\geqslant 1-\frac{D(X)}{\varepsilon^2}.$$

例 1 设每次试验中,事件 A 发生的概率为 0.75,试用切比雪夫不等式估计,n 多大时,才能在 n 次独立重复试验中,事件 A 出现的频率在 $0.74\sim 0.76$ 的概率大于 0.90?

解 设 X 表示 n 次独立重复试验中事件 A 发生的次数,则 $X\sim B(n,0.75)$,并且 $E(X)=0.75n$, $D(X)=0.1875n$.

要使 $P\left\{0.74<\frac{X}{n}<0.76\right\}\geqslant 0.90$,求 n,即

$$P\{0.74n<X<0.76n\}\geqslant 0.90$$

或

$$P\{|X-0.75n|<0.01n\}\geqslant 0.90.$$

由切比雪夫不等式,有

$$P\{|X-0.75n|<0.01n\}\geqslant 1-\frac{0.1875n}{(0.01n)^2},$$

令 $1-\dfrac{0.1875n}{(0.01n)^2} \geqslant 0.90$，解得 $n \geqslant 18750$．

5.1.2 大数定律

在良种占 $\dfrac{1}{6}$ 的一批种子中任选 n 粒种子，用 X 表示 n 粒种子中的良种数，则 $X \sim B\left(n, \dfrac{1}{6}\right)$，并且 $E(X)=\dfrac{n}{6}$，$D(X)=\dfrac{5n}{36}$．由切比雪夫不等式，n 粒种子中良种所占比例 $\dfrac{X}{n}$ 与 $\dfrac{1}{6}$ 比较相差不小于正数 ε 的概率满足

$$P\left\{\left|\dfrac{X}{n}-\dfrac{1}{6}\right|\geqslant\varepsilon\right\}=P\{|X-E(X)|\geqslant n\varepsilon\}\leqslant\dfrac{D(X)}{n^2\varepsilon^2}=\dfrac{5}{36\varepsilon^2 n},$$

显然，$n \to +\infty$ 时，

$$P\left\{\left|\dfrac{X}{n}-\dfrac{1}{6}\right|\geqslant\varepsilon\right\} \to 0.$$

这表明，在良种占 $\dfrac{1}{6}$ 的一批种子中任选若干粒种子，随着所选种子数 n 的增加，良种所占比例 $\dfrac{X}{n}$ 与良种率 $\dfrac{1}{6}$ 越来越接近．

一般地，设 n_A 是 n 次独立重复试验中事件 A 发生的次数，p 是每次试验中 A 发生的概率，则对于任意 $\varepsilon>0$，有

$$\lim_{n\to\infty}P\left\{\left|\dfrac{n_A}{n}-p\right|\geqslant\varepsilon\right\}=0$$

或

$$\lim_{n\to\infty}P\left\{\left|\dfrac{n_A}{n}-p\right|<\varepsilon\right\}=1,$$

这就是**伯努利大数定律**．

伯努利大数定律表明，在概率的统计定义中，事件 A 发生的频率 $\dfrac{n_A}{n}$ "稳定于"事件 A 在一次试验中发生的概率，即频率 $\dfrac{n_A}{n}$ 与 p 有较大偏差 $\left\{\left|\dfrac{n_A}{n}-p\right|\geqslant\varepsilon\right\}$ 是小概率事件，因而在 n 足够大时，可以用频率近似代替 p．这种稳定称为**依概率稳定**，即设 $Y_1, Y_2, \cdots, Y_n, \cdots$ 是一列随机变量，a 是一常数，若对于任意 $\varepsilon>0$，有

$$\lim_{n\to\infty}P\{|Y_n-a|\geqslant\varepsilon\}=0$$

或

$$\lim_{n\to\infty}P\{|Y_n-a|<\varepsilon\}=1,$$

则称随机变量列 $Y_1, Y_2, \cdots, Y_n, \cdots$ **依概率收敛**于常数 a，记作

$$Y_n \xrightarrow[n\to\infty]{P} a.$$

对于伯努利大数定律，设 n_A 是 n 次独立重复试验中事件 A 发生的次数，p 是每次试验

中 A 发生的概率,并把第 i 次试验 A 发生用 $\{X_i=1\}$ 表示,A 不发生用 $\{X_i=0\}$ 表示,则 $\{X_k\}$ 是相互独立的服从 0-1 分布的随机变量列. 记 $Y_k=\dfrac{1}{k}\sum\limits_{i=1}^{k}X_i$,则 $Y_1,Y_2,\cdots,Y_n,\cdots$ 是随机变量列,而且 Y_n 依概率收敛于 p,或 $\dfrac{n_A}{n}\xrightarrow[n\to\infty]{P}p$.

如果 $\{X_k\}$ 是相互独立的服从其他分布的随机变量列,有下面的**切贝雪夫大数定律**.

设随机变量列 $X_1,X_2,\cdots,X_n,\cdots$ 相互独立(指任意给定 $n>1$,$X_1,X_2,\cdots,X_n$ 相互独立),且具有相同的数学期望和方差

$$E(X_k)=\mu,D(X_k)=\sigma^2,k=1,2,\cdots,$$

则对于任意 $\varepsilon>0$,有

$$\lim_{n\to\infty}P\left\{\left|\dfrac{1}{n}\sum_{k=1}^{n}X_k-\mu\right|\geqslant\varepsilon\right\}=0$$

或

$$\lim_{n\to\infty}P\left\{\left|\dfrac{1}{n}\sum_{k=1}^{n}X_k-\mu\right|<\varepsilon\right\}=1.$$

切贝雪夫大数定律表明,具有相同数学期望和方差的独立随机变量列的算术平均值依概率收敛于数学期望. 当 n 足够大时,算术平均值几乎是一常数,即数学期望可被算术平均值近似代替.

例 2 设 $\{X_k\}$ 为相互独立的随机变量序列,且

$$X_k\sim\begin{pmatrix}-2^k & 0 & 2^k \\ 2^{-2k-1} & 1-2^{-2k} & 2^{-2k-1}\end{pmatrix}(k=1,2,\cdots),$$

试证 $\{X_k\}$ 服从大数定律.

证 由题意可知

$$E(X_k)=0,D(X_k)=1,k=1,2,\cdots.$$

于是由切比雪夫大数定律可知随机变量序列 $\{X_k\}$ 服从大数定律.

切比雪夫大数定律的推广:

(1) $X_1,X_2,\cdots,X_n,\cdots$ 不一定有相同的数学期望与方差,可设

$$E(X_k)=\mu_k,D(X_k)=\sigma_k^2\leqslant\sigma^2,k=1,2,\cdots,$$

有

$$\lim_{n\to\infty}P\left\{\left|\dfrac{1}{n}\sum_{k=1}^{n}X_k-\dfrac{1}{n}\sum_{k=1}^{n}\mu_k\right|\geqslant\varepsilon\right\}=0.$$

(2) $X_1,X_2,\cdots,X_n,\cdots$ 相互独立的条件可以用 $\dfrac{1}{n^2}D\left(\sum\limits_{k=1}^{n}X_k\right)\xrightarrow{n\to\infty}0$ 代替.

(3) **辛钦大数定律**

设随机变量列 $X_1,X_2,\cdots,X_n,\cdots$ 相互独立具有相同的分布,且

$$E(X_i^k)=\mu_k,i=1,2,\cdots;k=1,2,\cdots,$$

则对于任意 $\varepsilon>0$,有

$$\lim_{n\to\infty} P\left\{\left|\frac{1}{n}\sum_{i=1}^{n} X_i^k - \mu_k\right| \geqslant \varepsilon\right\} = 0$$

或

$$\lim_{n\to\infty} P\left\{\left|\frac{1}{n}\sum_{i=1}^{n} X_i^k - \mu_k\right| < \varepsilon\right\} = 1.$$

练 习 题

1. 设随机变量 X 服从参数为 2 的泊松分布,用切比雪夫不等式估计 $P\{|X-2|\leqslant 4\}$.
2. 设随机变量 X 的数学期望 $E(X)=10$,方差 $D(X)=0.04$,估计 $P\{9<X<11\}$.

5.2 中心极限定理

上一节学习了大数定律,理解了概率论以某事件发生的频率作为该事件的概率估计的理论依据,知道了数理统计中以样本均值作为总体期望估计的原因.对于随机变量列的概率分布的变化趋势问题,需要本节的中心极限定理才能回答.中心极限定理回答了为何正态分布在概率论中占有极其重要的地位问题,也提供了数理统计的大样本统计推断的理论基础.

5.2.1 棣莫弗-拉普拉斯中心极限定理

在良种占 $\frac{1}{6}$ 的一批种子中任选 n 粒种子,若用 X 表示 n 粒种子中的良种数,则 $X \sim B\left(n, \frac{1}{6}\right)$. 我们来看 $n \to +\infty$ 时,$B\left(n, \frac{1}{6}\right)$ 的变化状况.

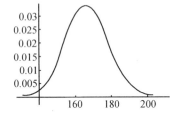

图 5.1　$n=1000$ 在 $[130,210]$ 上的分布图

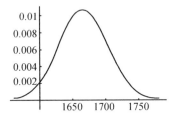

图 5.2　$n=10000$ 在 $[1560,1880]$ 上的分布图

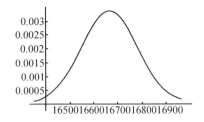

图 5.3　$n=100000$ 在 $[16350,16970]$ 上的分布图

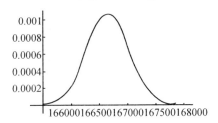

图 5.4　$n=1000000$ 在 $[165350,167970]$ 上的分布图

对于不同的 $n=1000,10000,100000,1000000$,分别作 $B\left(n,\dfrac{1}{6}\right)$ 的分布图,分别如图 5.1—图 5.4 所示.

从图 5.1—图 5.4 可见,随着 n 越来越大,$B\left(n,\dfrac{1}{6}\right)$ 的分布图与正态分布的密度曲线图越来越相似. 这意味着 $n\to+\infty$ 时,$B\left(n,\dfrac{1}{6}\right)$ 与某一正态分布趋近. 这一事实由棣莫弗-拉普拉斯发现,常常称为**棣莫弗-拉普拉斯**(De Moivre-Laplace)**中心极限定理**. 即

设随机变量 $Y_n\sim B(n,p),n=1,2,\cdots,0<p<1$,则对于任意实数 x,有

$$\lim_{n\to+\infty}P\left\{\dfrac{Y_n-np}{\sqrt{np(1-p)}}\leqslant x\right\}=\dfrac{1}{\sqrt{2\pi}}\int_{-\infty}^{x}\mathrm{e}^{-\frac{t^2}{2}}\mathrm{d}t,$$

即对任意的 $a<b$,有

$$\lim_{n\to\infty}P\left\{a<\dfrac{Y_n-np}{\sqrt{np(1-p)}}\leqslant b\right\}=\dfrac{1}{\sqrt{2\pi}}\int_{a}^{b}\mathrm{e}^{-\frac{t^2}{2}}\mathrm{d}t.$$

> **注意** 设 $\{X_k\}$ 是相互独立的服从参数为 $p(0<p<1)$ 的 0-1 分布的随机变量列,且具有相同的数学期望和方差:$E(X_k)=p,D(X_k)=p(1-p),k=1,2,\cdots$,则随机变量
>
> $$Y_n=\sum_{k=1}^{n}X_k\sim B(n,p),$$
>
> 相应地,其标准化随机变量
>
> $$Z_n=\dfrac{Y_n-np}{\sqrt{np(1-p)}}$$
>
> 近似服从标准正态分布.

例 1 用棣莫弗-拉普拉斯中心极限定理估计本章引论中良种所占比例与 $\dfrac{1}{6}$ 比较小于 1% 的概率.

解 用 X 表示 n 粒种子中的良种数,则由棣莫弗-拉普拉斯中心极限定理,有

$$X\stackrel{\cdot}{\sim}N\left(1000,\dfrac{5000}{6}\right).$$

于是

$$P\left\{\left|\dfrac{X}{6000}-\dfrac{1}{6}\right|<0.01\right\}=P\{|X-1000|<60\}\approx\Phi\left(\dfrac{1060-1000}{\sqrt{\dfrac{5000}{6}}}\right)-\Phi\left(\dfrac{940-1000}{\sqrt{\dfrac{5000}{6}}}\right)$$

$$=\Phi\left(\dfrac{60}{\sqrt{\dfrac{5000}{6}}}\right)-\Phi\left(\dfrac{-60}{\sqrt{\dfrac{5000}{6}}}\right)=2\Phi\left(\dfrac{60}{\sqrt{\dfrac{5000}{6}}}\right)-1\approx 0.962333.$$

这一结果与精确值 0.959036 相比,相对误差小于 0.35%.

注意 输入公式＝NORMSDIST(2.0785)，得 0.981166，即

$$\Phi\left(\frac{60}{\sqrt{\dfrac{5000}{6}}}\right)=0.981166.$$

例2 某车间有 200 台车床，在生产时间内由于需要检修、调换刀具、变换位置、调换工件等常需停工. 设开工率为 0.6，并设每台车床的工作是独立的，且在开工时需电功率 1kW，问应供应该车间多少电力，才能以 99.9% 的概率保证该车间不会因供电不足而影响生产？

解 首先，我们把对每台车床的观察作为一次试验，设事件 A 表示车床正在工作，而由题意可知 A 发生的概率为 0.6. 由于 200 台车床是独立地工作，因此这是一个重复独立试验. 把某时刻正在工作的车床数记为 S_n，并把第 i 台车床开工用 $\{X_i=1\}$ 表示，停工用 $\{X_i=0\}$ 表示，则 $X_i \sim B(1,0.6)(i=1,2,\cdots,200)$，且 $S_n=X_1+X_2+\cdots+X_{200}$，显然有 $0\leqslant S_n\leqslant 200$. 现在问题是要求 m，使

$$P\{S_n\leqslant m\}=\sum_{k=0}^{m}C_{200}^{k}(0.6)^k(0.4)^{200-k}\geqslant 0.999.$$

由于

$$P\{S_n\leqslant m\}=P\{0\leqslant S_n\leqslant m\}$$

$$=P\left\{\frac{0-200\times 0.6}{\sqrt{200\times 0.6\times 0.4}}\leqslant \frac{S_n-200\times 0.6}{\sqrt{200\times 0.6\times 0.4}}\leqslant \frac{m-200\times 0.6}{\sqrt{200\times 0.6\times 0.4}}\right\},$$

根据棣莫弗-拉普拉斯中心极限定理，有

$$P\{S_n\leqslant m\}\approx \int_{-\frac{120}{\sqrt{48}}}^{\frac{m-120}{\sqrt{48}}} e^{-\frac{t^2}{2}}dt=\Phi\left(\frac{m-120}{\sqrt{48}}\right)-\Phi\left(-\frac{120}{\sqrt{48}}\right)\approx \Phi\left(\frac{m-120}{\sqrt{48}}\right)\geqslant 0.999.$$

当 $\Phi\left(\dfrac{m-120}{\sqrt{48}}\right)=0.999$ 时，在 Excel 中输入公式＝NORMSINV(0.999)，得 $\dfrac{m-120}{\sqrt{48}}\approx 3.0902$，即 $m\approx 141.4097$. 故取 m 为 142.

$P\{S_n\leqslant 142\}\geqslant 0.999$ 这一结果表示，若供电 142kW，则由于供电不足而影响生产的可能性小于 0.001. 即在 8h 的工作时间中可能少于 $8\times 60\times 0.001=0.48$(min) 的时间会受影响，这在一般情况下是允许的. 当然不同的生产单位有不同的要求，只要改变上面的概率值即可.

同大数定律一样，若 $\{X_k\}$ 是相互独立的服从其他分布的随机变量列，则棣莫弗-拉普拉斯中心极限定理可推广到林德伯格-列维(Lindeberg-levy)中心极限定理.

5.2.2 林德伯格-列维中心极限定理

设随机变量列 $X_1,X_2,\cdots,X_n,\cdots$ 相互独立，且具有相同的数学期望和方差：

$$E(X_k)=\mu, D(X_k)=\sigma^2, k=1,2,\cdots,$$

则对于任意实数 x，有

$$\lim_{n\to\infty} P\left\{\frac{\sum_{k=1}^{n} X_k - n\mu}{\sqrt{n}\sigma} \leqslant x\right\} = \frac{1}{\sqrt{2\pi}}\int_{-\infty}^{x} e^{-\frac{t^2}{2}} dt,$$

这一定理称为**林德伯格-列维中心极限定理**,也称为独立同分布的中心极限定理.

记 $Z_n = \dfrac{\sum_{k=1}^{n} X_k - n\mu}{\sqrt{n}\sigma}$,则 Z_n 为 $\sum_{k=1}^{n} X_k$ 的标准化随机变量.由林德伯格-列维中心极限定理,n 足够大时,Z_n 的分布函数近似于标准正态随机变量的分布函数,即 $Z_n \overset{\cdot}{\sim} N(0,1)$ 或 $\sum_{k=1}^{n} X_k = \sqrt{n}\sigma Z_n + n\mu \overset{\cdot}{\sim} N(n\mu, n\sigma^2)$.

在第 3 章曾讲过有许多随机现象服从正态分布是由于它们彼此没有什么相依关系、对随机现象谁也不能起突出影响,而均匀地起到微小作用的随机因素共同作用(即这些因素的叠加)的结果.若联系于此随机现象的随机变量为 X,则它可被看成是许多相互独立的起微小作用的因素 X_k 的总和 $\sum_{k=1}^{n} X_k$,而这个总和服从或近似服从正态分布.

例3 炮火轰击敌方防御工事 100 次,每次轰击命中的炮弹数服从同一分布,其数学期望为 2,均方差为 1.5.若各次轰击命中的炮弹数是相互独立的,求在 100 次轰击中,

(1) 至少命中 180 发炮弹的概率;

(2) 命中的炮弹数不到 200 发的概率.

解 设 X_k 表示第 k 次轰击命中的炮弹数,由题意
$$E(X_k) = 2, D(X_k) = 1.5^2, k = 1, 2, \cdots, 100,$$
并且 $X_1, X_2, \cdots, X_{100}$ 相互独立.

设 X 表示 100 次轰击命中的炮弹数,则
$$X = \sum_{k=1}^{100} X_k, E(X) = 200, D(X) = 225.$$

由独立同分布中心极限定理,有
$$X \overset{\cdot}{\sim} N(200, 225).$$

于是

(1) $P\{X \geqslant 180\} \approx 1 - \Phi\left(\dfrac{180-200}{15}\right) = 1 - \Phi(-1.3) = \Phi(1.3) = 0.91.$

(2) $P\{0 \leqslant X < 200\} \approx \Phi\left(\dfrac{200-200}{15}\right) - \Phi\left(\dfrac{0-200}{15}\right) = \Phi(0) - \Phi(-13.33) = 0.5.$

练 习 题

1. 假设生男孩的概率为 0.515,某医院今年共出生 500 个新生婴儿,求该医院今年出生的新生婴儿中男婴人数多于女婴人数的概率.

2. 某保险公司多年的统计资料表明,在索赔户中被盗索赔户占20%,以 X 表示在随意抽查的100个索赔户中因被盗向保险公司索赔的户数.求被盗索赔户不少于14户且不多于30户的概率.

3. (1)一个复杂系统由100个相互独立的元件组成,在系统运行期间每个元件损坏的概率为0.10,又知为使系统正常运行,至少必须有85个元件工作,求系统的可靠度(即正常运行的概率);

(2)上述系统假如由 n 个相互独立的元件组成,而且又要求至少有80%的元件工作才能使整个系统正常运行,问 n 至少为多大时才能保证系统的可靠度为0.95?

4. 某产品的合格品率为99%,问包装箱中应该装多少个此种产品,才能有95%的可能性使每箱中至少有100个合格品.

5. 计算机作加法运算时,要对每个加数取整(即取最接近它的整数),设所有的取整误差是相互独立的,且它们都服从均匀分布 $U[-0.5,0.5]$,如果将1500个数据相加,求误差总和的绝对值超过15的概率.

5.3 案例分析——电视节目收视率调查

某调查公司受委托调查某电视节目在 S 市的收视率 p,调查公司将所有调查对象中收看此节目的频率作为 p 的估计.现在要保证有90%以上的把握,使得调查所得收视率与真实收视率 p 之间的差异不大于5%,问至少要调查多少个对象?

解 设共调查 n 个对象,记

$$X_i = \begin{cases} 1, & \text{第 } i \text{ 个调查对象收看此电视节目}, \\ 0, & \text{第 } i \text{ 个调查对象不看此电视节目}, \end{cases}$$

则 X_i 独立同分布,且

$$P(X_i=1)=p, P(X_i=0)=1-p, i=1,2,\cdots,n.$$

又记 n 个调查对象中,收看此电视节目的人数为 Y_n,则有

$$Y_n = \sum_{i=1}^{n} X_i \sim B(n,p),$$

由大数定律知,当 n 很大时,频率 $\dfrac{Y_n}{n}$ 与概率 p 很接近,即可用频率作为 p 的估计.

由题意,有

$$P\left\{\left|\frac{1}{n}\sum_{k=1}^{n}X_k - p\right| < 0.05\right\} \approx 2\Phi\left(0.05\sqrt{\frac{n}{p(1-p)}}\right) - 1 \geq 0.90,$$

即

$$\Phi\left(0.05\sqrt{\frac{n}{p(1-p)}}\right) \geq 0.95.$$

由 $\Phi(1.645)=0.95$,得

$$0.05\sqrt{\frac{n}{p(1-p)}} \geqslant 1.645,$$

从而

$$n \geqslant p(1-p)\frac{1.645^2}{0.05^2} = p(1-p) \times 1082.41.$$

又因为 $p(1-p) \leqslant 0.25$,所以 $n \geqslant 270.6$,即至少调查 271 个对象.

5.4 本章内容小结

本章主要学习了三个大数定律和两个中心极限定理.

人们在长期实践中认识到频率具有稳定性,也就是当试验次数增大时,频率稳定在一个确定的数附近. 这一事实表明可以用一个数来刻画随机事件发生的可能性的大小. 这就使人们认识到概率是客观存在的,进而由频率的三条性质的启发和抽象给出了概率的公理化定义,因而频率的稳定性是概率定义的客观基础. 伯努利大数定律则以严密的数学形式论证了频率的稳定性.

中心极限定理显示,在相当一般的条件下,当独立随机变量的个数增加时,其和的分布趋于正态分布. 这一事实阐明了正态分布的重要性. 中心极限定理也揭示了为什么在实际应用中会经常遇到正态分布,也就是揭示了产生正态分布的源泉. 另一方面,它提供了独立同分布随机变量之和 $\sum_{k=1}^{n} X_k$(其中 X_k 的方差存在)的近似分布,只要和式中加项的个数充分大,就可以不必考虑和式中随机变量服从什么分布,都可以用正态分布来近似,这在实际应用中是有效和重要的.

中心极限定理的内容包含极限,这是它称为极限定理的缘故. 又由于其在统计中的重要作用,称它为中心极限定理,这是波利亚(Polya)在 1920 年取的名字.

本章要求同学们理解大数定律和中心极限定理的概率意义,并要求会使用中心极限定理估算有关事件的概率.

重要术语与主题

切比雪夫不等式　依概率收敛　伯努利大数定律　切比雪夫大数定律　辛钦大数定律　棣莫弗-拉普拉斯中心极限定理　林德伯格-列维中心极限定理

提高题

1. 设 X 为连续型随机变量,求证:
$$P\{|X-C|\geq\varepsilon\}\leq\frac{E(|X-C|)}{\varepsilon},$$
其中 C 为常数,$\varepsilon>0$.

2. 设连续型随机变量 X 的概率密度为 $f(x)$,又设 $g(x)$ 是 $[0,+\infty)$ 上的单调不减正函数,证明:
$$P\{|X|\geq\varepsilon\}\leq\frac{E[g(|X|)]}{g(\varepsilon)}.$$

3. 设随机变量 $X_1,X_2,\cdots,X_n(n\geq 1)$ 独立同分布,且 $E(X_i)=\mu$,$D(X_i)=\sigma^2>0(i=1,2,\cdots,n)$,则
$$\lim_{n\to+\infty}P\left\{\left|\frac{2}{n(n+1)}\sum_{i=1}^{n}iX_i-\mu\right|\geq\varepsilon\right\}=0.$$

4. 设连续型随机变量 X 的概率密度为
$$f(x)=\begin{cases}\dfrac{x^n}{n!}e^{-x}, & x\geq 0,\\ 0, & x<0,\end{cases}$$
那么 $P\{0<X<2(n+1)\}\geq\dfrac{n}{n+1}$,这里 n 为自然数.

5. 设某生产线上组装每件产品的时间服从指数分布,平均需要 10min,且各件产品的组装时间是相互独立的.

   (1) 试求组装 100 件产品需要 15h 至 20h 的概率;

   (2) 保证有 95% 的可能性,问 16h 内最多可以组装多少件产品?

6. 设 $X_1,X_2\cdots,X_n$ 独立同分布,且 $X_1\sim B(1,p)$,问 n 应取多大时,使得不等式
$$P\{|\overline{X}-p|<0.1\}\geq 0.95$$
成立,其中 $\overline{X}=\dfrac{1}{n}\sum_{i=1}^{n}X_i$.

7. 某厂生产某产品 1000 件,其价格为 $P=2000$ 元/件,其使用寿命 X(单位:天)的概率密度为
$$f(x)=\begin{cases}\dfrac{1}{20000}e^{-\frac{1}{2000}(x-365)}, & x\geq 365,\\ 0, & x<365.\end{cases}$$

现由某保险公司为其质量进行保险:厂方向保险公司交保费 P_0 元/件,若每件产品的使用寿命小于 1095 天(3 年),则由保险公司按原价赔偿 2000 元/件.试由中心极限定理计算:

   (1) 若保费 $P_0=100$ 元/件,保险公司亏本的概率;

   (2) 试确定保费 P_0,使保险公司亏本的概率不超过 1%.

8. 独立地测量一个物理量,每次测量所产生的随机误差都服从$(-1,1)$上的均匀分布:

(1) 如果将n次测量的算术平均值作为测量结果,求它与真值的绝对误差小于一个小的正数ε的概率;

(2) 计算当$n=36, \varepsilon=\dfrac{1}{6}$时的概率近似值;

(3) 要使(1)中的概率不小于0.95,应至少进行多少次测量?

9. 设有1000人独立行动,每个人能够按时进入掩蔽体的概率为0.9.以95%的概率估计,在一次行动中:

(1)至少有多少人能够进入掩蔽体; (2)至多有多少人能够进入掩蔽体.

10. 假设$X_1, X_2, \cdots, X_n$是来自总体X的简单随机样本,已知$E(X^k)=\alpha_k (k=1,2,3,4)$,证明:当$n$充分大时,随机变量$Z_n=\dfrac{1}{n}\sum\limits_{i=1}^{n}X_i^2$近似服从正态分布,并指出其分布参数.

第 6 章 数理统计的基本知识

6.0 引论与本章学习指导

6.0.1 引论

若只需知道几名大学生的身高,则可以通过测量,而若想知道全校大学生的身高,则通过测量每一位学生,似乎不太可能实现.那么有没有办法推断呢?

对于这一问题,仅利用概率论的知识并不能解决,还需要利用数理统计的方法.

6.0.2 本章学习指导

数理统计是具有广泛应用的数学分支,它以概率论为理论基础,根据试验或观察得到的数据来研究随机现象,对研究对象的客观规律性作出种种合理的估计和判断.本章介绍数理统计的基础知识,包括总体、个体、简单随机样本、统计量、正态总体的抽样分布等内容.

具体要求如下:

(1) 在理解总体、简单随机样本的基础上,理解统计量的概念.

(2) 掌握样本均值、样本方差的计算.

(3) 知道 χ^2 分布、t 分布、F 分布的概念.

(4) 掌握正态总体的某些常用统计量的分布.

χ^2 分布、t 分布、F 分布学习时大多数同学会感到有困难,同学们要从形的角度去学习,要明白其本质,课后多与老师讨论.

本章教学安排 3 学时.

6.1 总体、简单随机样本及统计量

本节介绍总体、个体、简单随机样本、统计量及经验分布函数等内容.

6.1.1　总体和简单随机样本

我们知道,随机试验的结果很多是可以用数来表示的,另有一些试验的结果虽是定性的,但可以将它们数量化. 例如,检验某班学生的血型这一试验,其可能结果有 O 型、A 型、B 型、AB 型四种,是定性的. 如果分别以 1,2,3,4 依次记这四种血型,那么试验的结果就能用数来量化表示.

在数理统计中,人们常常研究有关对象的某一数量指标. 例如,引论中提到的考察某高校大学生的身高. 在这一试验中,若该高校学生总数为 8000 名,每个学生的身高是一个可能观察值,全校学生的身高试验就形成了有 8000 个可能观察值的集合. 又如,考察某校某位数学老师在一节课上讲授一道例题的用时. 在这一试验中,如果一节课的时间为 40 分钟,那么不大于 40 的每个正数都可能是一个观察值,该试验的结果就形成了有无限个可能观察值的集合.

一般地,对于有关对象的某一数量指标,考虑与这一数量指标相联系的随机试验,对此数量指标进行试验或观察,把试验的全体可能的观察值称为**总体**,这些可能观察值不一定都不相同,数目上可能有限也可能无限. 把试验的每一个可能的观察值称为**个体**,显然,总体是全体个体构成的集合,而个体是其总体的元素. 总体中所包含的个体的个数称为总体的**容量**. 容量为有限的称为**有限总体**,容量为无限的称为**无限总体**.

总体中的每一个个体是随机试验的一个观察值,因此它是某一随机变量 X 的可能取值,这样一个总体对应于一个随机变量. 在以后的讨论中,我们总是把总体看成一个具有分布的随机变量(或随机向量). 因此,对总体的研究就是对一个随机变量 X(或随机向量)的研究,随机变量(或随机向量)的分布函数和数字特征就称为总体的分布函数和数字特征. 今后不区分总体与相应的随机变量,笼统称为总体.

例如,教务员检查毕业班的学生是否按时毕业,以 0 表示学生按时毕业,以 1 表示学生不能按时毕业. 假设一名学生不能按时毕业的概率为 p,那么总体是由一些"0"和一些"1"所组成的,这一总体对应于一个具有参数为 p 的 0-1 分布的随机变量. 我们将其说成是 0-1 分布总体,是指总体中的观察值是 0-1 分布随机变量的可能取值.

某高校大学生的身高这一总体的分布是未知的,该高校毕业班的学生是否按时毕业这一总体是 0-1 分布总体但参数 p 未知. 在实际中,通过部分学生的身高对总体的分布作出推断,抽取部分毕业班的学生检查是否按时毕业而估计参数 p. 我们把被抽出的部分个体叫作总体的一个**样本**.

从总体中抽取一个个体,就是对总体 X 进行一次观察并记录其结果. 我们在相同条件下对总体 X 进行 n 次重复的、独立的观察. 将 n 次观察结果按试验的次序记为 $X_1, X_2, \cdots, X_n$. 由于 $X_1, X_2, \cdots, X_n$ 是对随机变量 X 观察的结果,并且各次观察是在相同条件下独立进行的,所以有理由认为 $X_1, X_2, \cdots, X_n$ 是相互独立的,并且是与 X 具有相同分布的随机变量. 这样得到的 $X_1, X_2, \cdots, X_n$ 称为来自总体 X 的一个**简单随机样本**(以后我们只讨论这种样本),数 n 称为**样本容量**.

当 n 次观察一经完成,就得到一组实数 $x_1,x_2,\cdots,x_n$,它们依次是随机变量 $X_1,X_2,\cdots,X_n$ 的观察值,称为**样本值**.

可以将样本看作随机向量,写成 $(X_1,X_2,\cdots,X_n)$,相应地样本值写成 $(x_1,x_2,\cdots,x_n)$. 如果 $(x_1,x_2,\cdots,x_n)$ 与 $(y_1,y_2,\cdots,y_n)$ 都是相应于样本 $(X_1,X_2,\cdots,X_n)$ 的样本值,一般说来它们是不同的.

若总体 X 的分布函数为 $F(x)$,则样本 $(X_1,X_2,\cdots,X_n)$ 的分布函数为

$$F^*(x_1,x_2,\cdots,x_n)=\prod_{i=1}^n F(x_i).$$

若总体 X 的概率密度为 $f(x)$,则样本 $(X_1,X_2,\cdots,X_n)$ 的概率密度为

$$f^*(x_1,x_2,\cdots,x_n)=\prod_{i=1}^n f(x_i).$$

若总体 X 的分布律为 $P(x)$,则样本 $(X_1,X_2,\cdots,X_n)$ 的联合分布律为

$$P^*(x_1,x_2,\cdots,x_n)=\prod_{i=1}^n P(x_i).$$

一般地,对于有限总体,采用放回抽样就能得到简单随机样本,但放回抽样使用起来不方便. 常用不放回抽样代替,而代替的条件是"总体中个体总数/样本容量"不小于 10%.

6.1.2 统计量

我们知道,数理统计的主要任务之一是从总体中抽取样本可以对总体的分布作出推断或总体的未知参数估计. 例如,通过部分学生的身高及样本均值、样本方差,对某高校大学生的身高这一总体的分布作出推断,并确定总体均值、总体方差,抽取部分毕业班的学生检查是否按时毕业而估计 0-1 分布总体的参数 p. 显然样本是进行统计推断的依据,应用中常常不是直接使用样本,而是针对问题的特点来构造确当的样本函数,利用这些样本函数进行统计推断.

设 $X_1,X_2,\cdots,X_n$ 为总体 X 的一个样本,$t=\varphi(t_1,t_2,\cdots,t_n)$ 是 n 元实连续函数,作 $\varphi(X_1,X_2,\cdots,X_n)$,其是样本 $X_1,X_2,\cdots,X_n$ 的函数,称为**样本函数**. 若 φ 中不包含任何未知参数,则称 $\varphi(X_1,X_2,\cdots,X_n)$ 为一个**统计量**.

因为 $X_1,X_2,\cdots,X_n$ 是随机变量,而 $\varphi(X_1,X_2,\cdots,X_n)$ 是 $X_1,X_2,\cdots,X_n$ 的函数,所以样本函数(统计量)是随机变量. 设 $x_1,x_2,\cdots,x_n$ 是相应于样本 $X_1,X_2,\cdots,X_n$ 的样本值,则称 $\varphi(x_1,x_2,\cdots,x_n)$ 是 $\varphi(X_1,X_2,\cdots,X_n)$ 的观察值.

特别地,设 $X_1,X_2,\cdots,X_n$ 为总体 X 的一个样本,则称

$$\overline{X}=\frac{1}{n}\sum_{i=1}^n X_i$$

为**样本均值**;称

$$S^2=\frac{1}{n-1}\sum_{i=1}^n(X_i-\overline{X})^2=\frac{1}{n-1}\Big(\sum_{i=1}^n X_i^2-n\overline{X}^2\Big)$$

为**样本方差**;称

$$A_k = \frac{1}{n}\sum_{i=1}^n X_i^k, k=1,2,\cdots$$

为样本 k 阶原点矩;称

$$B_k = \frac{1}{n}\sum_{i=1}^n (X_i - \overline{X})^k, k=1,2,\cdots$$

为样本 k 阶中心矩.

它们的观察值分别为

$$\overline{x} = \frac{1}{n}\sum_{i=1}^n x_i;$$

$$s^2 = \frac{1}{n-1}\sum_{i=1}^n (x_i - \overline{x})^2 = \frac{1}{n-1}\left(\sum_{i=1}^n x_i^2 - n\overline{x}^2\right);$$

$$a_k = \frac{1}{n}\sum_{i=1}^n x_i^k, k=1,2,\cdots;$$

$$b_k = \frac{1}{n}\sum_{i=1}^n (x_i - \overline{x})^k, k=1,2,\cdots.$$

这些观察值仍分别称为样本均值、样本方差、样本 k 阶原点矩以及样本的 k 阶中心矩. Excel 计算平均数使用 AVERAGE 函数,其格式如下:

AVERAGE(参数 1,参数 2,$\cdots$,参数 30)

例如,AVERAGE(12.6,13.4,11.9,12.8,13.0)=12.74.

如果要计算单元格中 A1 到 B20 元素的平均数,可用 AVERAGE(A1:B20).

Excel 计算样本方差使用 VAR 函数,其格式如下:

VAR(参数 1,参数 2,$\cdots$,参数 30)

例如,VAR(3,5,6,4,6,7,5)=1.81.

如果要计算单元格中 A1 到 B20 元素的样本方差,可用 VAR(A1:B20).

我们指出,若总体 X 的 k 阶原点矩 $E(X^k)=\mu_k$ 存在,则由辛钦大数定律知

当 $n\to\infty$ 时,$A_k \xrightarrow{P} \mu_k, k=1,2,\cdots,$

进而有

$$g(A_1, A_2, \cdots, A_k) \xrightarrow{P} g(\mu_1, \mu_2, \cdots, \mu_k),$$

其中 $g(t_1, t_2, \cdots, t_n)$ 为 n 元实连续函数. 这是下面学习的矩估计法的理论依据.

6.1.3 经验分布函数

设总体 X 的样本值 $x_1, x_2, \cdots, x_n$ 可以按从小到大的次序排列成

$$x_{(1)} < x_{(2)} < \cdots < x_{(l)} (l \leqslant n),$$

又设对应于样本值 $x_{(i)}(i=1,2,\cdots,l)$ 的频率为 ω_i,若 $x_{(k)} \leqslant x < x_{(k+1)}$,则不大于 x 的样本值的频率为 $\sum_{i=1}^k \omega_i (k=1,2,\cdots,l-1)$. 因而函数

$$F_n(x) = \begin{cases} 0, & x < x_{(1)}, \\ \sum_{i=1}^{k} \omega_i, & x_{(k)} \leq x < x_{(k+1)}, k=1,2,\cdots,l-1, \\ 1, & x \geq x_{(l)}, \end{cases}$$

与事件 $\{X \leq x\}$ 在 n 次重复独立试验中的频率是相同的，我们称 $F_n(x)$ 为**样本的分布函数**或**经验分布函数**.

样本的分布函数具有与随机变量的分布函数同样的性质，而且依概率收敛于总体的分布函数，甚至更密切的近似关系.

样本的分布函数的图形称为**直方图**.

练习题

1. 设 $X_i \sim N(\mu_i, \sigma^2)(i=1,2,\cdots,5)$，问在下列两种情况：(1) $\mu_1, \mu_2, \cdots, \mu_5$ 不全等；(2) $\mu_1 = \mu_2 = \cdots = \mu_5$ 下，$X_1, X_2, \cdots, X_5$ 是否为简单随机样本？

2. 根据对毕业学生返校情况调查，某校声称：1983级的大学毕业生平均年收入 103151 元. 该说法正确吗？请说明理由.

3. 某厂生产玻璃柜，每块玻璃上的泡疵点个数为数量指标，已知它服从以 λ 为参数的泊松分布，从产品中抽出一个容量为 2 的样本 X_1, X_2，求样本的联合分布律.

4. 设 $X_1, X_2, \cdots, X_n$ 为总体 $X \sim N(\mu, \sigma^2)$ 的样本，其中 μ 未知，σ^2 已知，请问下列哪些是统计量？

$$X_1 + X_2 + \cdots + X_n, \quad \frac{X_1 - \mu}{\sigma}, \quad \frac{X_1 - X_2}{\sigma}, \quad \frac{\overline{X} - |X_1|}{\sigma}, \quad \overline{X} - \mu, \quad \frac{1}{3}X_1 + \frac{2}{3}X_2.$$

6.2 正态总体的抽样分布

统计量的分布称为**抽样分布**. 在使用统计量进行统计推断时常常需要知道它所服从的分布. 实际上，如果总体的分布函数已知，那么抽样分布是确定的，但要求出统计量的精确分布有困难.

本节研究正态总体的几个常用统计量的分布.

6.2.1 正态分布

在第 3 章中我们已经学习了正态分布，即以 $f(x) = \frac{1}{\sqrt{2\pi}\sigma} e^{-\frac{(x-\mu)^2}{2\sigma^2}}$ 为概率密度的连续随机变量 X 称为服从正态分布，记为 $X \sim N(\mu, \sigma^2)$. 特别地，以 $f(x) = \frac{1}{\sqrt{2\pi}} e^{-\frac{x^2}{2}}$ 为概率密度的

连续随机变量 X 称为服从标准正态分布,记为 $X \sim N(0,1)$,并且分布函数为

$$\Phi(x) = \int_{-\infty}^{x} \frac{1}{\sqrt{2\pi}} e^{-\frac{x^2}{2}} dx.$$

对于 $\alpha(0<\alpha<1)$,满足等式

$$P\{x \geq z_\alpha\} = \int_{z_\alpha}^{+\infty} \frac{1}{\sqrt{2\pi}} e^{-\frac{x^2}{2}} dx = \alpha$$

的最小数值 z_α 称为(标准)正态分布的 α **分位数(临界值)**,如图 6.1 所示.

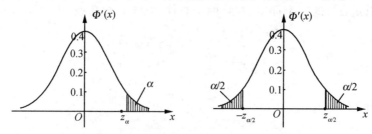

图 6.1 标准正态分布的 α 分位数图形

显然,$-z_{\alpha/2} = z_{1-\alpha/2}$.

给定了 $\alpha(0<\alpha<1)$,我们根据 $1-\alpha = \int_{-\infty}^{z_\alpha} \frac{1}{\sqrt{2\pi}} e^{-\frac{x^2}{2}} dx$ 可以利用 Excel 的函数 NORMSINV$(1-\alpha)$ 确定 z_α. 特别地,$z_{0.05} = 1.645$,$z_{0.025} = 1.96$.

设 $X_1, X_2, \cdots, X_n$ 为来自正态总体 $X \sim N(\mu, \sigma^2)$ 的一个样本,显然

$$X_i \sim N(\mu, \sigma^2), i=1,2,\cdots,n.$$

由于 $X_1, X_2, \cdots, X_n$ 独立并且服从正态分布,知样本均值 $\overline{X} = \frac{1}{n} \sum_{i=1}^{n} X_i$ 也服从正态分布,并且

$$E(\overline{X}) = E\left(\frac{1}{n} \sum_{i=1}^{n} X_i\right) = \frac{1}{n} \sum_{i=1}^{n} E(X_i) = \mu,$$

$$D(\overline{X}) = D\left(\frac{1}{n} \sum_{i=1}^{n} X_i\right) = \left(\frac{1}{n}\right)^2 \sum_{i=1}^{n} D(X_i) = \frac{\sigma^2}{n}.$$

定理 1 设 $X_1, X_2, \cdots, X_n$ 为来自正态总体 $X \sim N(\mu, \sigma^2)$ 的一个样本,则样本均值

$$\overline{X} = \frac{1}{n} \sum_{i=1}^{n} X_i \sim N\left(\mu, \frac{\sigma^2}{n}\right).$$

特别地,样本函数

$$Z = \frac{\overline{X} - \mu}{\sqrt{\frac{\sigma^2}{n}}} \sim N(0,1).$$

设 $X_1, X_2, \cdots, X_{n_1}$ 为来自正态总体 $X \sim N(\mu_1, \sigma_1^2)$ 的一个样本,而 $Y_1, Y_2, \cdots, Y_{n_2}$ 为来自正态总体 $Y \sim N(\mu_2, \sigma_2^2)$ 的一个样本,并且两个总体 X 与 Y 相互独立. 显然

$$\overline{X} = \frac{1}{n_1} \sum_{i=1}^{n_1} X_i \sim N\left(\mu_1, \frac{\sigma_1^2}{n_1}\right), \quad \overline{Y} = \frac{1}{n_2} \sum_{j=1}^{n_2} Y_j \sim N\left(\mu_2, \frac{\sigma_2^2}{n_2}\right).$$

注意到 X 与 Y 相互独立,于是

$$E(\bar{X}-\bar{Y})=E(\bar{X})-E(\bar{Y})=\mu_1-\mu_2,\quad D(\bar{X}-\bar{Y})=D(\bar{X})+D(\bar{Y})=\frac{\sigma_1^2}{n_1}+\frac{\sigma_2^2}{n_2},$$

可知 $\bar{X}-\bar{Y}$ 也服从正态分布,并且

$$\bar{X}-\bar{Y}\sim N\left(\mu_1-\mu_2,\frac{\sigma_1^2}{n_1}+\frac{\sigma_2^2}{n_2}\right).$$

定理 2 设 $X_1,X_2,\cdots,X_{n_1}$ 为来自正态总体 $N(\mu_1,\sigma_1^2)$ 的一个样本,而 $Y_1,Y_2,\cdots,Y_{n_2}$ 为来自正态总体 $N(\mu_2,\sigma_2^2)$ 的一个样本,并且两个总体 X 与 Y 相互独立,则样本函数

$$\frac{(\bar{X}-\bar{Y})-(\mu_1-\mu_2)}{\sqrt{\frac{\sigma_1^2}{n_1}+\frac{\sigma_2^2}{n_2}}}\sim N(0,1).$$

6.2.2 χ^2 分布

如果随机变量 χ^2 以函数

$$f_{\chi^2}(x)=\begin{cases}\dfrac{1}{2^{\frac{k}{2}}\Gamma\left(\dfrac{k}{2}\right)}x^{\frac{k}{2}-1}\mathrm{e}^{-\frac{x}{2}},&x>0,\\0,&x\leqslant 0\end{cases}$$

为概率密度,那么称随机变量 χ^2 服从**自由度为 k 的 χ^2 分布**,并记作 $\chi^2(k)$.

$f(x)$ 的图形如图 6.2 所示.

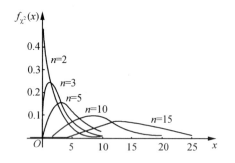

图 6.2 不同自由度的 χ^2 分布的概率密度曲线　　图 6.3 χ^2 分布的上 α 分位数

对于 $\alpha(0<\alpha<1)$,满足等式

$$P\{\chi^2\geqslant\chi_\alpha^2\}=\int_{\chi_\alpha^2}^{+\infty}f_{\chi^2}(x)\mathrm{d}x=\alpha$$

的最小数值 χ_α^2 称为 **χ^2 分布的 α 分位数(临界值)**,如图 6.3 所示.

给定了 $\alpha(0<\alpha<1)$,我们根据 $\int_{\chi_\alpha^2}^{+\infty}f_{\chi^2}(x)\mathrm{d}x=\alpha$ 可以使用 Excel 的 χ^2 分布的反函数 CHIINV 函数确定 $\chi_\alpha^2(k)$,格式为

$$\text{CHIINV(上侧概率值 }\alpha\text{,自由度 }k\text{)}$$

特别地,输入公式 =CHIINV(0.05,10),得 $\chi_{0.05}^2(10)=18.307$.

使用 Excel 的 CHIDIST 函数得到 χ^2 分布的上侧概率 $1-F(x)$,其格式为
$$\text{CHIDIST}(数值\ x,自由度\ k),$$
其中,数值(x):要判断分布的数值;自由度(k):指明自由度的数字.

例如,设 $X \sim \chi^2(12)$,输入公式=CHIDIST(5.226,12),得到 0.95,即 $1-F(5.226)=0.95$ 或 $F(5.226)=0.05$.

χ^2 分布具有如下性质:

(1) 设随机变量 $X_1,X_2,\cdots,X_n$ 相互独立且都服从 $N(0,1)$,则随机变量
$$X_1^2+X_2^2+\cdots+X_n^2$$
服从自由度为 n 的 χ^2 分布.

(2) 若 $X_1=\chi^2(n_1),X_2=\chi^2(n_2)$ 相互独立,则
$$X_1+X_2 \sim \chi^2(n_1+n_2).$$

(3) $E[\chi^2(n)]=n,D[\chi^2(n)]=2n$.

设 $X_1,X_2,\cdots,X_n$ 为来自正态总体 $X \sim N(\mu,\sigma^2)$ 的一个样本,显然
$$X_i \sim N(\mu,\sigma^2),i=1,2,\cdots,n,$$
从而
$$\frac{X_i-\mu}{\sigma} \sim N(0,1),i=1,2,\cdots,n,$$
于是由 χ^2 分布的性质(1),有
$$\frac{1}{\sigma^2}\sum_{i=1}^n(X_i-\mu)^2 \sim \chi^2(n).$$

定理 3 设 $X_1,X_2,\cdots,X_n$ 为来自正态总体 $X \sim N(\mu,\sigma^2)$ 的一个样本,则样本函数
$$\frac{1}{\sigma^2}\sum_{i=1}^n(X_i-\mu)^2 \sim \chi^2(n);$$

而样本函数(可以证明)
$$\frac{(n-1)S^2}{\sigma^2} \sim \chi^2(n-1),$$
并且 $E(S^2)=\sigma^2$.

例 1 设 $X_1,X_2,\cdots,X_{25}$ 相互独立且都服从正态分布 $N(3,10^2)$,求
$$P\{0<\overline{X}<6,57.70<S^2<151.73\}.$$

解 由定理 1 和定理 3,有
$$\overline{X} \sim N\left(3,\frac{10^2}{25}\right),\frac{24S^2}{10^2} \sim \chi^2(24);$$
又 $\overline{X}$ 与 S^2 相互独立,所以
$$P\{0<\overline{X}<6,57.70<S^2<151.73\}=P\{0<\overline{X}<6\}P\{57.70<S^2<151.73\},$$
而

$$P\{0<\bar{X}<6\}=\Phi\left(\frac{6-3}{2}\right)-\Phi\left(\frac{0-3}{2}\right)=0.8664,$$

$$P\{57.70<S^2<151.73\}=P\left\{13.848<\frac{24S^2}{100}<36.415\right\}$$

$$=P\left\{\frac{24S^2}{100}>13.848\right\}-P\left\{\frac{24S^2}{100}>36.415\right\}$$

$$=0.95-0.05=0.90,$$

于是

$$P\{0<\bar{X}<6,57.70<S^2<151.73\}=0.8664\times 0.90\approx 0.78.$$

例2 设 X_1,X_2,X_3,X_4 是来自正态总体 $N(0,2^2)$ 的简单随机样本,问当 a,b 为何值时,统计量

$$X=a(X_1-2X_2)^2+b(3X_3-4X_4)^2$$

服从 χ^2 分布? 其自由度是多少?

解 依题意,知 X_1,X_2,X_3,X_4 相互独立且同分布,则

$$E(X_1-2X_2)=0, E(3X_3-4X_4)=0,$$
$$D(X_1-2X_2)=20, D(3X_3-4X_4)=100.$$

从而

$$\frac{X_1-2X_2}{\sqrt{20}}\sim N(0,1),\quad \frac{3X_3-4X_4}{10}\sim N(0,1),$$

又 X_1-2X_2 与 $3X_3-4X_4$ 相互独立,于是

$$\frac{(X_1-2X_2)^2}{20}+\frac{(3X_3-4X_4)^2}{100}\sim \chi^2(2).$$

所以,当 $a=\frac{1}{20},b=\frac{1}{100}$ 时,统计量 X 服从 χ^2 分布,其自由度为 2.

6.2.3 t 分布

如果随机变量 t 以函数

$$f_t(z)=\frac{\Gamma\left(\frac{k+1}{2}\right)}{\sqrt{k\pi}\,\Gamma\left(\frac{k}{2}\right)}\left(1+\frac{z^2}{k}\right)^{-\frac{k+1}{2}}\quad(-\infty<z<+\infty)$$

为概率密度,那么称随机变量 t 服从**自由度为 k 的 t 分布**,并记作 $t(k)$.

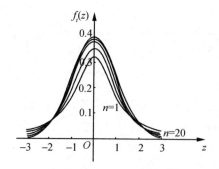

图 6.4 不同自由度的 t 分布概率密度曲线

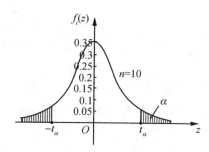

图 6.5 t 分布的 α 分位数

对于 $\alpha(0<\alpha<1)$，满足等式

$$P\{t \geqslant t_\alpha\} = \int_{t_\alpha}^{+\infty} f_t(z)\mathrm{d}z = \alpha$$

的最小数值 t_α 称为 t **分布的 α 分位数（临界值）**，如图 6.5 所示.

给定了 $\alpha(0<\alpha<1)$，我们根据 $\int_{t_\alpha}^{+\infty} f_t(z)\mathrm{d}z = \alpha$ 可以利用 Excel 的 t 分布的反函数确定 $t_\alpha(n)$，格式如下：

$$\mathrm{TINV}(2*\alpha, 自由度\ n)$$

例如，设 $X \sim t(10)$，α 为 0.05，输入公式 $=\mathrm{TINV}(2*0.05,10)$，得到 1.812462，即 $t_{0.05}(10)=1.8125$；输入公式 $=\mathrm{TINV}(0.05,10)$，得到 $t_{0.025}(10)=2.2281$.

此外，要计算 t 分布的值采用 Excel 的 TDIST 函数，格式如下：

$$\mathrm{TDIST}(变量\ t, 自由度\ k, 侧数)$$

其中，变量(t)：判断分布的数值；自由度(k)：以整数表明的自由度；侧数：指明分布为单侧或双侧，1 为单侧，2 为双侧.

t 分布具有如下性质：

（1）设随机变量 X 与 Y 相互独立，且 X 服从 $N(0,1)$，Y 服从 $\chi^2(k)$，则随机变量

$$t = \frac{X}{\sqrt{\dfrac{Y}{k}}}$$

服从自由度为 k 的 t 分布.

（2）当 $k \to \infty$ 时，服从自由度为 k 的 t 分布依概率收敛于 $N(0,1)$.

定理 4 设 $X_1, X_2, \cdots, X_n$ 为来自正态总体 $N(\mu, \sigma^2)$ 的一个样本，则样本函数

$$t = \frac{\overline{X} - \mu}{\sqrt{\dfrac{S^2}{n}}} \sim t(n-1).$$

定理 5 设 $X_1, X_2, \cdots, X_{n_1}$ 为来自正态总体 $N(\mu_1, \sigma^2)$ 的一个样本，而 $Y_1, Y_2, \cdots, Y_{n_2}$ 为来自正态总体 $N(\mu_2, \sigma^2)$ 的一个样本，并且两个总体 X 与 Y 相互独立，则样本函数

$$T = \frac{(\overline{X} - \overline{Y}) - (\mu_1 - \mu_2)}{S_w \sqrt{n_1^{-1} + n_2^{-1}}} \sim t(n_1 + n_2 - 2),$$

其中
$$S_w = \sqrt{\frac{(n_1-1)S_1^2 + (n_2-1)S_2^2}{n_1+n_2-2}} = \sqrt{\frac{\sum_{i=1}^{n_1}(X_i-\overline{X})^2 + \sum_{j=1}^{n_2}(Y_j-\overline{Y})^2}{n_1+n_2-2}}.$$

例 3 设随机变量 X 和 Y 相互独立且都服从正态分布 $N(0,3^2)$，$X_1, X_2, \cdots, X_9$ 和 $Y_1, Y_2, \cdots, Y_9$ 分别是来自总体 X 和 Y 的随机样本，证明：统计量

$$U = \frac{X_1 + X_2 + \cdots + X_9}{\sqrt{Y_1^2 + Y_2^2 + \cdots + Y_9^2}} \sim t(9).$$

证 由于
$$\frac{Y_i}{3} \sim N(0,1) \quad (i=1,2,\cdots,9),$$

故由 χ^2 分布的性质(1)，有
$$Y = \sum_{i=1}^{9}\left(\frac{Y_i}{3}\right)^2 = \frac{1}{9}\sum_{i=1}^{9}Y_i^2 \sim \chi^2(9).$$

又由定理 1，有
$$\overline{X} = \frac{1}{9}\sum_{i=1}^{9}X_i \sim N(0,1),$$

于是，由 t 分布的性质(1)，有
$$U = \frac{\overline{X}}{\sqrt{\dfrac{Y}{9}}} \sim t(9).$$

6.2.4　F 分布

如果随机变量 F 以函数
$$f_F(z) = \begin{cases} \dfrac{\Gamma\left(\dfrac{m+n}{2}\right)}{\Gamma\left(\dfrac{m}{2}\right)\Gamma\left(\dfrac{n}{2}\right)} m^{\frac{m}{2}} n^{\frac{n}{2}} \dfrac{z^{\frac{m}{2}-1}}{(mz+n)^{\frac{m+n}{2}}}, & z > 0, \\ 0, & z \leqslant 0 \end{cases}$$

为概率密度，那么称随机变量 F 服从**自由度为 (m,n) 的 F 分布**，并记作 $F(m,n)$（m 称为第一自由度，n 称为第二自由度）．

如图 6.6 所示为不同自由度的 F 分布图．

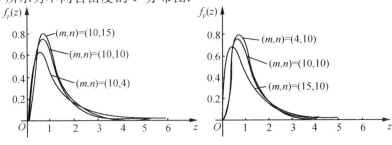

图 6.6　不同自由度的 F 分布图

对于 $\alpha(0<\alpha<1)$,满足等式

$$P\{F\geqslant F_\alpha\} = \int_{F_\alpha}^{+\infty} f_F(z)\mathrm{d}z = \alpha$$

的最小数值 F_α 称为 **F** 分布的 **α** 上侧分位数(临界值),如图 6.7 所示;

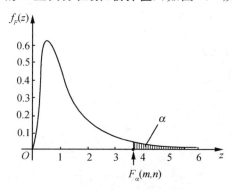

图 6.7　**F** 分布的 **α** 上侧分位数

而满足等式

$$P\{F\geqslant F_{1-\alpha}\} = \int_{F_{1-\alpha}}^{+\infty} f_F(z)\mathrm{d}z = 1-\alpha$$

的最小数值 $F_{1-\alpha}$ 称为 **F** 分布的 **α** 下侧分位数(临界值).

显然,

$$F_{1-\alpha}(n,m) = \frac{1}{F_\alpha(m,n)}.$$

给定了 $\alpha(0<\alpha<1)$,我们根据 $\int_{F_\alpha}^{+\infty} f_F(z)\mathrm{d}z = \alpha$ 可以利用 Excel F 分布的反函数 FINV 函数确定,格式为

FINV(上侧概率,自由度 1,自由度 2)

例如,设 $X\sim F(9,9)$,$\alpha=0.05$,输入公式＝FINV(0.05,9,9),得到值为 3.178897,即 $F_{0.05}(9,9)=3.178897$;输入公式＝FINV(0.025,9,9),得到 $F_{0.025}(9,9)=4.025992$;输入公式＝FINV(0.975,9,9),得到 $F_{0.975}(9,9)=0.248386$.

此外,要计算 F 分布的上侧概率 $1-F(x)$,可使用 Excel 的 FDIST 函数计算,格式如下:

FDIST(变量 x,自由度 1,自由度 2)

其中,变量(x):判断函数的变量值;自由度 $1(m)$:代表第 1 个样本的自由度;自由度 $2(n)$:代表第 2 个样本的自由度.

F 分布具有如下性质：

(1) 设随机变量 X 与 Y 相互独立，并且 X 服从 $\chi^2(m)$，Y 服从 $\chi^2(n)$，则随机变量

$$F = \frac{\dfrac{X}{m}}{\dfrac{Y}{n}}$$

服从自由度为 (m,n) 的 F 分布．

(2) 若 $F \sim F(m,n)$，则

$$\frac{1}{F} \sim F(n,m).$$

得到以下的定理：

定理 6 设 $X_1, X_2, \cdots, X_{n_1}$ 为来自正态总体 $X \sim N(\mu_1, \sigma_1^2)$ 的一个样本，而 $Y_1, Y_2, \cdots, Y_{n_2}$ 为来自正态总体 $Y \sim N(\mu_2, \sigma_2^2)$ 的一个样本，并且两个总体 X 与 Y 相互独立，则样本函数

$$\frac{\dfrac{\sum\limits_{i=1}^{n_1}(X_i-\mu_1)^2}{n_1\sigma_1^2}}{\dfrac{\sum\limits_{j=1}^{n_2}(Y_j-\mu_2)^2}{n_2\sigma_2^2}} \sim F(n_1, n_2).$$

定理 7 设 $X_1, X_2, \cdots, X_{n_1}$ 为来自正态总体 $X \sim N(\mu_1, \sigma_1^2)$ 的一个样本，而 $Y_1, Y_2, \cdots, Y_{n_2}$ 为来自正态总体 $Y \sim N(\mu_2, \sigma_2^2)$ 的一个样本，并且两个总体 X 与 Y 相互独立，则样本函数

$$F = \frac{\dfrac{S_1^2}{\sigma_1^2}}{\dfrac{S_2^2}{\sigma_2^2}} \sim F(n_1-1, n_2-1),$$

其中 $S_1^2 = \dfrac{1}{n_1-1}\sum\limits_{i=1}^{n_1}(X_i-\overline{X})^2$，$S_2^2 = \dfrac{1}{n_2-1}\sum\limits_{j=1}^{n_2}(Y_j-\overline{Y})^2$．

例 4 设 $X_1, X_2, \cdots, X_n, X_{n+1}, \cdots, X_{n+m}$ 是分布为 $N(0,\sigma^2)$ 的正态总体容量为 $n+m$ 的样本，试求下列统计量的概率分布：

(1) $Y_1 = \dfrac{\sqrt{m}\sum\limits_{i=1}^{n}X_i}{\sqrt{n}\sqrt{\sum\limits_{i=n+1}^{n+m}X_i^2}}$； (2) $Y_2 = \dfrac{m\sum\limits_{i=1}^{n}X_i^2}{n\sum\limits_{i=n+1}^{n+m}X_i^2}$．

解 (1) 因为 $X_1, X_2, \cdots, X_n, X_{n+1}, \cdots, X_{n+m}$ 相互独立且同分布 $N(0,\sigma^2)$，所以由定理 1、定理 3，有

$$\frac{\sum\limits_{i=1}^{n}X_i}{\sqrt{n}\sigma} \sim N(0,1), \quad \frac{\sum\limits_{i=n+1}^{n+m}X_i^2}{\sigma^2} \sim \chi^2(m).$$

又 $\sum\limits_{i=1}^{n}X_i$ 与 $\sum\limits_{i=n+1}^{n+m}X_i^2$ 相互独立，于是由 t 分布的性质(1)，有

$$Y_1 = \frac{\sqrt{m}\sum_{i=1}^{n}X_i}{\sqrt{n}\sqrt{\sum_{i=n+1}^{n+m}X_i^2}} = \frac{\frac{\sum_{i=1}^{n}X_i}{\sqrt{n}\sigma}}{\sqrt{\frac{\sum_{i=n+1}^{n+m}X_i^2}{\sigma^2}/m}} \sim t(m).$$

(2) 由定理 3,有

$$\frac{\sum_{i=1}^{n}X_i^2}{\sigma^2} \sim \chi^2(n), \frac{\sum_{i=n+1}^{n+m}X_i^2}{\sigma^2} \sim \chi^2(m).$$

又 $\sum_{i=1}^{n}X_i^2$ 与 $\sum_{i=n+1}^{n+m}X_i^2$ 相互独立,于是由 F 分布的性质(1),有

$$Y_2 = \frac{m\sum_{i=1}^{n}X_i^2}{n\sum_{i=n+1}^{n+m}X_i^2} = \frac{\frac{\sum_{i=1}^{n}X_i^2}{\sigma^2}/n}{\frac{\sum_{i=n+1}^{n+m}X_i^2}{\sigma^2}/m} \sim F(n,m).$$

练 习 题

1. 已知 $X_1, X_2, \cdots, X_7$ 是总体 $N(\mu,1)$ 的简单随机样本,且 $a(X_1 - 2X_2 + X_3)^2 + b(X_4 - X_5 + X_6 - X_7)^2 \sim \chi^2(2)$,求常数 a,b.

2. 设 $X_1, X_2, \cdots, X_{2n}(n \geqslant 2)$ 是总体 $N(\mu,\sigma^2)$ 的简单随机样本,其样本均值为 $\overline{X} = \frac{1}{2n}\sum_{i=1}^{2n}X_i$,求统计量 $Y = \sum_{i=1}^{n}(X_i + X_{n+i} - 2\overline{X})^2$ 的数学期望 $E(Y)$.

3. 设 $X_1, X_2, \cdots, X_9$ 是正态总体样本,$Y_1 = \frac{1}{6}(X_1 + \cdots + X_6)$,$Y_2 = \frac{1}{3}(X_7 + X_8 + X_9)$,$S^2 = \frac{1}{2}\sum_{i=7}^{9}(X_i - Y_2)^2$,$Z = \frac{\sqrt{2}(Y_1 - Y_2)}{S}$,证明:$Z \sim t(2)$.

4. 设 $X_1, X_2, \cdots, X_{3n}$ 独立同分布于 $N(0,\sigma^2)$,问统计量 $Y = \frac{X_1^2 + X_2^2 + \cdots + X_{2n}^2}{2(X_{2n+1}^2 + X_{2n+2}^2 + \cdots + X_{3n}^2)}$ 服从什么分布?

5. 设总体 $X \sim N(1,\sigma^2)$,$X_1, X_2, \cdots, X_9$ 是总体 X 的一个样本,$\overline{X}$ 为样本均值,求 $P(\overline{X} \leqslant 1), P(\overline{X} > 1 - 3\sigma)$.

6. 在天平上重复称量一重量为 a 的物品,假设每次称量结果相互独立且服从正态分布 $N(a,0.04)$. 若以 $\overline{X}_n$ 表示 n 次称量结果的算术平均值,则为使 $P\{|\overline{X}_n-a|<0.1\}>0.95$, n 的最小值应可以是多少?

6.3 案例分析——质量控制

产品质量的波动是由于生产过程中大量的随机因素所造成的. 在生产过程中,只存在正常原因,则质量特征形成的波动是正常的,此时的生产过程是稳定的. 当生产过程出现了异常原因,质量特征形成的波动就是不正常的了,此时应该采取措施,以保证生产过程正常地进行.

我们考虑某零件的内径,由于影响生产线上的零件的内径的因素较多,且没有一个起主要作用,因此,在生产线正常时,零件的内径服从正态分布 $N(\mu,\sigma^2)$. 我们关心的是在一段时间内如何判断该生产线的生产是否正常.

通常的做法可以每小时从生产线上的随机抽选 n_0 个零件作为样本,并测量其内径,求出样本内径的均值 $\overline{x}$, 由抽样分布定理可知 $\overline{x} \sim N\left(\mu, \dfrac{\sigma^2}{n_0}\right)$, 可以用 $\overline{x}$ 近似估计这一个小时内生产线生产的零件的内径.

在实际生产中,人们用质量控制图来控制生产质量. 通常的做法是将产品质量的特征绘制到控制图上,然后观察这些数值随时间如何变动. 例如,可以把不同时间的样本内径的均值 $\overline{x}$ 描绘在图 6.8 中. 图 6.8 中上下控制限与过程均值 μ 均相距 $\dfrac{3\sigma}{\sqrt{n_0}}$, 若 $\overline{x}$ 落在上下控制限的外面,则有充分的理由说明目前生产线工作不正常,即生产过程失控,此时就停产检修.

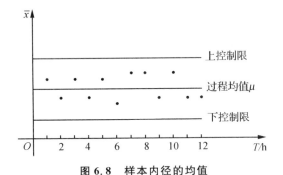

图 6.8 样本内径的均值

请问若生产过程在控制之中,$\overline{x}$ 落在控制限之外的概率是多少?

解 由于 $\overline{x} \sim N\left(\mu, \dfrac{\sigma^2}{n_0}\right)$, 则有 $\dfrac{\overline{x}-\mu}{\dfrac{\sigma}{\sqrt{n_0}}} \sim N(0,1)$, 进而

$$P\left\{|\bar{x}-\mu| \geq \frac{3\sigma}{\sqrt{n_0}}\right\} = P\left\{\left|\frac{\bar{x}-\mu}{\frac{\sigma}{\sqrt{n_0}}}\right| \geq 3\right\} = 1-\Phi(3)+\Phi(-3) = 2-2\Phi(3).$$

在 Excel 中,利用函数 NORMSDIST 可得
$$2-2*\text{NORMSDIST}(3)=0.0027,$$
即若生产过程在控制之中,$\bar{x}$ 落在控制限之外的概率是 0.0027,这是一个小概率事件. 如果 $\bar{x}$ 落在控制限之外,我们就有充分的理由说明生产线失控(此时判断失误的概率仅为 0.0027),必须对生产线进行调整.

6.4 本章内容小结

在数理统计中常常研究有关对象的某一项数量指标. 对这一数量指标进行观察或试验,将观察或试验的全部可能的观察值称为总体,每个观察值称为个体. 总体中的每一个个体是某一随机变量 X 的一个可能取值,因此一个总体对应一个随机变量 X. 我们将不区分总体与相应的随机变量 X,笼统称为总体 X. 随机变量 X 服从什么分布,就称总体服从什么分布. 在实际中遇到的总体往往是有限总体,它对应一个离散随机变量. 当总体中包含的个体的个数很大时,在理论上可以认为它是一个无限总体. 我们说某种型号灯泡的使用寿命总体服从指数分布,是指无限总体而言的. 又如,我们说大学生的身高服从正态分布,也是指无限总体而言的. 无限总体是人们对具体事物的抽象. 无限总体的分布形式较为简明,便于数学处理,使用方便.

在相同条件下,对总体 X 进行 n 次重复的、独立的观察,得到 n 个结果 $X_1, X_2, \cdots, X_n$,称随机变量 $X_1, X_2, \cdots, X_n$ 为来自总体 X 的一个简单随机样本,它具有以下两条性质:

(1) $X_1, X_2, \cdots, X_n$ 都与 X 具有相同的分布;

(2) $X_1, X_2, \cdots, X_n$ 相互独立.

我们就是利用来自样本的信息推断总体,得到有关总体分布的种种结论.

样本 $X_1, X_2, \cdots, X_n$ 的函数 $\varphi(X_1, X_2, \cdots, X_n)$,若不包含任何未知参数,则称为统计量. 统计量是一个随机变量,它是由样本所确定的. 统计量是进行统计推断的工具. 样本均值
$$\overline{X} = \frac{1}{n}\sum_{i=1}^{n} X_i$$
和样本方差
$$S^2 = \frac{1}{n-1}\sum_{i=1}^{n}(X_i-\overline{X})^2 = \frac{1}{n-1}\left(\sum_{i=1}^{n} X_i^2 - n\overline{X}^2\right)$$
是两个最重要的统计量. 统计量的分布称为抽样分布. 来自正态总体的抽样分布有:(1) 正态分布,(2) χ^2 分布,(3) t 分布,(4) F 分布. 这四个分布称为统计学的四大分布,它们在数理统计中有着广泛的应用. 对于这几个分布,要求同学们从概率密度图形的轮廓来了解这四个分布的概念,从样本的性质掌握它们的性质,结合概率密度图形使用 Excel 确定分

关于样本均值和样本方差,有以下重要结果:

(1) 设 $X_1, X_2, \cdots, X_n$ 为来自总体 X(不管它服从什么分布,只要它的均值和方差存在)的样本,并且 $E(X)=\mu, D(X)=\sigma^2$,则 $E(\overline{X})=\mu, D(\overline{X})=\sigma^2/n$.

(2) 设 $X_1, X_2, \cdots, X_n$ 为来自总体 $X \sim N(\mu, \sigma^2)$ 的样本,则

① $\overline{X} \sim N(\mu, \sigma^2/n)$;

② $\dfrac{(n-1)S^2}{\sigma^2} \sim \chi^2(n-1)$;

③ $\overline{X}$ 与 S^2 相互独立,并且

$$\frac{\overline{X}-\mu}{\sqrt{S^2/n}} \sim t(n-1).$$

(3) 设 $X_1, X_2, \cdots, X_{n_1}$ 为来自正态总体 $X \sim N(\mu_1, \sigma_1^2)$ 的一个样本,而 $Y_1, Y_2, \cdots, Y_{n_2}$ 为来自正态总体 $Y \sim N(\mu_2, \sigma_2^2)$ 的一个样本,并且两个总体 X 与 Y 相互独立,则

① $\dfrac{(\overline{X}-\overline{Y})-(\mu_1-\mu_2)}{\sqrt{\dfrac{\sigma_1^2}{n_1}+\dfrac{\sigma_2^2}{n_2}}} \sim N(0,1)$;

② 当 $\sigma_1^2 = \sigma_2^2 = \sigma^2$ 时,$\dfrac{(\overline{X}-\overline{Y})-(\mu_1-\mu_2)}{\sqrt{\dfrac{(n_1-1)S_1^2+(n_2-1)S_2^2}{n_1+n_2-2}}\sqrt{n_1^{-1}+n_2^{-1}}} \sim t(n_1+n_2-2)$;

③ $\dfrac{\dfrac{S_1^2}{\sigma_1^2}}{\dfrac{S_2^2}{\sigma_2^2}} \sim F(n_1-1, n_2-1)$.

重要术语与主题

总体　简单随机样本　统计量　正态分布、χ^2 分布、t 分布、F 分布的概率密度图形的轮廓及性质　(单侧、双侧)分位数(临界值)　样本均值和样本方差的重要结果

提高题

1. 设 $X_1, X_2, \cdots, X_n$ 为总体 $X \sim N(0, 0.3^2)$ 的一个样本,求 $P\left\{\sum\limits_{i=1}^{10} X_i^2 > 1.44\right\}$.

2. 从总体 $N(\mu, \sigma^2)$ 中抽取容量为 21 的样本,求 $P\left\{\dfrac{S^2}{\sigma^2} \leqslant 1.4206\right\}$ 和 $D(S^2)$.

3. 设 X, Y 相互独立,且都服从正态分布 $N(10, 3^2)$,$X_1, X_2, \cdots, X_9$ 和 $Y_1, Y_2, \cdots, Y_9$ 分别

为两总体的两样本,则 $\dfrac{X_1+X_2+\cdots+X_9-90}{\sqrt{(Y_1-10)^2+(Y_2-10)^2+\cdots+(Y_9-10)^2}}$ 服从什么分布?

4. 某学校需要估计二年级学生的英语水平,假设每位学生的英语成绩相互独立同服从正态分布 $N(a,\sigma^2)$,请你设计一个调查方法. 若以 $\overline{X}_n$ 表示 n 个学生的平均成绩,$P\{|\overline{X}_n-a|<0.1\sigma\}>0.95$,$n$ 的最小值可以是多少?

5. 设 $X_1,X_2,\cdots,X_9$ 是取自正态总体 X 的简单随机样本,$Y_1=\dfrac{1}{6}\sum\limits_{i=1}^{6}X_i$,$Y_2=\dfrac{1}{3}\sum\limits_{i=7}^{9}X_i$,$S^2=\dfrac{1}{2}\sum\limits_{i=6}^{9}(X_i-Y_2)^2$,$Z=\dfrac{\sqrt{2}(Y_1-Y_2)}{S}$,证明:统计量 Z 服从自由度为 2 的 t 分布.

6. 设总体 X 服从正态分布 $N(\mu,\sigma^2)(\sigma>0)$,从中抽取简单随机样本 $X_1,\cdots,X_{2n}$ $(n\geqslant 2)$,其样本均值为 $\overline{X}=\dfrac{1}{2n}\sum\limits_{i=1}^{2n}X_i$,求统计量 $Y=\sum\limits_{i=1}^{n}(X_i+X_{n+i}-2\overline{X})^2$ 的数学期望 $E(Y)$.

7. 设容量为 n 的简单随机样本取自总体 $N(3.4,36)$,且样本均值在区间 $(1.4,5.4)$ 内的概率不小于 0.95,问样本容量 n 至少应取多大?

8. 设总体 X 服从泊松分布 $P(\lambda)$,$X_1,X_2,\cdots,X_n$ 为来自 X 的一个样本,试写出 $(X_1,X_2,\cdots,X_n)$ 的概率分布,并计算 $E(\overline{X})$,$D(\overline{X})$ 和 $E(S^2)$.

9. 设 $X_1,X_2,\cdots,X_{10};Y_1,Y_2,\cdots,Y_{15}$ 相互独立并且都服从正态分布 $N(20,(\sqrt{3})^2)$,求 $P\{|\overline{X}-\overline{Y}|>0.3\}$.

10. 设 $X_1,X_2,\cdots,X_n$ 是来自正态总体 $N(\mu,\sigma^2)$ 的一个样本,$\overline{X}$ 与 $S^2=\dfrac{1}{n-1}\sum\limits_{i=1}^{n}(X_i-\overline{X})^2$ 是样本均值和样本方差,若 $n=17$,求 $P\{\overline{X}>\mu+kS\}=0.95$ 中 k 的值.

11. 设 $X\sim F(k_1,k_2)$,证明:

(1) $Y=X^{-1}\sim F(k_2,k_1)$;   (2) $F_{1-\alpha}(k_1,k_2)=\dfrac{1}{F_\alpha(k_2,k_1)}$.

第7章 参数估计

7.0 引论与本章学习指导

7.0.1 引论

如果已知大学生的身高 X 在正常情况下服从数学期望为 μ、方差为 σ^2 的正态分布,我们如何估计大学生的身高的平均值 μ? 又如何估计大学生身高 X 取值的分散程度 σ^2 的值? 我们知道,由于遗传、饮食、运动等因素的影响,大学生的身高不会完全相同,用一个确定的数值估计身高的平均值 μ 或身高 X 取值的分散程度 σ^2 也许不准确,因此用一个取值范围来估计应该是一个比较好的想法. 自然地,用一个什么取值范围来估计? 其准确吗? 可靠吗? 男、女大学生平均身高有差异吗? 对于这些问题,需要参数估计的理论与方法才能解决.

7.0.2 本章学习指导

本章知识点教学要求如下:

(1) 了解参数估计的基础知识.

(2) 掌握点估计包括矩估计和最大似然估计,理解点估计量的评选标准.

(3) 理解区间估计的概念,会求一个正态总体参数的区间估计、两个正态总体参数的区间估计.

最大似然估计法、置信区间与置信水平学习时大多数同学会感到有困难,同学们要从方法的角度去学习,要明白其本质,课后多与老师讨论.

本章教学安排 6 学时.

7.1 点估计

引例 某高校大学生的身高 X 是一个随机变量,假设它服从以 μ 为参数的正态分布 $N(\mu, 6.5^2)$,参数 μ 未知. 如何估计参数 μ? 我们从该高校大学生中任意选取 10 名大学生测量身高,测量值见表 7.1.

表 7.1　大学生身高的样本观察值(单位:cm)

大学生	A1	A2	A3	A4	A5	A6	A7	A8	A9	A10
身高	169	173	185	179	162	176	174	170	172	180

由于 $X \sim N(\mu, 6.5^2)$,故有 $\mu = E(X)$.要估计参数 μ,即估计 $E(X)$,自然想到用样本均值来估计总体的均值 $E(X)$. 由 10 名大学生身高测量值,计算得到

$$\bar{x} = \frac{1}{10}\sum_{i=1}^{10} x_i = 174,$$

即 $\mu = E(X)$ 的估计为 174.

点估计问题的一般提法如下:设总体 X 的分布函数 $F(x;\theta)$ 的形式为已知(这里介绍一个参数的情形,多个参数的情形同样),θ 是待估参数. $X_1, X_2, \cdots, X_n$ 为总体 X 的一个样本,$x_1, x_2, \cdots, x_n$ 是相应的样本值.点估计问题就是要构造一个适当的统计量 $\hat{\theta}(X_1, X_2, \cdots, X_n)$,用它的观察值 $\hat{\theta}(x_1, x_2, \cdots, x_n)$ 作为未知参数 θ 的近似值.我们称 $\hat{\theta}(X_1, X_2, \cdots, X_n)$ 为未知参数 θ 的**估计量**,称 $\hat{\theta}(x_1, x_2, \cdots, x_n)$ 为未知参数 θ 的**估计值**.在不致混淆的情况下统称估计量和估计值为**估计**,并都简记为 $\hat{\theta}$. 由于估计量是样本的函数,因此对于不同的样本值,未知参数 θ 的估计值一般是不相同的.

上面的引例我们是用样本均值来估计总体均值,即有估计量

$$\hat{\mu} = \frac{1}{10}\sum_{i=1}^{10} X_i$$

和估计值

$$\hat{\mu} = \frac{1}{10}\sum_{i=1}^{10} x_i.$$

下面介绍两种常用的构造估计量的方法:矩估计法和最大似然估计法.

7.1.1　矩估计法

设总体 X 的分布函数表示为 $F(x;\theta_1, \theta_2, \cdots, \theta_m)$,其中 $\theta_1, \theta_2, \cdots, \theta_m$ 为未知参数,$X_1, X_2, \cdots, X_n$ 为总体 X 的一个样本.假设总体 X 的前 m 阶原点矩 $\mu_k = E(X^k)(k=1,2,\cdots,m)$ 存在,它们是未知参数 $\theta_1, \theta_2, \cdots, \theta_m$ 的函数.基于样本原点矩

$$A_k = \frac{1}{n}\sum_{i=1}^{n} X_i^k, k = 1, 2, \cdots, m$$

依概率收敛于相应的总体原点矩 $\mu_k = E(X^k)(k=1,2,\cdots,m)$,样本原点矩的连续函数依概率收敛于相应的总体原点矩的连续函数,我们就用样本原点矩作为相应的总体原点矩的估计量,而以样本原点矩的连续函数作为相应的总体原点矩的连续函数的估计量.这种估计方法称为**矩估计法**.矩估计法的具体做法如下:

设

$$\begin{cases} \mu_1(\hat{\theta}_1,\hat{\theta}_2,\cdots,\hat{\theta}_m) = \dfrac{1}{n}\sum_{i=1}^{n}X_i = A_1, \\ \mu_2(\hat{\theta}_1,\hat{\theta}_2,\cdots,\hat{\theta}_m) = \dfrac{1}{n}\sum_{i=1}^{n}X_i^2 = A_2, \\ \quad\quad\vdots \\ \mu_m(\hat{\theta}_1,\hat{\theta}_2,\cdots,\hat{\theta}_m) = \dfrac{1}{n}\sum_{i=1}^{n}X_i^m = A_m, \end{cases}$$

由上面的 m 个方程解出的 m 个未知参数 $\hat{\theta}_k = \theta_k(A_1,A_2,\cdots,A_m)(k=1,2,\cdots,m)$ 为参数 $\theta_k(k=1,2,\cdots,m)$ 的**矩估计量**. 矩估计量的观察值称为**矩估计值**.

例 1 设总体 $X \sim U(a,b)$,求 a,b 的矩估计量.

解 易知 $E(X) = \dfrac{a+b}{2}, D(X) = \dfrac{(b-a)^2}{12}$. 由方程组

$$\begin{cases} \dfrac{\hat{a}+\hat{b}}{2} = \overline{X}, \\ \dfrac{(\hat{b}-\hat{a})^2}{12} + \left(\dfrac{\hat{a}+\hat{b}}{2}\right)^2 = \dfrac{1}{n}\sum_{i=1}^{n}X_i^2, \end{cases}$$

解得

$$\begin{cases} \hat{a} = \overline{X} - \sqrt{3}\widetilde{S}, \\ \hat{b} = \overline{X} + \sqrt{3}\widetilde{S}, \end{cases}$$

其中 $\overline{X} = \dfrac{1}{n}\sum_{i=1}^{n}X_i, \widetilde{S} = \sqrt{\dfrac{1}{n}\sum_{i=1}^{n}(X_i-\overline{X})^2}$.

例 2 求总体均值 μ 与方差 σ^2 的矩估计量.

解 设 $X_1,X_2,\cdots,X_n$ 为总体 X 的样本,又设总体的一、二阶矩存在,则由

$$\mu_1 = E(X) = \hat{\mu} = \overline{X}, \quad \mu_2 = E(X^2) = D(X) + E(X)^2 = \hat{\sigma}^2 + \hat{\mu}^2 = \dfrac{1}{n}\sum_{i=1}^{n}X_i^2,$$

解得

$$\hat{\mu} = \overline{X}, \quad \hat{\sigma}^2 = \dfrac{1}{n}\sum_{i=1}^{n}(X_i-\overline{X})^2 = \widetilde{S}^2.$$

由此可知,若总体 $X \sim N(\mu,\sigma^2)$,则 $\hat{\mu} = \overline{X}, \hat{\sigma}^2 = \dfrac{1}{n}\sum_{i=1}^{n}(X_i-\overline{X})^2 = \widetilde{S}^2$. 特别地,对于大学生的身高 X,由表 7.1 的样本观测值,得参数 μ,σ^2 的矩估计值分别为 $\hat{\mu} = 174, \hat{\sigma}^2 = 37.6$.

7.1.2 最大似然估计法

如果大学生的身高 $X \sim N(\mu,\sigma^2)$,参数 μ,σ^2 未知,我们对总体 X 抽取样本 $X_1,X_2,\cdots,X_n$,相应的样本观测值为 $x_1,x_2,\cdots,x_n$,利用矩估计法就可以确定参数 μ,σ^2 的矩估计量(值). 那还有其他方法吗?

我们知道,一次试验就出现的事件其出现的概率较大. 例如,有两外形相同的箱子,各装

100个球,其中第一箱装99个白球、1个红球;第二箱装1个白球、99个红球.现从两箱中任取一箱,并从箱中任取一球,结果所取得的球是白球.显然所取的球来自第一箱的可能性大.

下面我们依据这一思想寻找参数点估计的新方法.

大学生的身高 X 的概率密度为 $\frac{1}{\sqrt{2\pi}\sigma}e^{-\frac{(x-\mu)^2}{2\sigma^2}}$,由于样本 $X_1, X_2, \cdots, X_n$ 独立同分布,因此 n 维随机变量 $X_1, X_2, \cdots, X_n$ 的概率密度为 $\prod_{i=1}^{n}\frac{1}{\sqrt{2\pi}\sigma}e^{-\frac{(x_i-\mu)^2}{2\sigma^2}}$. 随机点 $(X_1, X_2, \cdots, X_n)$ 落在以点 $(x_1, x_2, \cdots, x_n)$ 为中心,边长分别为 $2\Delta x_1, 2\Delta x_2, \cdots, 2\Delta x_n$ 的 n 维长方体内的概率近似为 $\prod_{i=1}^{n}\frac{1}{\sqrt{2\pi}\sigma}e^{-\frac{(x_i-\mu)^2}{2\sigma^2}}2\Delta x_i$,其随参数 μ, σ^2 的变化而变化.现在取到了样本观测值 $x_1, x_2, \cdots, x_n$,这表明取到这一样本值的概率比较大,即 $\prod_{i=1}^{n}\frac{1}{\sqrt{2\pi}\sigma}e^{-\frac{(x_i-\mu)^2}{2\sigma^2}}2\Delta x_i$ 比较大.我们当然不去考虑那些不能使样本观测值 $x_1, x_2, \cdots, x_n$ 出现的 μ 值、σ^2 值分别作为参数 μ, σ^2 的估计;另一方面,如果已知当 $\mu = \mu_0, \sigma^2 = \sigma_0^2$ 时使 $\prod_{i=1}^{n}\frac{1}{\sqrt{2\pi}\sigma}e^{-\frac{(x_i-\mu)^2}{2\sigma^2}}2\Delta x_i$ 取很大值,而 μ, σ^2 的其他取值使 $\prod_{i=1}^{n}\frac{1}{\sqrt{2\pi}\sigma}e^{-\frac{(x_i-\mu)^2}{2\sigma^2}}2\Delta x_i$ 取很小值,我们自然认为取 $\mu = \mu_0, \sigma^2 = \sigma_0^2$ 分别作为参数 μ, σ^2 的估计值就较为合理.由于 $\prod_{i=1}^{n}2\Delta x_i$ 不随参数 μ, σ^2 的变化而变化,故只需考虑取参数 μ, σ^2 的估计值 $\hat{\mu}, \hat{\sigma}^2$ 使概率密度 $\prod_{i=1}^{n}\frac{1}{\sqrt{2\pi}\sigma}e^{-\frac{(x_i-\mu)^2}{2\sigma^2}}$ 取最大值.

下面我们用微分法解决概率密度 $\prod_{i=1}^{n}\frac{1}{\sqrt{2\pi}\sigma}e^{-\frac{(x_i-\mu)^2}{2\sigma^2}}$ 取最大值问题.

记 $L(\mu, \sigma^2) = \prod_{i=1}^{n}\frac{1}{\sqrt{2\pi}\sigma}e^{-\frac{(x_i-\mu)^2}{2\sigma^2}}$,因此求参数 μ, σ^2 的估计值 $\hat{\mu}, \hat{\sigma}^2$ 可以从方程组

$$\begin{cases} \frac{\partial L(\mu, \sigma^2)}{\partial \mu} = 0, \\ \frac{\partial L(\mu, \sigma^2)}{\partial \sigma^2} = 0, \end{cases}$$

即

$$\begin{cases} \frac{1}{\sigma^2}\sum_{i=1}^{n}(x_i - \mu) = 0, \\ \frac{1}{2(\sigma^2)^2}\sum_{i=1}^{n}(x_i - \mu)^2 - \frac{n}{2\sigma^2} = 0 \end{cases}$$

求出.

由此可得 $\hat{\mu} = \frac{1}{n}\sum_{i=1}^{n}x_i = \bar{x}, \hat{\sigma}^2 = \frac{1}{n}\sum_{i=1}^{n}(x_i - \bar{x})^2$. 由表7.1的样本观测值,得参数 μ, σ^2 的估计值分别为 $\hat{\mu} = 174, \hat{\sigma}^2 = 37.6$.

刚才使用的求参数估计值的方法称为**最大似然估计法**,由费希尔(R. A. Fisher)首先提出.

一般地,若总体 X 是连续型随机变量,假设概率密度为 $f(x;\theta_1,\theta_2,\cdots,\theta_m)$,则对于总体 X 的样本 $X_1,X_2,\cdots,X_n$,有
$$X_i \sim f(x_i;\theta_1,\theta_2,\cdots,\theta_m), i=1,2,\cdots,n,$$
称 n 维随机变量 $X_1,X_2,\cdots,X_n$ 的联合概率密度 $\prod_{i=1}^{n} f(x_i;\theta_1,\theta_2,\cdots,\theta_m)$ 为总体 X 的样本 X_1, $X_2,\cdots,X_n$ 的**似然函数**,记为 $L_n(\theta_1,\theta_2,\cdots,\theta_m)$,简记为 L_n,即
$$L_n(\theta_1,\theta_2,\cdots,\theta_m) = \prod_{i=1}^{n} f(x_i;\theta_1,\theta_2,\cdots,\theta_m).$$

若总体 X 是离散型随机变量,分布律为 $P(x;\theta_1,\theta_2,\cdots,\theta_m)$,则对于总体 X 的样本 X_1, $X_2,\cdots,X_n$,有
$$P\{X_i=x_i\}=P(x_i;\theta_1,\theta_2,\cdots,\theta_m), i=1,2,\cdots,n,$$
称 n 维随机变量 $X_1,X_2,\cdots,X_n$ 的联合分布律 $\prod_{i=1}^{n} P(x_i;\theta_1,\theta_2,\cdots,\theta_m)$ 为总体 X 的样本 X_1, $X_2,\cdots,X_n$ 的**似然函数**,记为 $L_n(\theta_1,\theta_2,\cdots,\theta_m)$,简记为 L_n,即
$$L_n(\theta_1,\theta_2,\cdots,\theta_m) = \prod_{i=1}^{n} P(x_i;\theta_1,\theta_2,\cdots,\theta_m).$$

我们把使 $L_n(\theta_1,\theta_2,\cdots,\theta_m)$ 达到最大的 $\hat{\theta}_1,\hat{\theta}_2,\cdots,\hat{\theta}_m$ 分别作为 $\theta_1,\theta_2,\cdots,\theta_m$ 的估计值(量)的方法称为**最大似然估计法**.

由于 $\ln x$ 是一个递增函数,所以 L_n 与 $\ln L_n$ 同时达到最大值. 我们称
$$\left.\frac{\partial \ln L_n}{\partial \theta_i}\right|_{\theta_i=\hat{\theta}_i}=0, i=1,2,\cdots,m$$
为似然方程(组).

由多元微分学可知,由似然方程可以求出 $\hat{\theta}_i = \hat{\theta}_i(x_1,x_2,\cdots,x_n)(i=1,2,\cdots,m)$ 为 θ_i 的最大似然估计值,而求出 $\hat{\theta}_i = \hat{\theta}_i(X_1,X_2,\cdots,X_n)(i=1,2,\cdots,m)$ 为 θ_i 的最大似然估计量.

容易看出,使得 L_n 达到最大的 $\hat{\theta}_i(i=1,2,\cdots,m)$ 也可以使这组样本值出现的可能性最大.

例3 设在 n 次独立试验中事件 A 发生 k 次,求事件 A 发生的概率 p 的矩估计量与最大似然估计量.

解 令 X 表示在一次随机试验中事件 A 发生的次数,即
$$X = \begin{cases} 1, & \text{若 } A \text{ 发生}, \\ 0, & \text{若 } A \text{ 不发生}, \end{cases}$$
则 $P\{X=1\}=P(A)=p, P\{X=0\}=P(\overline{A})=1-p$.

重复 n 次试验,设 X_i 为第 i 次试验中事件 A 发生的次数 $(i=1,2,\cdots,n)$,则 $k=\sum_{i=1}^{n} X_i$. 因为 $E(X)=p$,故得 p 的矩估计量为

$$\hat{p} = \overline{X} = \frac{1}{n}\sum_{i=1}^{n} X_i = \frac{k}{n}.$$

设 $x_1, x_2, \cdots, x_n$ 是相应于样本 $X_1, X_2, \cdots, X_n$ 的观察值,$X \sim B(1,p)$,其分布律为
$$P\{X = x\} = p^x(1-p)^{1-x}, x = 1, 0,$$
故似然函数为
$$L(p) = \prod_{i=1}^{n} P\{X = x_i\} = p^{\sum_{i=1}^{n} x_i}(1-p)^{n-\sum_{i=1}^{n} x_i},$$
而
$$\ln L(p) = \ln p \sum_{i=1}^{n} x_i + (n - \sum_{i=1}^{n} x_i)\ln(1-p),$$
令
$$\frac{\mathrm{d}\ln L(p)}{\mathrm{d}p} = \frac{\sum_{i=1}^{n} x_i}{p} - \frac{n - \sum_{i=1}^{n} x_i}{1-p} = 0,$$
解得 p 的最大似然估计值为
$$\hat{p} = \frac{1}{n}\sum_{i=1}^{n} x_i = \bar{x},$$
而 p 的最大似然估计量为
$$\hat{p} = \frac{1}{n}\sum_{i=1}^{n} X_i = \overline{X}.$$

如果似然函数 L_n 不是参数的可微函数,需用其他方法求极大似然估计值.请看例 4.

例 4 设 $X \sim U(a,b)$,$x_1, x_2, \cdots, x_n$ 是 X 的一个样本值,求 a,b 的极大似然估计值与极大似然估计量.

解 X 的密度函数为
$$f(x;a,b) = \begin{cases} \dfrac{1}{b-a}, & a < x < b, \\ 0, & \text{其他}, \end{cases}$$
似然函数为
$$L_n(x_1, x_2, \cdots, x_n; a, b) = \begin{cases} \dfrac{1}{(b-a)^n}, & a < x_i < b, i = 1, 2, \cdots, n, \\ 0, & \text{其他}, \end{cases}$$
似然函数只有当 $a < x_i < b, i = 1, 2, \cdots, n$ 时才能获得最大值,且 a 越大,b 越小,L_n 越大.
记
$$x_{\min} = x_{(1)} = \min\{x_1, x_2, \cdots, x_n\}, \quad x_{\max} = x_{(n)} = \max\{x_1, x_2, \cdots, x_n\},$$
取 $\hat{a} = x_{\min}, \hat{b} = x_{\max}$,则对满足 $a \leqslant x_{\min} \leqslant x_{\max} \leqslant b$ 的一切 $a < b$,都有
$$\frac{1}{(b-a)^n} \leqslant \frac{1}{(x_{\max} - x_{\min})^n},$$
故 $\hat{a} = x_{\min}, \hat{b} = x_{\max}$ 是 a,b 的极大似然估计值,而

$$X_{\min}=\min\{X_1,X_2,\cdots,X_n\},\quad X_{\max}=\max\{X_1,X_2,\cdots,X_n\}$$

分别是 a,b 的极大似然估计量.

对于正态分布的参数 μ 和 σ^2 来说,最大似然估计量(值)与矩估计量(值)完全相同. 但是对其他一些分布它们并不一定一样. 一般来说,用矩法估计参数较为方便,但当样本容量较大时,矩估计量(值)的精度不如最大似然估计量(值)高. 因此,最大似然法用得较为普遍.

练 习 题

1. 设某种灯泡的使用寿命 $X \sim N(\mu, \sigma^2)$,其中 μ, σ^2 都未知,在这批灯泡中随机抽取 10 只,测得它们的使用寿命(单位:h)如下:

$$948, 1067, 919, 1196, 785, 1126, 936, 918, 1156, 920,$$

试用矩估计估计 μ, σ^2.

2. 设 $X_1, X_2, \cdots, X_n$ 来自指数分布的简单随机样本,其概率密度为

$$p(x,\lambda)=\begin{cases}\lambda e^{-\lambda x}, & x>0,\\ 0 & \text{其他}\end{cases}\quad (\lambda>0),$$

求 λ 的矩估计与最大似然估计.

若测得样本数据如下:

$$130, 125, 134, 106, 115, 115, 105, 110, 108, 120,$$

求 λ 的估计值.

复习巩固题

1. 设总体 X 服从参数为 λ 的泊松分布,即

$$P\{X=k\}=e^{-\lambda}\frac{\lambda^k}{k!}, k=0,1,2,\cdots,$$

求 λ 的矩估计量与最大似然估计量.

2. 设 $X_1, X_2, \cdots, X_n$ 是来自总体 X 的简单随机样本,X 的概率密度为

$$f(x)=\begin{cases}(\theta+1)x^\theta, & 0<x<1\\ 0, & \text{其他},\end{cases}$$

其中 $\theta > -1$,θ 是未知参数,求 θ 的矩估计和最大似然估计.

3. 设 $X_1, X_2, \cdots, X_n$ 是来自二项分布 $B(m,p)$ 的简单随机样本.

(1) 求 m,p 的矩估计;

(2) 若 m 已知,求 p 的最大似然估计.

4. 设总体 X 的分布律为

$$P\{X=1\}=\theta^2, \quad P\{X=2\}=2\theta(1-\theta), \quad P\{X=3\}=(1-\theta)^2,$$
其中 $\theta(0<\theta<1)$ 为位置参数.

若 $x_1=2, x_2=3, x_3=2$, 求 θ 的矩估计值和最大似然估计值.

7.2 点估计量的评选标准

对于同一个未知参数,用不同的方法得到的估计量可能不同(参见上节例 1 和例 4),于是提出以下问题:

(1) 应该选用哪一种估计量?
(2) 用何种标准来评价一个估计量的好坏?

这就涉及用什么样的标准来评价估计量的问题,下面介绍几个常用的标准.

7.2.1 无偏性

设 $X_1, X_2, \cdots, X_n$ 是总体 X 的一个样本,$\theta \in \Theta$ 是包含在总体 X 的分布中的待估参数,这里 Θ 是 θ 的取值范围.

若估计量 $\hat{\theta}=\hat{\theta}(X_1, X_2, \cdots, X_n)$ 的数学期望 $E(\hat{\theta})$ 存在,且对于任意 $\theta \in \Theta$, 有
$$E(\hat{\theta})=\theta,$$
则称 $\hat{\theta}$ 是 θ 的**无偏估计量**.

我们不可能要求每一次由样本得到的估计值与真值都相等,但可以要求这些估计值的期望与真值相等,这说明了无偏估计量的合理性.

在科学技术中,$E(\hat{\theta})-\theta$ 称为以 $\hat{\theta}$ 作为 θ 的估计的系统误差,无偏估计的实际意义就是无系统误差.

例如,设总体 X 的数学期望 $E(X)$、方差 $D(X)$ 存在并且未知,又设 $X_1, X_2, \cdots, X_n$ 为总体 X 的一个样本,则由第 6 章的定理 1、定理 3 可知
$$E(\bar{X})=E(X), E(S^2)=D(X).$$

这就是说,不论总体服从什么分布,样本均值是总体数学期望 $E(X)$ 的一个无偏估计量;样本方差 $S^2=\dfrac{1}{n-1}\sum_{i=1}^{n}(X_i-\bar{X})^2$ 是总体方差 $D(X)$ 的无偏估计量. 而估计量 $\dfrac{1}{n}\sum_{i=1}^{n}(X_i-\bar{X})^2$ 却不是总体方差 $D(X)$ 的无偏估计量,因此我们一般取样本方差 S^2 作为总体方差 $D(X)$ 的无偏估计量.

例 1 设总体 X 的 k 阶矩 $\mu_k=E(X^k)(k \geqslant 1)$ 存在,又设 $X_1, X_2, \cdots, X_n$ 是总体 X 的样本,证明:不论 X 服从什么分布(但期望存在),$A_k=\dfrac{1}{n}\sum_{i=1}^{n}X_i^k$ 是 μ_k 的无偏估计量.

证 由于 $E(X_i^k)=\mu_k, i=1,2,\cdots,n$,因而

$$E(A_k) = E\left(\frac{1}{n}\sum_{i=1}^{n} X_i^k\right) = \frac{1}{n}\sum_{i=1}^{n} E(X_i^k) = \frac{1}{n} \cdot n \cdot \mu_k = \mu_k,$$

于是 $A_k = \frac{1}{n}\sum_{i=1}^{n} X_i^k$ 是 μ_k 的无偏估计量.

例 2 设 $X_1, X_2, \cdots, X_m$ 是总体 X 的样本,$X \sim B(n,p), n > 1$,求 p^2 的无偏估计量.

解 由样本矩是总体矩的无偏估计量以及数学期望的线性性质,只要将未知参数表示成总体矩的线性函数,然后用样本矩作为总体矩的估计量,这样得到的未知参数的估计量即为无偏估计量.

令 $\overline{X} = E(X) = np, \frac{1}{m}\sum_{i=1}^{m} X_i^2 = E(X^2) = (np)^2 + np(1-p)$,故

$$(n^2 - n)p^2 = \frac{1}{m}\sum_{i=1}^{m} X_i^2 - \overline{X},$$

因此,p^2 的无偏估计量为

$$\hat{p}^2 = \frac{1}{n^2 - n}\left(\frac{1}{m}\sum_{i=1}^{m} X_i^2 - \overline{X}\right) = \frac{\frac{1}{m}\sum_{i=1}^{m} X_i(X_i - 1)}{n(n-1)}.$$

例 3 设总体 X 的概率密度为

$$f(x;\theta) = \begin{cases} \frac{1}{\theta}e^{-\frac{x}{\theta}}, & x > 0, \\ 0, & x \leqslant 0, \end{cases}$$

其中 $\theta > 0$ 为常数,$X_1, X_2, \cdots, X_n$ 是总体 X 的样本,证明:$\overline{X}$ 与 $n\min\{X_1, X_2, \cdots, X_n\}$ 都是 θ 的无偏估计量.

证 $X \sim e\left(\frac{1}{\theta}\right), E(X) = \theta$,故 $E(\overline{X}) = E(X) = \theta, \overline{X}$ 是 θ 的无偏估计量.

令 $Z = \min\{X_1, X_2, \cdots, X_n\}$,则

$$F_Z(z) = 1 - P\{X_1 > z, X_2 > z, \cdots, X_n > z\}$$

$$= 1 - P\{X_1 > z\}P\{X_2 > z\}\cdots P\{X_n > z\} = 1 - \prod_{i=1}^{n}(1 - P\{X_i \leqslant z\})$$

$$= \begin{cases} 0, & z < 0, \\ 1 - e^{-\frac{nz}{\theta}}, & z \geqslant 0, \end{cases}$$

从而

$$f_Z(z) = \begin{cases} 0, & z < 0, \\ \frac{n}{\theta}e^{-\frac{nz}{\theta}}, & z \geqslant 0, \end{cases}$$

即 $Z \sim e\left(\frac{n}{\theta}\right), E(Z) = \frac{\theta}{n}$,于是 $n\min\{X_1, X_2, \cdots, X_n\}$ 是 θ 的无偏估计量.

由此可见,一个未知参数可以有不同的无偏估计量.事实上,本例样本 $X_1, X_2, \cdots, X_n$ 中的每一个都可以作为 θ 的无偏估计量.

7.2.2 有效性

例3中未知参数有不同的无偏估计量,但样本 $X_1, X_2, \cdots, X_n$ 中的每一个作为 θ 的无偏估计量显然不如 $\bar{X}$ 作为 θ 的无偏估计量好. $n\min\{X_1, X_2, \cdots, X_n\}$ 也是 θ 的无偏估计量,与 $\bar{X}$ 作为 θ 的无偏估计量相比如何?这就产生了比较参数 θ 的两个无偏估计量 $\hat{\theta}_1$ 和 $\hat{\theta}_2$ 的问题.

如果在样本容量 n 相同的情况下,$\hat{\theta}_1$ 的观察值较 $\hat{\theta}_2$ 的观察值更密集在真值 θ 的附近,那么就认为 $\hat{\theta}_1$ 较 $\hat{\theta}_2$ 理想. 由于方差是随机变量取值与其数学期望(此时数学期望 $E(\hat{\theta}_1) = E(\hat{\theta}_2) = \theta$)的偏离程度的度量,所以无偏估计量以方差小者为好. 这就引出了估计量的有效性这一概念.

设 $\hat{\theta}_1 = \hat{\theta}_1(X_1, X_2, \cdots, X_n), \hat{\theta}_2 = \hat{\theta}_2(X_1, X_2, \cdots, X_n)$ 都是总体参数 θ 的无偏估计量,若对于任意 $\theta \in \Theta$,有 $D(\hat{\theta}_1) < D(\hat{\theta}_2)$,则称 $\hat{\theta}_1$ 较 $\hat{\theta}_2$ **有效**.

例3(续) 试证:当 $n > 1$ 时,θ 的无偏估计量 $\bar{X}$ 较 $n\min\{X_1, X_2, \cdots, X_n\}$ 有效.

证 由于 $D(X) = \theta^2$,故有 $D(\bar{X}) = \dfrac{\theta^2}{n}$. 又由于 $D(Z) = \dfrac{\theta^2}{n^2}$,故 $D(nZ) = \theta^2$. 当 $n > 1$ 时,$D(nZ) > D(\bar{X})$,故 $\bar{X}$ 较 $nZ = n\min\{X_1, X_2, \cdots, X_n\}$ 有效.

例4 设总体 X 的数学期望 $E(X) = \mu$ 与方差 $D(X) = \sigma^2$ 存在,又设 $X_1, X_2, \cdots, X_n$ 是总体 X 的样本.

(1) 设常数 $c_i \neq \dfrac{1}{n}, i = 1, 2, \cdots, n, \sum_{i=1}^{n} c_i = 1$,证明:$\hat{\mu}_1 = \sum_{i=1}^{n} c_i X_i$ 是 μ 的无偏估计量;

(2) 证明:$\hat{\mu} = \bar{X}$ 较 $\hat{\mu}_1 = \sum_{i=1}^{n} c_i X_i$ 有效.

证 (1) $E(\hat{\mu}_1) = \sum_{i=1}^{n} c_i E(X_i) = \sum_{i=1}^{n} c_i \mu = \mu$,故 $\hat{\mu}_1$ 是 μ 的无偏估计量.

(2) $D(\hat{\mu}_1) = \sum_{i=1}^{n} c_i^2 D(X_i) = \sigma^2 \sum_{i=1}^{n} c_i^2$,又 $\sum_{i=1}^{n} c_i^2 > \dfrac{1}{n}$,于是 $D(\hat{\mu}) = \dfrac{1}{n}\sigma^2 < D(\hat{\mu}_1)$,故 $\hat{\mu} = \bar{X}$ 较 $\hat{\mu}_1 = \sum_{i=1}^{n} c_i X_i$ 有效.

由此例可知,数学期望的无偏估计量中,算术均值较加权均值有效.

例如,$\hat{\mu}_1 = \dfrac{2}{3}X_1 + \dfrac{1}{3}X_2, \hat{\mu}_2 = \dfrac{1}{4}X_1 + \dfrac{3}{4}X_2, \hat{\mu}_3 = \dfrac{1}{2}X_1 + \dfrac{1}{2}X_2$ 都是 $E(X) = \mu$ 的无偏估计量,由例4(2) 知 $\hat{\mu}_3$ 最有效.

7.2.3 一致性

前面讨论无偏性与有效性都是在样本容量 n 固定的前提下进行的. 我们自然希望随着样本容量 n 的增大,一个估计量的值稳定于待估参数的真值. 这就是对估计量的一致性或相合性的要求.

设 $\hat{\theta} = \hat{\theta}(X_1, X_2, \cdots, X_n)$ 是总体参数 θ 的估计量. 若对于任意的 $\theta \in \Theta$, 当 $n \to \infty$ 时, $\hat{\theta}$ 依概率收敛于 θ, 即 $\forall \varepsilon > 0$, $\lim\limits_{n \to \infty} P\{|\hat{\theta} - \theta| \geq \varepsilon\} = 0$, 则称 $\hat{\theta}$ 是总体参数 θ 的**一致**(或相合)**估计量**.

由大数定律可知,样本 k 阶矩是总体 k 阶矩的一致性估计量;由切比雪夫不等式可以证明,设 $\hat{\theta}$ 是 θ 的无偏估计量,且 $\lim\limits_{n \to \infty} D(\hat{\theta}) = 0$, 则 $\hat{\theta}$ 是 θ 的一致估计量. 从而矩估计法得到的估计量一般为一致估计量.

在一定条件下,最大似然估计量具有一致性.

一致性或相合性是对估计量的基本要求. 若估计量不具有一致性或相合性,那么不论将样本容量 n 取得多么大,都不能将 θ 估计得足够准确,这样的估计量是不可取的.

练 习 题

1. 设 $X_1, X_2, \cdots, X_n$ 是总体 X 的简单随机样本, $D(X) = \sigma^2$, $\overline{X} = \dfrac{1}{n} \sum\limits_{k=1}^{n} X_k$, $S^2 = \dfrac{1}{n-1} \sum\limits_{k=1}^{n} (X_k - \overline{X})^2$, 则 S 是 σ 的无偏估计量吗?

2. 设从均值为 μ, 方差为 σ^2 的总体中抽取样本 X_1, X_2, 样本均值记为 $\overline{X}$, 试证: 对于任意满足 $a + b = 1$ 的常数 a, b, $T = aX_1 + bX_2$ 都是 μ 的无偏估计, 并确定常数 a, b, 使 T 是最有效的.

3. 设 $X_1, X_2, \cdots, X_n$ 是总体 $X \sim N(\mu, \sigma^2)$ 的一个样本, 其中 μ 已知, 则统计量 $\dfrac{1}{n} \sum\limits_{i=1}^{n} (X_i - \mu)^2$, $\dfrac{1}{n-1} \sum\limits_{i=1}^{n} (X_i - \mu)^2$, $S^{*2} = \dfrac{1}{n} \sum\limits_{i=1}^{n} (X_i - \overline{X})^2$ 与 $S^2 = \dfrac{1}{n-1} \sum\limits_{i=1}^{n} (X_i - \overline{X})^2$ 中哪些是方差 σ^2 的无偏估计.

4. 请解释为什么测量一个物体的长度时总是要测量多次再取平均值.

5. 设 $X_1, X_2, \cdots, X_n$ 是总体 X 的一个样本. 试证: (1) $\hat{\mu}_1 = \dfrac{1}{5} X_1 + \dfrac{3}{10} X_2 + \dfrac{1}{2} X_3$; (2) $\hat{\mu}_2 = \dfrac{1}{3} X_1 + \dfrac{1}{4} X_2 + \dfrac{5}{12} X_3$; (3) $\hat{\mu}_3 = \dfrac{1}{3} X_1 + \dfrac{3}{4} X_2 - \dfrac{1}{12} X_3$ 都是总体均值 μ 的无偏估计, 并比较哪一个最有效.

7.3 区间估计

假设某高校大学生的身高 X 这一随机变量服从以 μ 为参数的正态分布 $N(\mu, 6.5^2)$, 对于未知参数 μ, 使用矩估计法或最大似然估计法得到估计量 $\overline{X}$, 由于 μ 是常数, 而 $\overline{X}$ 是随机变量, 这样由不同样本算得的 μ 的估计值不同, 因此我们用矩估计法或最大似然估计法得到参

数 μ 的近似值. 除了给出 μ 的点估计外,还需估计误差,即根据所给的样本确定一个随机区间来知道近似值的精确程度,使其包含参数真值的概率达到指定的要求. 例如,找一个区间,使其包含 μ 的真值的概率为 0.95(设 $n=10$). 由于 $\overline{X} \sim N\left(\mu, \dfrac{6.5^2}{10}\right)$ 或 $\dfrac{\overline{X}-\mu}{\dfrac{6.5}{\sqrt{10}}} \sim N(0,1)$,取 $\alpha=0.05$,在 Excel 中输入公式 =NORMSINV($1-\alpha/2$),得 $z_{\alpha/2}=1.96$,有

$$P\left\{\left|\dfrac{\overline{X}-\mu}{\dfrac{6.5}{\sqrt{10}}}\right| \geqslant 1.96\right\}=0.05,$$

即

$$P\left\{\overline{X}-1.96 \times \dfrac{6.5}{\sqrt{10}} \leqslant \mu \leqslant \overline{X}+1.96 \times \dfrac{6.5}{\sqrt{10}}\right\}=0.95,$$

称随机区间 $\left[\overline{X}-1.96 \times \dfrac{6.5}{\sqrt{10}}, \overline{X}+1.96 \times \dfrac{6.5}{\sqrt{10}}\right]$ 为未知参数 μ 的置信度为 0.95 的置信区间.

反复抽取容量为 10 的样本,都可得一个区间,此区间不一定包含未知参数 μ 的真值,而包含真值的区间占 95%. 由表 7.1 测得一组样本值,计算得 $\overline{x}=174$,则得一区间 [169.971, 178.029],它可能包含也可能不包含 μ 的真值. 反复抽样得到的区间中有 95% 的包含 μ 的真值.

一般地,对于未知参数 θ,除了求出它的点估计 $\hat{\theta}$ 外,还希望估计出一个范围,并希望知道这个范围包含参数 θ 真值的可信程度. 这样的范围常以区间的形式给出,同时还给出此区间包含参数 θ 真值的可信程度. 这样的参数估计就是本节介绍的区间估计.

7.3.1 置信区间与置信度

设总体 X 含有一个待估的未知参数 θ. 如果我们从样本 $X_1, X_2, \cdots, X_n$ 出发,找出两个统计量 $\underline{\theta}=\underline{\theta}(X_1, X_2, \cdots, X_n)$ 与 $\overline{\theta}=\overline{\theta}(X_1, X_2, \cdots, X_n)$($\underline{\theta}<\overline{\theta}$),使得区间 $[\underline{\theta}, \overline{\theta}]$ 以 $1-\alpha$($0<\alpha<1$)的概率包含这个待估参数 θ,即

$$P\{\underline{\theta} \leqslant \theta \leqslant \overline{\theta}\}=1-\alpha,$$

那么称区间 $[\underline{\theta}, \overline{\theta}]$ 为 θ 的**置信区间**,$\underline{\theta}$ 和 $\overline{\theta}$ 分别称为置信度为 $1-\alpha$ 的双侧置信区间的**置信下限**和**置信上限**,而 $1-\alpha$ 称为该区间的**置信度**(或置信概率).

当 X 是连续型随机变量时,对于给定的 α,我们总是按要求 $P\{\underline{\theta} \leqslant \theta \leqslant \overline{\theta}\}=1-\alpha$ 求出置信区间. 而当 X 是离散型随机变量时,对于给定的 α,我们常常找不到区间 $[\underline{\theta}, \overline{\theta}]$ 使得 $P\{\underline{\theta} \leqslant \theta \leqslant \overline{\theta}\}$ 恰为 $1-\alpha$. 此时我们去找区间 $[\underline{\theta}, \overline{\theta}]$ 使得 $P\{\underline{\theta} \leqslant \theta \leqslant \overline{\theta}\}$ 至少为 $1-\alpha$,并且尽可能地接近 $1-\alpha$.

7.3.2 一个正态总体参数的区间估计

1. 均值的区间估计

设 $X_1, X_2, \cdots, X_n$ 为来自总体 $X \sim N(\mu, \sigma^2)$ 的一个样本. 在置信度为 $1-\alpha$ 下,我们来确

定 μ 的置信区间.

（1）已知方差，估计均值.

设方差 $\sigma^2 = \sigma_0^2$，其中 σ_0^2 为已知数. 我们知道 $\overline{X} = \frac{1}{n}\sum_{i=1}^{n} X_i$ 是 μ 的一个点估计，并且知道包含未知参数 μ 的样本函数（也称为枢轴量）

$$Z = \frac{\overline{X} - \mu}{\frac{\sigma_0}{\sqrt{n}}}$$

是服从标准正态分布的. 因此，对于给定的置信度 $1-\alpha$，由 Excel 表，找出两个分位数（临界值）z_1 与 z_2，使得

$$P\{z_1 \leqslant Z \leqslant z_2\} = 1 - \alpha.$$

满足上式的分位数（临界值）z_1 与 z_2 可以找出无穷多组. 不过一般我们总是取成对称区间 $[-z^*, z^*]$，这是因为在置信度一定的前提下，对称区间的长度最短. 事实上，取 $\alpha = 0.05$，则

$$P\{z_{\alpha/2} \leqslant Z \leqslant z_{1-\alpha/2}\} = 0.95 = P\{z_{2\alpha/3} \leqslant Z \leqslant z_{1-\alpha/3}\} = 0.95,$$

但

$$z_{\frac{\alpha}{2}} - z_{1-\frac{\alpha}{2}} = 1.96 - (-1.96) = 3.92, z_{\frac{2\alpha}{3}} - z_{1-\frac{\alpha}{3}} = 1.84 - (-2.13) = 3.97.$$

使

$$P\{|Z| \leqslant z^*\} = 1 - \alpha,$$

即

$$P\left\{-z^* \leqslant \frac{\overline{X} - \mu}{\frac{\sigma_0}{\sqrt{n}}} \leqslant z^*\right\} = 1 - \alpha.$$

由正态分布的分布函数

$$\Phi(x) = \int_{-\infty}^{x} \frac{1}{\sqrt{2\pi}} e^{-\frac{t^2}{2}} dt$$

与 $P\{|z| \leqslant z^*\} = 1 - \alpha$ 比较，不难看出，确定 z^* 之值的方法是确定 $\Phi(z^*) = 1 - \frac{\alpha}{2}$，并记为 $z^* = z_{\alpha/2}$. 找出 $z_{\alpha/2}$ 的值（分位数或临界值）以后把它代入不等式

$$-z_{\frac{\alpha}{2}} \leqslant \frac{\overline{X} - \mu}{\frac{\sigma_0}{\sqrt{n}}} \leqslant z_{\frac{\alpha}{2}},$$

推得

$$\overline{X} - z_{\alpha/2} \frac{\sigma_0}{\sqrt{n}} \leqslant \mu \leqslant \overline{X} + z_{\alpha/2} \frac{\sigma_0}{\sqrt{n}},$$

这就是说，随机区间 $\left[\overline{X} - z_{\alpha/2} \frac{\sigma_0}{\sqrt{n}}, \overline{X} + z_{\alpha/2} \frac{\sigma_0}{\sqrt{n}}\right]$ 以 $1-\alpha$ 的概率包含 μ.

例 1 随机从一批苗木中抽取 16 株，测得其高度（单位：m）为：

1.14,1.10,1.13,1.15,1.20,1.12,1.17,1.19,1.15,1.12,1.14,1.20,1.23,1.11,1.14,1.16.
设苗高服从正态分布,利用 Excel 求总体均值 μ 的 0.95 的置信区间.($\sigma = 0.01$)

解 操作步骤如下:

第一步 在一个矩形区域内输入观测数据.例如,在矩形区域 B3:G5 内输入样本数据.

第二步 计算置信下限和置信上限.可以在数据区域 B3:G5 以外的任意两个单元格内分别输入如下两个表达式:

$= \text{AVERAGE}(B3:G5) - \text{NORMSINV}(1 - 0.5 * \alpha) * \sigma / \text{AQRT}(\text{COUNT}(B3:G5))$

和

$= \text{AVERAGE}(B3:G5) + \text{NORMSINV}(1 - 0.5 * \alpha) * \sigma / \text{AQRT}(\text{COUNT}(B3:G5))$

上述第一个表达式计算置信下限,第二个表达式计算置信上限.其中,显著性水平 α 和标准差 σ 是具体的数值而不是符号.本例中,$\alpha=0.05$,$\sigma=0.01$,上述两个公式应实际输入为

$= \text{AVERAGE}(B3:G5) - \text{NORMSINV}(0.975) * 0.01 / \text{AQRT}(\text{COUNT}(B3:G5))$

和

$= \text{AVERAGE}(B3:G5) + \text{NORMSINV}(0.975) * 0.01 / \text{AQRT}(\text{COUNT}(B3:G5))$

计算结果为(1.148225,1.158025),此为总体均值 μ 的 0.95 的置信区间.

(2) 未知方差,估计均值.

某高校大学生的身高 X 这一随机变量服从以 μ, σ^2 为参数的正态分布 $N(\mu,\sigma^2)$,在置信度为 $1-\alpha$ 的条件下,求出总体均值 μ 的置信区间.

由于 σ^2 是未知的,不能再选取样本函数 $Z = \dfrac{\overline{X} - \mu}{\dfrac{\sigma_0}{\sqrt{n}}}$.这时可用样本方差

$$S^2 = \frac{1}{n-1}\sum_{i=1}^{n}(X_i - \overline{X})^2$$

来代替 σ^2,而选取样本函数

$$T = \frac{\overline{X} - \mu}{\dfrac{S}{\sqrt{n}}},$$

其服从自由度为 $n-1$ 的 t 分布.因此,对于给定的置信度 $1-\alpha$,由 Excel 确定 t 分布分位数(临界值),找出两个分位数(临界值)t_1 与 t_2,使得

$$P\{t_1 \leqslant T \leqslant t_2\} = 1 - \alpha.$$

与前面讨论类似,取对称区间 $[-t^*, t^*]$,使得

$$P\{|T| \leqslant t^*\} = 1 - \alpha,$$

即

$$P\left\{-t^* \leqslant \frac{\overline{x} - \mu}{\dfrac{S}{\sqrt{n}}} \leqslant t^*\right\} = 1 - \alpha.$$

由 t 分布分位数(临界值)的表达式

$$P\{T>t^*\}=\int_{t^*}^{+\infty}f_t(z)\mathrm{d}z=\alpha$$

与 $P\{|T|\leqslant t^*\}=1-\alpha$ 比较,不难看出,确定 t^* 之值的方法是由 Excel 确定 t^* 之值,记为 $t_{\frac{\alpha}{2}}(n-1)$,其中 n 是样本容量,$n-1$ 是表中的自由度. 这样我们把 $t_{\frac{\alpha}{2}}(n-1)$ 代入不等式

$$-t_{\frac{\alpha}{2}}(n-1)\leqslant\frac{\overline{X}-\mu}{\frac{S}{\sqrt{n}}}\leqslant t_{\frac{\alpha}{2}}(n-1),$$

得随机区间

$$\left[\overline{X}-t_{\frac{\alpha}{2}}(n-1)\frac{S}{\sqrt{n}},\overline{X}+t_{\frac{\alpha}{2}}(n-1)\frac{S}{\sqrt{n}}\right] \tag{7.1}$$

以 $1-\alpha$ 的概率包含 μ.

由表 7.1 测得一组样本值,计算得 $\overline{x}=174$,$s=6.464$,输入公式 =TINV(0.05,10-1) 得到 2.2622,即 $t_{0.025}(10-1)=2.2622$,则有区间 $[169.376,178.624]$,它可能包含也可能不包含 μ 的真值. 反复抽样得到的区间中有 95% 包含 μ 的真值.

如果例 1 的 σ 未知,输入公式为

= AVERAGE(B3:G5) − TINV(0.05,COUNT(b3:g5)−1) * STDEV(B3:G5)/SQRT(COUNT(B3:G5))

和

= AVERAGE(B3:G5) − TINV(0.05,COUNT(B3:G5)−1) * STDEV(B3:G5)/SQRT(COUNT(B3:G5))

计算结果为 (1.133695,1.172555),此为 σ 未知的总体均值 μ 的 0.95 的置信区间.

2. 方差的区间估计

设 $X_1,X_2,\cdots,X_n$ 为来自总体 $X\sim N(\mu,\sigma^2)$ 的一个样本. 在置信度为 $1-\alpha$ 的条件下,我们来确定 σ^2 的置信区间.

(1) 已知均值,估计方差.

设 $\mu=\mu_0$,μ_0 已知. 我们知道样本函数

$$\chi^2=\frac{1}{\sigma^2}\sum_{i=1}^n(X_i-\mu_0)^2$$

服从自由度为 n 的 χ^2 分布.

χ^2 分布的概率密度的图形不对称,故在置信度为 $1-\alpha$ 时要找最短的置信区间是困难的. 仿照概率密度的图形对称的情形,选取区间 $(\chi^2_{1-\frac{\alpha}{2}}(n),\chi^2_{\frac{\alpha}{2}}(n))$,使得

$$P\{\chi^2\geqslant\chi^2_{1-\frac{\alpha}{2}}(n)\}=1-\frac{\alpha}{2},\quad P\{\chi^2\geqslant\chi^2_{\frac{\alpha}{2}}(n)\}=\frac{\alpha}{2}.$$

使上式成立的最小数 $\chi^2_{1-\frac{\alpha}{2}}(n)$,$\chi^2_{\frac{\alpha}{2}}(n)$ 分别称为自由度为 n 的 χ^2 分布的下 $\frac{\alpha}{2}$ 分位数、上 $\frac{\alpha}{2}$ 分位数.

于是

$$P\{\chi^2_{1-\frac{\alpha}{2}}(n)\leqslant\chi^2\leqslant\chi^2_{\frac{\alpha}{2}}(n)\}=P\{\chi^2\geqslant\chi^2_{1-\frac{\alpha}{2}}(n)\}-P\{\chi^2>\chi^2_{\frac{\alpha}{2}}(n)\}=1-\alpha.$$

这样有

$$P\left\{\chi^2_{1-\frac{\alpha}{2}}(n) \leqslant \frac{1}{\sigma^2}\sum_{i=1}^{n}(X_i-\mu_0)^2 \leqslant \chi^2_{\frac{\alpha}{2}}(n)\right\} = 1-\alpha,$$

即

$$P\left\{\frac{\sum_{i=1}^{n}(X_i-\mu_0)^2}{\chi^2_{\frac{\alpha}{2}}(n)} \leqslant \sigma^2 \leqslant \frac{\sum_{i=1}^{n}(X_i-\mu_0)^2}{\chi^2_{1-\frac{\alpha}{2}}(n)}\right\} = 1-\alpha.$$

因此,对于给定的置信度 $1-\alpha$,σ^2 的置信区间为

$$\left[\frac{\sum_{i=1}^{n}(X_i-\mu_0)^2}{\chi^2_{\frac{\alpha}{2}}(n)}, \frac{\sum_{i=1}^{n}(X_i-\mu_0)^2}{\chi^2_{1-\frac{\alpha}{2}}(n)}\right]. \tag{7.2}$$

(2) 未知均值,估计方差.

我们知道包含未知参数 σ^2 的样本函数

$$\chi^2 = \frac{(n-1)S^2}{\sigma^2}$$

是服从自由度为 $n-1$ 的 χ^2 分布.

类似地,对于给定的置信度 $1-\alpha$,σ^2 的置信区间为

$$\left[\frac{(n-1)S^2}{\chi^2_{\frac{\alpha}{2}}(n-1)}, \frac{(n-1)S^2}{\chi^2_{1-\frac{\alpha}{2}}(n-1)}\right]. \tag{7.3}$$

例 2 某高校大学生的身高 X 这一随机变量服从以 μ,σ^2 为参数的正态分布 $N(\mu,\sigma^2)$,抽测身高数据见表 7.1.在置信度为 95% 的条件下,

(1) 已知 $\mu=174$,求总体方差 σ^2 的置信区间; (2) 未知 μ,求总体方差 σ^2 的置信区间.

解 由题设知 $n=10, \alpha=0.05, S^2=\dfrac{376}{9}$.

(1) 此时 $\mu=174, \sum_{i=1}^{10}(x_i-174)^2 = 376.$

在 Excel 中输入公式 $=\text{CHIINV}(\alpha, n)$,得

$$\chi^2_{1-0.025}(10) = 3.247, \chi^2_{0.025}(10) = 20.483,$$

于是 σ^2 的置信度为 95% 的置信区间为 $[18.357, 115.799]$.

(2) 在 Excel 中输入公式 $=\text{CHIINV}(\alpha, n)$,得

$$\chi^2_{1-0.025}(9) = 2.700, \chi^2_{0.025}(9) = 19.023,$$

于是 σ^2 的置信度为 95% 的置信区间为 $[19.766, 139.259]$.

由本题结果可知,在置信度一定的情况下,已知均值时 σ^2 的置信区间的长度短于未知均值时 σ^2 的置信区间的长度.

例 3 从一批火箭推力装置中随机抽取 10 个进行试验,它们的燃烧时间(单位:s)如下:

50.7,54.9,54.3,44.8,42.2,69.8,53.4,66.1,48.1,34.5.

试在 Excel 中求总体方差 σ^2 的 0.9 的置信区间(设总体为正态).

解 操作步骤如下:

第一步 在区域 B3:C7 中输入样本数据;

第二步 在单元格 C9 中输入样本数或输入公式 = COUNT(B3:C7);

第三步 在单元格 C10 中输入显著性水平 0.1;

第四步 计算样本方差:在单元格 C11 中输入公式 = VAR(B3:C7);

第五步 计算两个查表值:在单元格 C12 中输入公式 = CHIINV(C10/2,C9−1),在单元格 C13 中输入公式 = CHIINV(1−C10/2,C9−1);

第六步 计算置信区间下限:在单元格 C14 中输入公式 = (C9−1)∗C11/C12;

第七步 计算置信区间上限:在单元格 C15 中输入公式 = (C9−1)∗C11/C13.

计算结果如图 7.1 所示.

	A	B	C	D
1	3.总体均值未知,求总体方差的置信区间:			
2				
3		50.7	69.8	
4		54.9	53.4	
5		54.3	66.1	
6		44.8	48.1	
7		42.2	34.5	
8				
9	样本数		10	
10	置信水平		0.1	
11	样本方差		111.3551	
12	查表值		16.91896	
13	查表值		3.325115	
14	置信区间下限		59.23508	
15	置信区间上限		301.4019	

图 7.1 总体方差 σ^2 的置信区间的 Excel 计算结果

当然,同学们可以在输入数据后,直接输入如下两个表达式计算两个置信区间:

= (COUNT(B3:C7)−1)∗VAR(B3:C7)/CHIINV(0.1/2,COUNT(B3:C7)−1)

和

= (COUNT(B3:C7)−1)∗VAR(B3:C7)/CHIINV(1−0.1/2,COUNT(B3:C7)−1)

7.3.3 两个正态总体参数的区间估计

我们知道大学生有男女之分,自然产生问题:男、女大学生平均身高有差异吗?要解决这一问题,我们可从某高校男大学生中随机地抽查 9 人、女大学生中随机地抽查 11 人分别测量身高来研究男女平均身高差异. 不论结果如何,还可以通过样本方差来判断:男、女大学生两组身高测量数据哪一组有效.

一般地,设 $\bar{X}$ 和 S_1^2 是来自正态总体 $X \sim N(\mu_1, \sigma_1^2)$ 的容量为 n_1 的样本 $X_1, X_2, \cdots, X_{n_1}$ 的均值和方差;$\bar{Y}$ 和 S_2^2 是来自正态总体 $Y \sim N(\mu_2, \sigma_2^2)$ 的容量为 n_2 的样本 $Y_1, Y_2, \cdots, Y_{n_2}$ 的均值和方差,且设这两个正态总体相互独立.

1. 均值差的区间估计

(1) σ_1^2, σ_2^2 已知时.

样本函数

$$Z = \frac{(\overline{X}-\overline{Y})-(\mu_1-\mu_2)}{\sqrt{\dfrac{\sigma_1^2}{n_1}+\dfrac{\sigma_2^2}{n_2}}}$$

服从标准正态分布. 可得均值差 $\mu_1-\mu_2$ 的 $1-\alpha$ 置信区间为

$$\left[(\overline{X}-\overline{Y})-z_{\frac{\alpha}{2}}\sqrt{\frac{\sigma_1^2}{n_1}+\frac{\sigma_2^2}{n_2}},\ (\overline{X}-\overline{Y})+z_{\frac{\alpha}{2}}\sqrt{\frac{\sigma_1^2}{n_1}+\frac{\sigma_2^2}{n_2}}\right], \tag{7.4}$$

其中分位数(临界值) $z_{\frac{\alpha}{2}}$ 在 Excel 中利用 NORMSINVTINV$\left(1-\dfrac{\alpha}{2}\right)$ 得到.

(2) σ_1^2, σ_2^2 未知,但 $\sigma_1=\sigma_2$ 时.

样本函数

$$T = \frac{(\overline{X}-\overline{Y})-(\mu_1-\mu_2)}{S_w\sqrt{n_1^{-1}+n_2^{-1}}} \sim t(n_1+n_2-2),$$

其中

$$S_w = \sqrt{\frac{(n_1-1)S_1^2+(n_2-1)S_2^2}{n_1+n_2-2}} = \sqrt{\frac{\sum_{i=1}^{n_1}(X_i-\overline{X})^2+\sum_{j=1}^{n_2}(Y_j-\overline{Y})^2}{n_1+n_2-2}}.$$

此时均值差 $\mu_1-\mu_2$ 的 $1-\alpha$ 置信区间为

$$\left[(\overline{X}-\overline{Y})-t_{\frac{\alpha}{2}}(n_1+n_2-2)S_w\sqrt{n_1^{-1}+n_2^{-1}},\ (\overline{X}-\overline{Y})+t_{\frac{\alpha}{2}}(n_1+n_2-2)S_w\sqrt{n_1^{-1}+n_2^{-1}}\right]. \tag{7.5}$$

其中分位数 $t_{\frac{\alpha}{2}}(n_1+n_2-2)$ 在 Excel 中利用 TINV$\left(\dfrac{\alpha}{2},n_1+n_2-2\right)$ 得到.

例4 在甲、乙两地随机抽取同一品种小麦籽粒的样本,其容量分别为 5 和 7,分析其蛋白质含量为

甲:12.6,13.4,11.9,12.8,13.0;

乙:13.1,13.4,12.8,13.5,13.3,12.7,12.4.

蛋白质含量符合正态等方差条件,在 Excel 中估计甲、乙两地小麦蛋白质含量差 $\mu_1-\mu_2$ 所在的范围.(取 $\alpha=0.05$)

解 操作步骤如下:

第一步 在 A2:A6 中输入甲组数据,在 B2:B8 中输入乙组数据;

第二步 在单元格 B11 中输入公式=AVERAGE(A2:A6),在单元格 B12 中输入公式=AVERAGE(B2:B8),分别计算出甲组和乙组的样本均值;

第三步 在单元格 C11 和 C12 中分别输入公式=VAR(A2:A6),=VAR(B2:B8),计算出两组样本的方差;

第四步 在单元格 D11 和 D12 分别输入公式=COUNT(A2:A6),=COUNT(B2:B8),计算各样本的容量大小;

第五步 将显著性水平 0.05 输入到单元格 E11 中;

第六步 分别在单元格 B13 和 B14 中输入

=B11−B12−TINV(0.025,10)*SQRT((4*C11+6*C12)/10)*SQRT(1/5+1/7)

和

=B11−B12+TINV(0.025,10)*SQRT((4*C11+6*C12)/10)*SQRT(1/5+1/7)

计算出置信区间的下限和上限,计算结果如图 7.2 所示.

	A	B	C	D	E
1	甲	乙			
2	12.6	13.1			
3	13.4	13.4			
4	11.9	12.8			
5	12.8	13.5			
6	13	13.3			
7		12.7			
8		12.4			
9					
10		样本均值	样本方差	样本数	置信度
11	甲	12.74	0.308	5	0.05
12	乙	13.02857	0.165714	7	
13	置信下限	−1.01623			
14	置信上限	0.439082			

图 7.2 蛋白质含量差的置信区间的 Excel 计算结果

(3) σ_1^2, σ_2^2 未知,n_1 和 n_2 充分大时.

均值差 $\mu_1 - \mu_2$ 的 $1-\alpha$ 置信区间近似为

$$\left[(\bar{X}-\bar{Y})-z_{\frac{\alpha}{2}}\sqrt{\frac{S_1^2}{n_1}+\frac{S_2^2}{n_2}}, (\bar{X}-\bar{Y})+z_{\frac{\alpha}{2}}\sqrt{\frac{S_1^2}{n_1}+\frac{S_2^2}{n_2}}\right].$$

2. 方差比的区间估计

(1) μ_1, μ_2 已知时.

样本函数

$$F = \frac{\dfrac{\sum_{i=1}^{n_1}(X_i-\mu_1)^2}{n_1\sigma_1^2}}{\dfrac{\sum_{j=1}^{n_2}(Y_j-\mu_2)^2}{n_2\sigma_2^2}} \sim F(n_1, n_2).$$

F 分布的概率密度的图形不对称,故在置信度为 $1-\alpha$ 时要找最短的置信区间也是困难的.仿照概率密度的图形对称的情形,选取区间 $(F_{1-\frac{\alpha}{2}}(n_1,n_2), F_{\frac{\alpha}{2}}(n_1,n_2))$,使得

$$P\{F \geqslant F_{1-\frac{\alpha}{2}}(n_1,n_2)\} = 1-\frac{\alpha}{2}, \quad P\{F \geqslant F_{\frac{\alpha}{2}}(n_1,n_2)\} = \frac{\alpha}{2}.$$

使上式成立的最小数 $F_{1-\frac{\alpha}{2}}(n_1,n_2), F_{\frac{\alpha}{2}}(n_1,n_2)$ 分别称为第一自由度为 n_1、第二自由度为 n_2 的 F 分布的下 $\frac{\alpha}{2}$ 分位数、上 $\frac{\alpha}{2}$ 分位数.

于是

$$P\{F_{1-\frac{\alpha}{2}}(n_1,n_2) \leqslant F \leqslant F_{\frac{\alpha}{2}}(n_1,n_2)\}$$
$$= P\{F \geqslant F_{1-\frac{\alpha}{2}}(n_1,n_2)\} - P\{F \geqslant F_{\frac{\alpha}{2}}(n_1,n_2)\}$$
$$= 1-\alpha.$$

由此,方差比 $\dfrac{\sigma_1^2}{\sigma_2^2}$ 的 $1-\alpha$ 置信区间为

$$\left[\frac{\dfrac{\sum_{i=1}^{n_1}(X_i-\mu_1)^2}{n_1}}{F_{\frac{\alpha}{2}}(n_1,n_2)\dfrac{\sum_{j=1}^{n_2}(Y_j-\mu_2)^2}{n_2}}, \frac{\dfrac{\sum_{i=1}^{n_1}(X_i-\mu_1)^2}{n_1}}{F_{1-\frac{\alpha}{2}}(n_1,n_2)\dfrac{\sum_{j=1}^{n_2}(Y_j-\mu_2)^2}{n_2}}\right]. \tag{7.6}$$

(2) μ_1,μ_2 未知时.

样本函数

$$F=\frac{\dfrac{S_1^2}{\sigma_1^2}}{\dfrac{S_2^2}{\sigma_2^2}} \sim F(n_1-1,n_2-1),$$

此时方差比 $\dfrac{\sigma_1^2}{\sigma_2^2}$ 的 $1-\alpha$ 置信区间为

$$\left[\frac{S_1^2}{F_{\frac{\alpha}{2}}(n_1-1,n_2-1)S_2^2}, \frac{S_1^2}{F_{1-\frac{\alpha}{2}}(n_1-1,n_2-1)S_2^2}\right]. \tag{7.7}$$

例5 某厂利用两条自动化流水线罐装番茄酱.现分别从两条流水线上抽取了容量分别为 13 与 17 的两个相互独立的样本 $X_1,X_2,\cdots,X_{13}$ 与 $Y_1,Y_2,\cdots,Y_{17}$.已知

$$\bar{x}=10.6\text{g},\bar{y}=9.5\text{g},s_1^2=2.4\text{g}^2,s_2^2=4.7\text{g}^2,$$

假设两条流水线上罐装的番茄酱的重量都服从正态分布,其均值分别为 μ_1 与 μ_2.

(1) 若它们的方差相同,即 $\sigma_1^2=\sigma_2^2=\sigma^2$,求均值差 $\mu_1-\mu_2$ 的置信度为 0.95 的置信区间;

(2) 若不知它们的方差是否相同,求它们的方差比的置信度为 0.95 的置信区间.

解 (1) 取枢轴量为

$$\frac{(\overline{X}-\overline{Y})-(\mu_1-\mu_2)}{\sqrt{\dfrac{1}{n}+\dfrac{1}{m}}\sqrt{\dfrac{(n-1)S_1^2+(m-1)S_2^2}{n+m-2}}} \sim t(n+m-2),$$

在 Excel 中输入公式 =TINV(0.05,28),得 $t_{0.025}(28)=2.0484$,由公式(7.5),得 $\mu_1-\mu_2$ 的置信(随机)区间为

$$\left(({\overline X}-{\overline Y})\pm t_{\frac{\alpha}{2}}\sqrt{\dfrac{1}{n}+\dfrac{1}{m}}\sqrt{\dfrac{(n-1)S_1^2+(m-1)S_2^2}{n+m-2}}\right),$$

在样本观测值下的 $\mu_1-\mu_2$ 的置信区间为 $(-0.3545, 2.5545)$.

(2) 取枢轴量为

$$F = \frac{S_1^2/\sigma_1^2}{S_2^2/\sigma_2^2} = \frac{\dfrac{S_1^2}{S_2^2}}{\dfrac{\sigma_1^2}{\sigma_2^2}} \sim F(12,16),$$

在 Excel 中输入公式 $= \text{FINV}(\alpha, n_1, n_2)$,得

$$F_{0.025}(12,16) = 2.89, \quad F_{0.975}(12,16) = \frac{1}{F_{0.025}(16,12)} \approx \frac{1}{3.16},$$

由公式(7.7),得方差比 $\dfrac{\sigma_1^2}{\sigma_2^2}$ 的置信区间为 $(0.1767, 1.6136)$.

例 6 有两个化验员 A,B,他们独立地对某种聚合物的含氯量用相同的方法各做了 10 次测定,其测定值的方差分别是 $s_A = 0.5419, s_B = 0.6065$. 设 σ_A^2 和 σ_B^2 分别是 A,B 所测量的数据总体(设为正态分布)的方差,利用 Excel 求方差比 $\dfrac{\sigma_A^2}{\sigma_B^2}$ 的 0.95 置信区间.

解 操作步骤如下:
第一步　在单元格 B2,B3 中输入样本数,C2,C3 中输入样本方差,D2 中输入置信度;
第二步　在 B4 和 B5 中分别输入公式:

$$= \text{C2}/(\text{C3} * \text{FINV}(1 - \text{D2}/2, \text{B2} - 1, \text{B3} - 1))$$

和

$$= \text{C2}/(\text{C3} * \text{FINV}(\text{D2}/2, \text{B2} - 1, \text{B3} - 1))$$

计算出 A 组和 B 组的方差比的置信区间上限和下限,计算结果如图 7.3 所示.

	A	B	C	D	E	F
1		样本数	样本方差	置信度		
2	A	10	0.5419	0.05		
3	B	10	0.6065			
4	置信上限	3.597169				
5	置信下限	0.22193				

图 7.3　方差比的置信区间的 Excel 计算结果

练习题

1. 已知大学生的身高呈正态分布,今从某大学随机抽样 18 名女生,身高(单位:cm)如表 7.2 所示.

(1) 若标准差为 6cm,但其平均数 μ 未知,试求女生身高的 95% 的置信区间;
(2) 若未知 σ,求女生身高的 95% 的置信区间;
(3) 若已知 $\mu = 168$(cm),求方差 σ^2 的置信度为 95% 的置信区间;
(4) 若未知 μ,求方差 σ^2 的置信度为 95% 的置信区间.

表 7.2 18 名女生身高(单位:cm)

	A	B	C	D	E	F
1	166.2	161.5	175.7	156.9	154.9	155.3
2	160.3	163.9	175.2	162.1	166.6	164.6
3	169.5	157.9	178.4	163.4	174.6	165.6

2. 有来自正态总体 $X \sim N(\mu, 0.9^2)$,容量为 9 的简单随机样本,若得到样本均值 $\overline{X} = 5$,则未知参数 μ 的置信度为 0.95 的置信区间是什么?

复习巩固题

1. 某保险公司从投保人中随机抽取 36 人,计算出此 36 人的平均年龄 $\overline{x} = 39.5$ 岁,已知投保人年龄分布近似服从正态分布,标准差为 7.2 岁,试求全体投保人平均年龄的置信度为 99% 的置信区间.

2. 测试铝的比重 16 次,测得 $\overline{x} = 2.075, s = 0.029$,设测试结果服从正态分布,求铝的比重的置信度为 95% 的置信区间.

3. 某食品厂从生产的罐头中随机抽取 15 个称量其重量,得样本方差 $s^2 = 1.65^2(g^2)$,设罐头的重量服从正态分布,试求其方差的置信度为 90% 的置信区间.

4. 假设初生男婴的体重服从正态分布.随机测定 12 名初生男婴的体重(单位:g),得数据如下:

3100,2520,3000,3000,3600,3160,3560,3320,2880,2600,3400,2540.

试求初生男婴体重的标准差 σ 的置信度为 95% 的置信区间.

5. 研究两种固体燃料火箭推进器的燃烧率.设两者都服从正态分布,并且一直燃烧率的标准差为 0.05cm/s,取两个相互独立的样本,样本容量为 $n_1 = n_2 = 20$,得样本均值分别为 $\overline{x}_1 = 18$cm/s,$\overline{x}_2 = 24$cm/s,求两燃烧率总体均值差 $\mu_1 - \mu_2$ 的置信度为 0.99 的置信区间.

6. 甲、乙两人独立地测量某化学物质的含量 10 次,设总体服从正态分布,样本方差为 $s_1 = 0.7355, s_2 = 0.7788$.设 σ_1^2, σ_2^2 分别为两人所测定的方差,求 $\dfrac{\sigma_1^2}{\sigma_2^2}$ 的置信度为 95% 的置信区间.

7.4 案例分析——产品质量标准与质量控制

一般产品质量的标准都有国家标准,企业生产的产品必须符合国家标准才准销售,但有些特殊情况,比如某些新产品,是没有国家标准的.此时,企业必须制定企业标准,并予以发布.对企业来说标准高了,生产成本高,但可以有较强的市场竞争力;标准低了,节约了成本,但影响产品的市场竞争力.

例如,某材料厂生产的某种新型材料的抗拉力服从正态分布(没有国家标准).现测试10个试件,测得抗拉力数据(单位:10^3N/cm^3)如下:

$$49.3, 48.6, 47.5, 48.0, 51.2, 45.6, 47.7, 49.5, 46.0, 50.6.$$

此时,该厂应如何制定该材料的企业标准?即若抗拉力大于 μ_0 时,即为合格产品,μ_0 等于多少?另一方面,从工厂的管理来看,希望产品质量比较稳定,因此希望该材料的抗拉力变化不应该太大,该如何进行质量控制?

解 对于产品质量标准,由于没有国家标准,此时,企业必须制定企业标准,对于企业来说,应该制定的标准是绝大部分的产品都是合格的,但尽可能使 μ_0 比较大,因此我们可以考虑抗拉力 95% 的置信下限.

由于 $X \sim N(\mu, \sigma^2)$,其中 σ^2 未知,$n = 10$,由样本观测值算出,$\bar{x} = 48.4$,$s^2 = 3.31111$,$s = 1.81964$,对 $\alpha = 0.05$ 利用 Excel,得 $t_{0.05}(9) = 1.83$,而

$$\mu_0 > \bar{x} - \frac{s}{\sqrt{10}} t_{0.05}(9) = 47.346,$$

所以平均抗拉力的 95% 的置信下限为 47.346,此时,可以设定抗拉力标准为 47.346.对企业来讲,由于有 95% 的产品都满足该标准,销售时,不会出现大批退货,对于车间来说,生产的产品落在 5% 中,受一定的损失也是应该的.

对于产品质量控制,主要是从两个方面:一方面,抗拉力不应低于 47.346;另一方面,抗压力的方差不应太大.因此我们可以考虑抗拉力 95% 的方差置信上限.

给定的 $\alpha = 0.05$,利用 Excel,得 $\chi^2_{0.95}(9) = 3.325$,故

$$\frac{9 \times s^2}{\chi^2_{0.95}(9)} = 8.962102,$$

即 σ^2 的 95% 的置信上限为 8.962102.

因此,当产品的抗拉力的方差超出 8.962102 时,就有理由认为该车间的生产有问题.

7.5 本章内容小结

参数估计分为点估计和区间估计.点估计是适当地选择一个统计量作为未知参数的估计(称为估计量),如果已取得一样本,把样本值代入估计量,得估计量的值,以估计量的值作为未知参数的近似值(称为估计值).

本章介绍了两种求点估计的方法:一是矩估计法,二是最大似然估计法.

矩估计法是以样本矩作为总体矩的估计量,而以样本矩的连续函数作为相应的总体矩的连续函数的估计量,从而得到总体未知参数的估计.

最大似然估计法的基本思想是,如果已观察到样本 $X_1, X_2, \cdots, X_n$ 的样本值 $x_1, x_2, \cdots, x_n$,而取到这一样本值的概率为 p(总体 X 是离散型随机变量),或多维随机变量 $(X_1, X_2,$

$\cdots,X_n$)落在这一样本值($x_1,x_2,\cdots,x_n$)的邻域内的概率为 p(总体 X 是连续型随机变量),而 p 与未知参数有关,我们就取 θ 的估计值使概率 p 取到最大.在统计中往往先选用最大似然估计法,在最大似然估计法使用有困难时再用矩估计法.

对于一个未知参数可以提出不同的估计量,因此自然提出比较估计量好坏的问题,这就需要给出评定估计量好坏的标准.估计量是一个随机变量,对于不同的样本值,给出的参数估计值一般不同,因而在考虑估计量好坏时,应从某种整体性去衡量,而不能看它在个别样本之下表现如何.本章介绍了三个标准:无偏性、有效性和相合性.相合性是对估计量的一个基本要求,不具备相合性的估计量,我们是不予考虑的.

点估计不能反映估计的精度,对此引入了区间估计.置信区间是一个随机区间$[\underline{\theta},\overline{\theta}]$,它包含未知参数具有预先给定的概率(置信度),即对于任意 $\theta\in\Theta$,有 $P\{\underline{\theta}\leqslant\theta\leqslant\overline{\theta}\}=1-\alpha$.例如,对于正态总体 $X\sim N(\mu,\sigma^2)$,σ^2 是未知,可得 μ 的置信度为 $1-\alpha$ 的置信区间为

$$\left[\overline{X}-t_{\frac{\alpha}{2}}(n-1)\frac{S}{\sqrt{n}},\overline{X}+t_{\frac{\alpha}{2}}(n-1)\frac{S}{\sqrt{n}}\right]. \qquad (*)$$

就是说,随机区间包含 μ 的概率为 $1-\alpha$. 一旦得到样本值 $x_1,x_2,\cdots,x_n$,将其代入($*$)式,得数量区间

$$\left[\overline{x}-t_{\frac{\alpha}{2}}(n-1)\frac{s}{\sqrt{n}},\overline{x}+t_{\frac{\alpha}{2}}(n-1)\frac{s}{\sqrt{n}}\right]\xrightarrow{\text{记作}}[-c,c].$$

这个区间$[-c,c]$也称为 μ 的置信度为 $1-\alpha$ 的置信区间,意指"区间$[-c,c]$包含 μ"这一陈述的可信程度为 $1-\alpha$.

但是将这一事实写成 $P\{-c\leqslant\mu\leqslant c\}=1-\alpha$ 是错误的,因为$[-c,c]$是一个确定的数量区间,要么有 $\mu\in[-c,c]$,此时 $P\{-c\leqslant\mu\leqslant c\}=1$;要么有 $\mu\notin[-c,c]$,此时 $P\{-c\leqslant\mu\leqslant c\}=0$.

本章只介绍了双侧置信区间,下面举例说明单侧置信区间.

对于正态总体 $X\sim N(\mu,\sigma^2)$,σ^2 是未知,可得 μ 的置信度为 $1-\alpha$ 的单侧置信区间为

(1) $\left(-\infty,\overline{X}+t_\alpha(n-1)\dfrac{S}{\sqrt{n}}\right]$,单侧置信上限为 $\overline{\mu}=\overline{X}+t_\alpha(n-1)\dfrac{S}{\sqrt{n}}$;

(2) $\left[\overline{X}-t_\alpha(n-1)\dfrac{S}{\sqrt{n}},+\infty\right)$,单侧置信下限为 $\underline{\mu}=\overline{X}-t_\alpha(n-1)\dfrac{S}{\sqrt{n}}$.

对于单(双)侧置信区间与置信上(下)限,我们总结成表 7.2.

表 7.2 正态总体均值、方差的双侧置信区间与单侧置信上(下)限

	待估参数	其他参数	枢轴量及分布	双侧置信区间	单侧置信上(下)限
一个正态总体	μ	σ^2 已知	$Z=\dfrac{\overline{X}-\mu}{\sigma/\sqrt{n}}\sim N(0,1)$	$\left[\overline{X}\mp z_{\frac{\alpha}{2}}\dfrac{\sigma}{\sqrt{n}}\right]$	$\overline{\mu}=\overline{X}+z_\alpha\dfrac{\sigma}{\sqrt{n}},\underline{\mu}=\overline{X}-z_\alpha\dfrac{\sigma}{\sqrt{n}}$
	μ	σ^2 未知	$T=\dfrac{\overline{X}-\mu}{S/\sqrt{n}}\sim t(n-1)$	$\left[\overline{X}\mp t_{\frac{\alpha}{2}}(n-1)\dfrac{S}{\sqrt{n}}\right]$	$\overline{\mu}=\overline{X}+t_\alpha(n-1)\dfrac{S}{\sqrt{n}},\underline{\mu}=\overline{X}-t_\alpha(n-1)\dfrac{S}{\sqrt{n}}$
	σ^2	μ 已知	$\chi^2=\dfrac{\sum_{i=1}^{n}(X_i-\mu)^2}{\sigma^2}\sim\chi^2(n)$	$\left[\dfrac{\sum_{i=1}^n(X_i-\mu)^2}{\chi^2_{\frac{\alpha}{2}}(n)},\dfrac{\sum_{i=1}^n(X_i-\mu)^2}{\chi^2_{1-\frac{\alpha}{2}}(n)}\right]$	$\overline{\sigma^2}=\dfrac{\sum_{i=1}^n(X_i-\mu)^2}{\chi^2_{1-\alpha}(n)},\underline{\sigma^2}=\dfrac{\sum_{i=1}^n(X_i-\mu)^2}{\chi^2_\alpha(n)}$
	σ^2	μ 未知	$\chi^2=\dfrac{(n-1)S^2}{\sigma^2}\sim\chi^2(n-1)$	$\left[\dfrac{(n-1)S^2}{\chi^2_{\frac{\alpha}{2}}(n-1)},\dfrac{(n-1)S^2}{\chi^2_{1-\frac{\alpha}{2}}(n-1)}\right]$	$\overline{\sigma^2}=\dfrac{(n-1)S^2}{\chi^2_{1-\alpha}(n-1)},\underline{\sigma^2}=\dfrac{(n-1)S^2}{\chi^2_\alpha(n-1)}$
两个正态总体	$\mu_1-\mu_2$	σ_1^2,σ_2^2 已知	$Z=\dfrac{(\overline{X}-\overline{Y})-(\mu_1-\mu_2)}{\sqrt{\dfrac{\sigma_1^2}{n_1}+\dfrac{\sigma_2^2}{n_2}}}\sim N(0,1)$	$\left[(\overline{X}-\overline{Y})\mp z_{\frac{\alpha}{2}}\sqrt{\dfrac{\sigma_1^2}{n_1}+\dfrac{\sigma_2^2}{n_2}}\right]$	$\overline{\mu_1-\mu_2}=(\overline{X}-\overline{Y})+z_\alpha\sqrt{\dfrac{\sigma_1^2}{n_1}+\dfrac{\sigma_2^2}{n_2}}$ $\underline{\mu_1-\mu_2}=(\overline{X}-\overline{Y})-z_\alpha\sqrt{\dfrac{\sigma_1^2}{n_1}+\dfrac{\sigma_2^2}{n_2}}$
	$\mu_1-\mu_2$	$\sigma_1^2=\sigma_2^2$ 未知	$T=\dfrac{(\overline{X}-\overline{Y})-(\mu_1-\mu_2)}{S_w\sqrt{n_1^{-1}+n_2^{-1}}}\sim t(n_1+n_2-2)$, $S_w=\sqrt{\dfrac{(n_1-1)S_1^2+(n_2-1)S_2^2}{n_1+n_2-2}}$	$\left[(\overline{X}-\overline{Y})\mp t_{\frac{\alpha}{2}}(n_1+n_2-2)S_w\sqrt{n_1^{-1}+n_2^{-1}}\right]$	$\overline{\mu_1-\mu_2}=(\overline{X}-\overline{Y})+t_\alpha(n_1+n_2-2)S_w\sqrt{n_1^{-1}+n_2^{-1}}$ $\underline{\mu_1-\mu_2}=(\overline{X}-\overline{Y})-t_\alpha(n_1+n_2-2)S_w\sqrt{n_1^{-1}+n_2^{-1}}$
	$\dfrac{\sigma_1^2}{\sigma_2^2}$	μ_1,μ_2 未知	$F=\dfrac{S_1^2/\sigma_1^2}{S_2^2/\sigma_2^2}\sim F(n_1-1,n_2-1)$	$\left[\dfrac{S_1^2}{F_{\frac{\alpha}{2}}(n_1-1,n_2-1)S_2^2},\dfrac{S_1^2}{F_{1-\frac{\alpha}{2}}(n_1-1,n_2-1)S_2^2}\right]$	$\overline{\dfrac{\sigma_1^2}{\sigma_2^2}}=\dfrac{S_1^2}{F_{1-\alpha}(n_1-1,n_2-1)S_2^2}$ $\underline{\dfrac{\sigma_1^2}{\sigma_2^2}}=\dfrac{S_1^2}{F_\alpha(n_1-1,n_2-1)S_2^2}$

重要术语与主题

矩估计量　最大似然估计量　估计量的评选标准：无偏性、有效性和相合性（一致性）
参数 θ 的置信度为 $1-\alpha$ 的置信区间　单个正态总体均值、方差的置信区间与置信上(下)限
两个正态总体均值差、方差比的置信区间与置信上(下)限

提高题

1. 设总体 X 的概率密度为
$$f(x)=\begin{cases}\dfrac{6x}{\theta^3}(\theta-x), & 0<x<\theta, \\ 0, & 其他,\end{cases}$$
设 $X_1,X_2,\cdots,X_n$ 是取自总体的简单随机样本，求：

(1) θ 矩估计量 $\hat{\theta}$；(2) $\hat{\theta}$ 的方差 $D(\hat{\theta})$.

2. 设某种元件的使用寿命 X 的概率密度为
$$f(x;\theta)=\begin{cases}2\mathrm{e}^{-2(x-\theta)}, & x>\theta, \\ 0, & x\leqslant\theta,\end{cases}$$
其中 $\theta>0$ 为未知参数. 设 $x_1,x_2,\cdots,x_n$ 是 X 的一组样本观测值，求参数 θ 的最大似然估计值.

3. 设总体 X 的概率密度为
$$f(x)=\begin{cases}\lambda a x^{a-1}\mathrm{e}^{-\lambda x^a}, & x>0, \\ 0, & x\leqslant 0,\end{cases}\quad(\lambda>0,a>0),$$
据来自总体 X 的简单随机样本 $X_1,X_2,\cdots,X_n$，求未知参数 λ 的最大似然估计量.

4. 设 $X=\mathrm{e}^Y$，而 $Y\sim N(\mu,\sigma^2)$，则 X 的分布称为对数正态分布. 设 $X_1,X_2,\cdots,X_n$ 是 X 的一个简单随机样本，求出 μ 和 σ^2 的矩估计量和最大似然估计量.

5. 设 $X_1,X_2,\cdots,X_n$ 是泊松分布 $P(\lambda)$ 的简单随机样本，试验证：

(1) 样本方差 S^2 是 λ 的无偏估计；

(2) 对任意正数 $a(0\leqslant a\leqslant 1), a\overline{X}+(1-a)S^2$ 也是 λ 的无偏估计.

6. 设总体 X 的数学期望为 μ，方差为 σ^2，$X_1,X_2,\cdots,X_n$ 和 $Y_1,Y_2,\cdots,Y_m$ 是分别来自总体 X 的两个样本，证明：
$$S^2=\frac{1}{n+m-2}\left[\sum_{i=1}^n(X_i-\overline{X})^2+\sum_{j=1}^m(Y_j-\overline{Y})^2\right]$$
是 σ^2 的无偏估计量.

7. 已知某种材料的抗压值服从正态分布. 现对 10 个试件做抗压值实验，得到数据（单位：$10^6\mathrm{Pa}$）如下：

48.6,38.6,41.0,42.7,43.7,50.0,46.2,44.8,48.3,47.3.

试求该种材料平均抗压值的 95% 的置信区间.

8. 设总体 $X \sim N(\mu,\sigma^2)$，σ^2 已知. 问样本容量 n 多大时，才能保证 μ 的 95% 的置信区间的长度不大于给定常数 L？

9. 假设 0.50, 1.25, 0.80, 2.00 是总体 X 的简单随机样本值，已知 $Y=\ln X$ 服从正态分布 $N(\mu,1)$.

(1) 求 X 的数学期望 $E(X)$（记 $E(X)$ 为 b）；

(2) 求 μ 的置信度为 0.95 的置信区间；

(3) 利用上述结果求 b 的置信度为 0.95 的置信区间.

10. 设 $X_1,X_2,\cdots,X_n$ 是来自总体 $X \sim N(\mu,\sigma^2)$ 的样本，其中 μ 和 σ^2 为未知参数，设随机变量 L 是关于 μ 的置信度为 $1-\alpha$ 的置信区间的长度，求 $E(L^2)$.

第 8 章 假设检验

8.0 引论与本章学习指导

8.0.1 引论

如果已知大学生的身高 X 在正常情况下服从数学期望为 μ、方差为 σ^2 的正态分布. 有人说大学生的平均身高为 175cm, 方差 σ^2 小于 40, 你相信吗? 如何解答? 我们知道, 由于性别因素的影响, 男、女大学生平均身高有差异. 有人说男大学生的平均身高比女大学生的平均身高至少高 10cm, 你相信吗? 从某高校抽取男、女大学生各 10 名进行身高的测量, 两组身高测量数据有差异吗?

对于这些问题, 需要假设检验的理论与方法才能解决.

8.0.2 本章学习指导

本章知识点教学要求如下:

(1) 理解假设检验的基本概念, 包括假设检验的基本思想、假设检验问题、假设检验的步骤和假设检验的两类错误.

(2) 掌握一个正态总体均值和方差的假设检验.

(3) 会两个正态总体均值差和方差比的假设检验.

假设检验的基本思想、假设检验的两类错误学习时大多数同学会感到有困难, 同学们要从方法的角度去学习, 要明白其本质, 课后多与老师讨论.

本章教学安排 3 学时.

8.1 假设检验的基本概念

统计推断的另一类重要问题是假设检验问题. 在总体的分布函数完全未知或只知其形式、但不知参数的情况下, 为了推断总体的某些未知特性, 需要提出关于总体或参数的假设.

例如,提出总体服从二项分布的假设.又如,对于正态总体提出数学期望等于 μ_0 的假设.对此我们要根据样本对假设作出接受或拒绝的决策.这一决策的过程就是本节要介绍的假设检验.

8.1.1 假设检验的基本思想

引例 某高校大学生的身高 X 是一个随机变量,假设它服从以 μ, σ^2 为未知参数的正态分布 $N(\mu, \sigma^2)$.从该高校大学生中任意选取 10 名大学生测量身高,测量值见第 7 章表 7.1. 问如果方差 σ^2 等于 6.5^2,能说该高校大学生的平均身高为 175cm 吗?

我们就认定 $\sigma^2 = 6.5^2$,于是 $X \sim N(\mu, 6.5^2)$,这里 μ 未知.依据表 7.1 的数据来判断 $\mu = 175$ 还是 $\mu \neq 175$.依据表 7.1 的数据,得 μ 的无偏的有效的相合的估计 $\hat{\mu} = 174$.能说 $\mu \neq 175$ 吗?回忆上一章学习的区间估计,对于总体 $X \sim N(\mu, 6.5^2)$ 的样本 $X_1, X_2, \cdots, X_{10}$,在置信度为 0.95 的情况下随机区间 $[\overline{X} - 1.96 \times 6.5/\sqrt{10}, \overline{X} + 1.96 \times 6.5/\sqrt{10}]$ 包含 μ. 也就是说,反复抽取容量为 10 的样本,都可得一个区间,此区间不一定包含未知参数 μ 的真值,而包含真值的区间占 95%.

由表 7.1 测得一组样本值,计算得 $\overline{x} = 174$,则得一区间 $[169.971, 178.029]$,它可能包含也可能不包含 μ 的真值.反复抽样得到的区间中有 95% 的可能包含 μ 的真值.现在的问题是,一次抽取样本,由样本观测值确定的区间 $[169.971, 178.029]$ 包含 $\mu = 175$,因此我们就不能简单地认为 $\mu \neq 175$.注意到 $\mu \neq 175$ 的数值是无限的,而 $\mu = 175$ 具有唯一性,我们先假设 $\mu = 175$,再想办法检查假设 $\mu = 175$ 的正确性.

如何检查假设 $\mu = 175$ 的正确性?对于样本 $X_1, X_2, \cdots, X_{10}$,有 $\overline{X} \sim N\left(\mu, \dfrac{6.5^2}{10}\right)$,即

$$\frac{\overline{X} - \mu}{6.5/\sqrt{10}} \sim N(0, 1).$$

现在假设 $\mu = 175$,则

$$\frac{\overline{X} - 175}{6.5/\sqrt{10}} \sim N(0, 1).$$

取 $\alpha = 0.05$,查表得 $z_{\alpha/2} = 1.96$,有

$$P\left\{\left|\frac{\overline{X} - 175}{6.5/\sqrt{10}}\right| \leqslant 1.96\right\} = 0.95 \text{ 或 } P\left\{\left|\frac{\overline{X} - 175}{6.5/\sqrt{10}}\right| > 1.96\right\} = 0.05.$$

现在 $\overline{x} = 174$,而且满足

$$\left|\frac{\overline{x} - 175}{6.5/\sqrt{10}}\right| = 0.49 \leqslant 1.96,$$

于是有 95% 的把握认为 $\mu = 175$ 与 $\overline{x} = 174$ 的偏差在合理范围内,即有 95% 的把握认为 $\mu = 175$,或者说有 95% 的把握接受假设 $\mu = 175$.

同样地,如果

$$\overline{x} = 170, \left|\frac{\overline{x} - 175}{6.5/\sqrt{10}}\right| = 2.43 > 1.96,$$

那么有 95% 的把握拒绝假设 $\mu=175$.

上面对假设 $\mu=175$ 作出接受或拒绝是依据"小概率事件在一次试验中实际不发生"的原理来作推断的. 我们取 α 比较小,如 $\alpha=0.01,0.05$,如果假设 $\mu=175$ "正确",那么 $\left\{\left|\dfrac{\overline{X}-175}{6.5/\sqrt{10}}\right|>z_{\alpha/2}\right\}$ 就是小概率事件,也就是说一次随机试验得到的观察值 $\bar{x}$ 满足 $\left|\dfrac{\bar{x}-175}{6.5/\sqrt{10}}\right|>z_{\alpha/2}$ 几乎是不可能的. 本章今后把小概率事件的概率预定为 α,数 α 称为**显著性水平**. 现在在一次观察中竟然出现了满足 $\left|\dfrac{\bar{x}-175}{6.5/\sqrt{10}}\right|>z_{\alpha/2}$ 的 $\bar{x}$,或者 $\bar{x}$ 位于区域 $(-\infty,175-z_{\alpha/2}\cdot 6.5/\sqrt{10})$ 或 $(175+z_{\alpha/2}\cdot 6.5/\sqrt{10},+\infty)$,则有理由怀疑假设 $\mu=175$ 的正确性,因而拒绝假设 $\mu=175$. 如果出现的观察值 $\bar{x}$ 满足 $\left|\dfrac{\bar{x}-175}{6.5/\sqrt{10}}\right|\leqslant z_{\alpha/2}$,或者 $\bar{x}$ 位于区域 $[175-z_{\alpha/2}\cdot 6.5/\sqrt{10},175+z_{\alpha/2}\cdot 6.5/\sqrt{10}]$,此时我们没有理由拒绝假设 $\mu=175$,因此只能接受假设 $\mu=175$. 显然接受假设 $\mu=175$ 或拒绝假设 $\mu=175$ 的可靠性达到 $1-\alpha$. 从这个角度我们认识到显著性水平 α 的基本意义.

8.1.2 假设检验问题

上面的判断 $\mu=175$ 还是 $\mu\neq175$ 的问题称为假设检验问题. 通常叙述成:在显著性水平 α 下,针对 $\mu\neq175$,记为 $H_1:\mu\neq175$,检验假设 $\mu=175$,记为 $H_0:\mu=175$. 这里 $H_0:\mu=175$ 称为**原假设**,而 $H_1:\mu\neq175$ 称为**备择假设**(意指在原假设被拒绝后可供选择的假设). 我们要做的工作是,根据样本及其观测值,按上述检验方法进行在 $H_0:\mu=175$ 与 $H_1:\mu\neq175$ 二者之间接受其一的决策. $\bar{x}$ 位于区域 $[175-z_{\alpha/2}\cdot 6.5/\sqrt{10},175+z_{\alpha/2}\cdot 6.5/\sqrt{10}]$ 时,接受 $H_0:\mu=175$,这样的区间称为**接受域**;$\bar{x}$ 位于区域 $(-\infty,175-z_{\alpha/2}\cdot 6.5/\sqrt{10})$ 或 $(175+z_{\alpha/2}\cdot 6.5/\sqrt{10},+\infty)$ 时,拒绝 $H_0:\mu=175$,从而接受 $H_1:\mu\neq175$,这样的区间称为**拒绝域**.

一般地,我们首先根据实际问题建立 H_0 与 H_1;其次在假设 H_0 为真时,选择合适的统计量,由 H_1 确定拒绝域;最后,根据样本观察值计算统计量的观察值,并依据是否落在拒绝域作出拒绝或接受 H_0 的判断. 这就是假设检验问题.

对于某一参数 θ,如果建立

$$H_0:\theta=\theta_0,\ H_1:\theta\neq\theta_0,$$

那么假设检验问题就是**双侧假设检验**问题,此时接受域是以 θ_0 为中心的有限区间,接受域之外的两个半无限区间就是拒绝域.

如果建立

$$H_0:\theta\leqslant\theta_0,\ H_1:\theta>\theta_0,$$

那么假设检验问题就是**右侧假设检验问题**,接受域、拒绝域都是无限区间,一左一右.

如果建立

$$H_0:\theta\geqslant\theta_0,\ H_1:\theta<\theta_0,$$

那么假设检验问题就是**左侧假设检验**问题,拒绝域、接受域都是无限区间,一左一右.

8.1.3 假设检验的两类错误

注意到上面接受假设或拒绝假设的决定是根据样本及其观测值作出的,由于样本具有随机性,这样就有可能作出错误的决定.当 H_0 为真时,可能作出拒绝 H_0 的决定(这种可能性无法消除),这是一种错误,称这类"弃真"的错误为**第一类错误**.而当 H_0 不真时,可能作出接受 H_0 的决定,这也是一种错误,称这类"纳伪"的错误为**第二类错误**.

在确定检验法则时,我们应尽可能使犯两类错误的概率都比较小.但是,进一步讨论可知,一般地,当样本容量固定时,若减少犯一类错误的概率,则犯另一类错误的概率往往增大.若要使犯两类错误的概率都减小,除非增加样本容量.在给定样本容量的情况下,我们总是控制犯第一类错误的概率,使它不大于 α. α 的大小视具体情况而定,通常 α 取 0.1,0.05,0.01 等值.这种只对犯第一类错误的概率加以控制,而不考虑犯第二类错误的概率的检验,称为**显著性检验**.

8.1.4 假设检验的步骤

某一参数 θ 的假设检验问题的解答步骤如下:
(1) 根据实际问题的要求,提出原假设 H_0 与备择假设 H_1;
(2) 给定显著性水平 α 以及样本容量 n;
(3) 确定合适的检验统计量及拒绝域的形式;
(4) 求出接受域与拒绝域;
(5) 抽样,依据样本观察值作出接受 H_0 还是拒绝 H_0 的决策.

> **注意** H_0 与 H_1 地位应平等,但在控制犯第一类错误的概率 α 的原则下,使得采取拒绝 H_0 的决策变得较慎重,即 H_0 得到特别的保护.因而,通常把有把握的、有经验的结论作为原假设,或者尽可能使后果严重的错误成为第一类错误.

练 习 题

1. 如何理解"小概率事件在一次试验中实际不发生"原理?
2. 试述假设检验的基本思想和一般步骤.
3. 显著性水平 α 的选择对假设检验有无影响?
4. 什么是第一类错误和第二类错误?

8.2 一个正态总体参数的假设检验

设 $X_1, X_2, \cdots, X_n$ 为来自总体 $X \sim N(\mu, \sigma^2)$ 的一个样本,在显著性水平 α 下,本节分别讨论参数 μ, σ^2 的假设检验.

8.2.1 一个正态总体均值的假设检验

1. 已知方差 σ^2,关于均值 μ 的检验(Z 检验,或 U 检验)

设方差 $\sigma^2 = \sigma_0^2$,其中 σ_0^2 为已知数,我们检验 μ 是不是等于 μ_0.

(1) 双侧检验.

同上一节,提出如下假设

$$H_0: \mu = \mu_0, \quad H_1: \mu \neq \mu_0.$$

构造统计量

$$Z = \frac{\overline{X} - \mu_0}{\frac{\sigma_0}{\sqrt{n}}} \sim N(0, 1),$$

其中 $\overline{X} = \frac{1}{n}\sum_{i=1}^{n} X_i$.

给定显著性水平 α,根据 $P\{Z \leqslant z_{\frac{\alpha}{2}}\} = \Phi(z_{\frac{\alpha}{2}}) = 1 - \frac{\alpha}{2}$ 得双侧分位数(临界值)$z_{\frac{\alpha}{2}}$.构造接受域 $[-z_{\frac{\alpha}{2}}, z_{\frac{\alpha}{2}}]$ 与拒绝域 $(-\infty, -z_{\frac{\alpha}{2}})$ 或 $(z_{\frac{\alpha}{2}}, +\infty)$.

根据样本观察值,计算 $z = \frac{\overline{x} - \mu_0}{\frac{\sigma_0}{\sqrt{n}}}$,检查 z 值是落在接受域内还是落在拒绝域内而作出接受 H_0 或 H_1 的决定.

(2) 左侧检验.

提出如下假设

$$H_0: \mu \geqslant \mu_0, \quad H_1: \mu < \mu_0.$$

给定显著性水平 α,根据 $P\{Z \leqslant -z_\alpha\} = \Phi(-z_\alpha) = \alpha$ 得左侧分位数(临界值)$-z_\alpha$.构造接受域 $[-z_\alpha, +\infty)$ 与拒绝域 $(-\infty, -z_\alpha)$.

根据样本观察值,计算 $z = \frac{\overline{x} - \mu_0}{\frac{\sigma_0}{\sqrt{n}}}$,检查 z 值是落在接受域内还是落在拒绝域内而作出接受 H_0 或 H_1 的决定.

(3) 右侧检验.

提出如下假设

$$H_0: \mu \leqslant \mu_0, \quad H_1: \mu > \mu_0.$$

给定显著性水平 α，根据 $P\{Z\leqslant z_\alpha\}=\Phi(z_\alpha)=1-\alpha$ 得右侧分位数（临界值）z_α. 构造接受域 $(-\infty,z_\alpha]$ 与拒绝域 $(z_\alpha,+\infty)$.

根据样本观察值，计算 $z=\dfrac{\bar{x}-\mu_0}{\dfrac{\sigma_0}{\sqrt{n}}}$，检查 z 值是落在接受域内还是落在拒绝域内而作出接受 H_0 或 H_1 的决定.

例如，由表 7.1 的样本观察值，能否认为大学生身高均值不大于 180cm？取 $\alpha=0.05$，利用 Excel 得右侧临界值 $z_{0.05}=1.64485$. 现在，

$$z=\frac{\bar{x}-\mu_0}{\dfrac{\sigma_0}{\sqrt{n}}}=\frac{174-180}{\dfrac{6.5}{\sqrt{10}}}=-2.919<z_{0.05},$$

即 z 值落在接受域内不能拒绝 H_0，于是可以认为大学生身高均值不大于 180cm.

例 1 外地一良种作物，其 1000m² 产量（单位：kg）服从 $N(800,50^2)$，引入本地试种，收获时任取 5 块地，其 1000m² 产量分别是：

$$800, 850, 780, 900, 820.$$

假定引种后 1000m² 产量 X 也服从正态分布，试问：

(1) 若方差未变，本地平均产量 μ 与原产地的平均产量 $\mu=800$kg 有无显著变化？

(2) 本地平均产量 μ 是否比原产地的平均产量 $\mu=800$kg 高？

(3) 本地平均产量 μ 是否比原产地的平均产量 $\mu=800$kg 低？

（提示：请利用 Excel 求解）

解 操作步骤如下：

第一步　先建一个如图 8.1 所示的工作表（前三行）；

	A	B	C	D	E	F
1			产量试验 数据			
2						
3	800	850	780	900	820	
4						
5	平均亩产量			830		
6	样本数			5		
7						
8	Z检验值			1.341641		
9	分位数（临界值）（双侧）			1.959961		
10	分位数（临界值）（右侧）			1.644853		
11	分位数（临界值）（左侧）			-1.64485		

图 8.1　Excel 工作表及假设检验结果

第二步　计算样本均值（平均产量），在单元格 D5 中输入公式 =AVERAGE(A3:E3)；

第三步　在单元格 D6 中输入样本数 5；

第四步　在单元格 D8 中输入 Z 检验值计算公式 =(D5−800)/(50/SQRT(D6))；

第五步　在单元格 D9 中输入 Z 检验的临界值 =NORMSINV(0.975)；

第六步　根据算出的数值作出推论. 本例问题(1)中，Z 的检验值 1.341641 小于分位数（临界值）1.959961，故接受原假设，即平均产量与原产地无显著差异；

第七步　本例中，问题(2)要计算 Z 检验的右侧分位数（临界值），在单元格 D10 中输入

Z 检验的上侧临界值＝NORMSINV(0.95)；问题(3)要计算 Z 检验的下侧分位数(临界值)，在单元格 D11 中输入 Z 检验下侧的分位数(临界值)＝NORMSINV(0.05).

计算结果如图 8.1 所示，可知本地平均产量 μ 比原产地的平均产量 $\mu_0=800\mathrm{kg}$ 高的假设接受；同样，本地平均产量 μ 比原产地的平均产量 $\mu_0=800\mathrm{kg}$ 低的假设也接受.

2. 未知方差 σ^2，关于均值 μ 的检验(t 检验)

刚才讨论了方差已知的情形下某学院大学生身高的均值 μ 是否等于 μ_0 的检验问题，下面讨论在方差未知的情形下大学生身高均值 μ 是否等于 μ_0 的检验问题.

(1) 双侧检验.

提出如下假设

$$H_0:\mu=\mu_0, H_1:\mu\neq\mu_0.$$

由于 σ^2 是未知的，用样本方差

$$S^2=\frac{1}{n-1}\sum_{i=1}^{n}(X_i-\overline{X})^2$$

来代替 σ^2，作统计量

$$T=\frac{\overline{X}-\mu_0}{\frac{S}{\sqrt{n}}},$$

其服从自由度为 $n-1$ 的 t 分布.

在显著性水平 α 下，利用 Excel 得双侧分位数(临界值) $t_{\frac{\alpha}{2}}(n-1)$. 构造接受域 $[-t_{\frac{\alpha}{2}}(n-1), t_{\frac{\alpha}{2}}(n-1)]$ 与拒绝域 $(-\infty, -t_{\frac{\alpha}{2}}(n-1))$ 或 $(t_{\frac{\alpha}{2}}(n-1), +\infty)$.

由表 7.1 测得一组样本值，计算得 $\overline{x}=174, s=6.464$，利用 Excel 得 $t_{0.025}(10-1)=2.262$，则 $t=\frac{\overline{x}-\mu_0}{\frac{s}{\sqrt{n}}}=\frac{174-175}{\frac{6.464}{\sqrt{10}}}=-0.489$ 满足 $|-0.489|<2.262$，故接受 $H_0:\mu=175$.

(2) 左侧检验.

提出如下假设

$$H_0:\mu\geq\mu_0, H_1:\mu<\mu_0.$$

给定显著性水平 α，利用 Excel 得单侧分位数(单尾临界值) $t_\alpha(n-1)$. 构造接受域 $[-t_\alpha(n-1), +\infty)$ 与拒绝域 $(-\infty, -t_\alpha(n-1))$.

根据样本观察值，计算 $t=\frac{\overline{x}-\mu_0}{\frac{s}{\sqrt{n}}}$，检查 t 值是落在接受域内还是落在拒绝域内而作出接受 H_0 或 H_1 的决定.

(3) 右侧检验.

提出如下假设

$$H_0:\mu\leq\mu_0, H_1:\mu>\mu_0.$$

给定显著性水平 α，利用 Excel 得单侧分位数(单尾临界值) $t_\alpha(n-1)$. 构造接受域 $(-\infty,$

$t_\alpha(n-1)]$ 与拒绝域 $(t_\alpha(n-1),+\infty)$.

例 2 某一引擎制造商新生产某一种引擎,将生产的引擎装入汽车内进行速度测试,得到行驶速度如下:

250,238,265,242,248,258,255,236,245,261,254,256,246,242,247,256,258,259,262,263.

该引擎制造商宣称引擎的平均速度高于 250km/h,请问样本数据在显著性水平为 0.025 时,是否和该引擎制造商的声明相抵触?

解 操作步骤如下:

第一步 先建如图 8.2 所示的工作表(前六行);

	A	B	C	D	E
1		引擎速度测试			
2					
3	250	238	265	242	248
4	258	255	236	245	261
5	254	256	246	242	247
6	256	258	259	262	263
7					
8	平均速度			252.05	
9	标准差			8.64185	
10	样本数			20	
11	检验值			1.06087	
12	临界值			2.093	

图 8.2 工作表及计算结果

第二步 计算样本均值:在单元格 D8 中输入公式=AVERAGE(A3:E6);

第三步 计算标准差:在单元格 D9 中输入公式=STDEV(A3:E6);

第四步 在单元格 D10 中输入样本数 20;

第五步 在单元格 D11 中输入 t 检验值计算公式=(D8−250)/(D9/(SQRT(D10))),得到结果 1.06087;

第六步 在单元格 D12 中输入 t 检验上侧分位数(临界值)计算公式=TINV(0.05, D10−1).

欲检验假设

$$H_0:\mu=250, H_1:\mu>250.$$

已知 t 统计量的自由度为 $n-1=20-1=19$,拒绝域为 $t>t_{0.025}=2.093$.由上面计算得到 t 检验统计量的值 1.06087 落在接收域内,故接收原假设 H_0.

8.2.2 一个正态总体方差的假设检验

某高校大学生的身高 $X\sim N(\mu,\sigma^2)$,μ 为未知参数.上一节介绍了 μ 的检验,下面我们介绍 σ^2 的检验,即从该高校大学生中任意选取 10 名大学生测量身高,测量值见第 7 章表 7.1,问方差 σ^2 是否为 σ_0^2(如 6.5^2).

(1) 双侧检验.

提出如下假设

$$H_0:\sigma^2=\sigma_0^2, H_1:\sigma^2\neq\sigma_0^2.$$

由于 μ 是未知的,作统计量
$$\chi^2 = \frac{(n-1)S^2}{\sigma_0^2},$$

其服从自由度为 $n-1$ 的 χ^2 分布. 在显著性水平 α 下,利用 Excel 得分位数(临界值) $\chi^2_{1-\frac{\alpha}{2}}(n-1)$, $\chi^2_{\frac{\alpha}{2}}(n-1)$. 构造接受域 $[\chi^2_{1-\frac{\alpha}{2}}(n-1), \chi^2_{\frac{\alpha}{2}}(n-1)]$ 与拒绝域 $(-\infty, \chi^2_{1-\frac{\alpha}{2}}(n-1))$ 或 $(\chi^2_{\frac{\alpha}{2}}(n-1), +\infty)$.

现取 $\sigma_0^2 = 6.5^2$,由表 7.1 测得一组样本值,计算得 $s = 6.464$,利用 Excel 得 $\chi^2_{0.975}(10-1) = 2.700$,得 $\chi^2_{0.025}(10-1) = 19.023$,则 $\chi^2 = \frac{(n-1)s^2}{\sigma_0^2} = 8.686$,满足 $2.700 < 8.686 < 19.023$,故接受 $H_0: \sigma^2 = \sigma_0^2 = 6.5^2$.

(2) 左侧检验.

提出如下假设
$$H_0: \sigma^2 \geqslant \sigma_0^2, \quad H_1: \sigma^2 < \sigma_0^2.$$

给定显著性水平 α,利用 Excel 得 $\chi^2_{1-\alpha}(n-1)$. 构造接受域 $[\chi^2_{1-\alpha}(n-1), +\infty)$ 与拒绝域 $(-\infty, \chi^2_{1-\alpha}(n-1))$.

根据样本观察值,计算 $\chi^2 = \frac{(n-1)s^2}{\sigma_0^2}$,检查 χ^2 值是落在接受域内还是落在拒绝域内而作出接受 H_0 或 H_1 的决定.

(3) 右侧检验.

提出如下假设
$$H_0: \sigma^2 \leqslant \sigma_0^2, \quad H_1: \sigma^2 > \sigma_0^2.$$

给定显著性水平 α,利用 Excel 得 $\chi^2_{\alpha}(n-1)$. 构造接受域 $(-\infty, \chi^2_{\alpha}(n-1)]$ 与拒绝域 $(\chi^2_{\alpha}(n-1), +\infty)$.

根据样本观察值,计算 $\chi^2 = \frac{(n-1)s^2}{\sigma_0^2}$,检查 χ^2 值是落在接受域内还是落在拒绝域内而作出接受 H_0 或 H_1 的决定.

例 3 某汽车配件厂对采用新工艺加工好的 25 个活塞的直径进行测量,得样本方差 $s^2 = 0.00066$. 已知用老工艺生产的活塞直径的方差为 0.00040,问进一步改革应朝何方向进行?

解 一般进行工艺改革时,若指标的方差显著增大,则改革需朝相反方向进行以减少方差;若方差变化不显著,则需试行别的改革方案.

设测量值 $X \sim N(\mu, \sigma^2)$, $\sigma^2 = 0.00040$,需考察改革后活塞直径的方差是否不大于改革前的方差,故待检验假设可设为
$$H_0: \sigma^2 \leqslant 0.00040, \quad H_1: \sigma^2 > 0.00040.$$

此时可采用效果相同的单边假设检验
$$H_0: \sigma^2 = 0.00040, \quad H_1: \sigma^2 > 0.00040.$$

取统计量

$$\chi^2 = \frac{(n-1)S^2}{\sigma_0^2} \sim \chi^2(n-1).$$

给定显著性水平 $\alpha=0.05$,利用 Excel 得 $\chi^2_{0.05}(24)=36.415$,由样本观察值,有

$$\chi^2 = \frac{24 \times 0.00066}{0.00040} = 39.6 > 36.415,$$

故拒绝 H_0,即改革后的方差显著大于改革前,因此下一步的改革应朝相反方向进行.

练习题

1. 已知全国高校男生百米跑成绩(单位:s)的平均数 $\mu_0=14.5$,标准差 $\sigma_0=0.72$,为了比较某高校男生与全国高校男生的百米跑水平,现从该校随机抽测 13 名男生的百米跑成绩,数据如表 8.1 所示.

表 8.1　13 名男生的百米跑成绩(单位:s)

| 15.2 | 14.8 | 14.4 | 14.2 | 13.9 | 13.6 | 13.7 | 13.5 | 13.3 | 13.8 | 14.2 | 14.1 | 14.6 |

(1) 如果标准差 $\sigma=\sigma_0=0.72$,问该校男生的百米跑均值与全国高校男生的百米跑均值有无显著差异?

(2) 如果标准差 $\sigma=\sigma_0=0.72$,问该校男生的百米跑均值是否比全国高校的百米跑均值显著小?并求该校男生的百米跑均值 μ 的 95% 的置信区间.

(3) 如果标准差 σ 未知,问该校男生的百米跑均值与全国高校男生的百米跑均值有无显著差异?已知显著性水平 $\alpha=0.05$.

(4) 如果标准差 σ 未知,问该校男生的百米跑均值是否比全国高校男生的百米跑均值显著小?求该校男生的百米跑均值 μ 的 95% 的置信区间.

(5) 问该校男生的百米跑成绩标准差 σ 是否满足 $\sigma_0=0.72$?求出该校男生的百米跑成绩方差 σ^2 的 95% 的置信区间.

(6) 问该校男生的百米跑成绩方差是否比全国高校男生的百米跑成绩方差显著小呢?求出该校男生的百米跑成绩方差 σ^2 的 95% 的置信区间.

2. 从切割机加工的一批金属中抽取 9 段,测其长度(单位:cm)如下:

49.6,49.3,49.7,50.3,50.6,49.8,49.7,51.0,50.2.

设金属长度服从正态分布,其标准长度为 50cm. 能否判断这台切割机加工的金属棒是合格品?($\alpha=0.05$)

3. 在正常情况下,某肉类加工厂生产的小包装精肉每包重量 X 服从正态分布,标准差 $\sigma=10$. 某日抽取 12 包,测得其重量(单位:g)为

501,497,483,492,510,503,478,494,483,496,502,513.

问该日生产的纯精肉每包重量的标准差是否正常?($\alpha=0.10$)

复习巩固题

1. 已知在正常生产的情况下，某种汽车零件的重量（单位：g）服从正态分布 $N(54, 0.75)$，在某日生产的零件中抽取 10 件，测得重量如下：

$$54.0, 55.1, 53.8, 54.2, 52.1, 54.2, 55.0, 55.8, 55.1, 55.3.$$

如果标准差不变，该日生产的零件的平均重量是否有显著差异？（$\alpha = 0.05$）

2. 设在木材中抽取 100 根，测其小头直径，得到样本平均数为 $\bar{x} = 11.2\text{cm}$，已知标准差 $\sigma_0 = 2.6\text{cm}$，问该批木材的平均小头直径能否认为是在 12cm 以上？

3. 用某种仪器间接测量某种物品的硬度，重复测量 5 次，所得数据是 175, 173, 178, 174, 176，而用别的精确方法测量得到这种物品的硬度为 179（可看作硬度的真值），设该仪器测量所得硬度服从正态分布，问此种仪器测量的硬度是否显著降低？（$\alpha = 0.05$）

4. 由长期累积资料知道，正常男子胃游离酸含量均值为 71.36 单位；胃溃疡患者的胃游离酸含量的均方差是 23.10 单位. 某医院随机抽查胃溃疡治愈者 200 人，测得其胃游离酸含量的均值为 73.70 单位. 问胃溃疡治愈者的胃游离酸含量的数学期望是否正常？（$\alpha = 0.05$）

5. 某维尼龙厂根据长期正常生产的累积资料知道所生产的维尼龙纤度服从正态分布，它的均方差为 0.048. 某日随机抽取 5 根纤维，测得其纤度为 1.32, 1.55, 1.36, 1.40, 1.44，问该日所生产的维尼龙的均方差是否正常？（$\alpha = 0.1$）

6. 用过去的铸造方法，零件强度服从正态分布，其标准差为 1.6kg/mm^2. 为了降低成本，改变了铸造方法，测得用新方法铸出的 9 件零件的强度如下：

$$51.9, 53.0, 52.7, 54.1, 53.2, 52.3, 52.5, 51.1, 54.7.$$

问改变方法后零件强度的方差是否发生了显著变化？（$\alpha = 0.05$）

8.3 两个正态总体参数的假设检验

由于性别因素的影响，男女大学生平均身高有差异. 有人说男大学生的平均身高比女大学生的平均身高至少高 10cm，你相信吗？从某高校抽取男、女大学生各 10 名进行身高的测量，两组身高测量数据有差异吗？

这两个问题就是本节要解决的两个正态总体的均值差、方差比的假设检验问题.

为了叙述方便，符号 $\bar{X}$ 和 S_1^2 是来自正态总体 $X \sim N(\mu_1, \sigma_1^2)$ 的容量为 n_1 的样本 $X_1, X_2, \cdots, X_{n_1}$ 的均值和方差；$\bar{Y}$ 和 S_2^2 是来自正态总体 $Y \sim N(\mu_2, \sigma_2^2)$ 的容量为 n_2 的样本 $Y_1, Y_2, \cdots, Y_{n_2}$ 的均值和方差，且设这两个正态总体相互独立.

8.3.1 两个正态总体均值差的假设检验

1. σ_1^2, σ_2^2 已知时均值差的假设检验

注意到样本函数

$$Z = \frac{(\overline{X}-\overline{Y})-(\mu_1-\mu_2)}{\sqrt{\frac{\sigma_1^2}{n_1}+\frac{\sigma_2^2}{n_2}}}$$

服从标准正态分布.

(1) 双侧检验.

提出如下假设

$$H_0: \mu_1-\mu_2 = \delta, H_1: \mu_1-\mu_2 \neq \delta.$$

作统计量

$$Z = \frac{(\overline{X}-\overline{Y})-\delta}{\sqrt{\frac{\sigma_1^2}{n_1}+\frac{\sigma_2^2}{n_2}}},$$

其服从 $N(0,1)$.

给定显著性水平 α,利用 Excel 得双侧(尾)分位数(临界值)$z_{\frac{\alpha}{2}}$. 构造接受域 $[-z_{\frac{\alpha}{2}}, z_{\frac{\alpha}{2}}]$ 与拒绝域 $(-\infty, -z_{\frac{\alpha}{2}})$ 或 $(z_{\frac{\alpha}{2}}, +\infty)$.

根据样本观察值,计算 $z = \frac{(\overline{x}-\overline{y})-\delta}{\sqrt{\frac{\sigma_1^2}{n_1}+\frac{\sigma_2^2}{n_2}}}$,检查 z 值是落在接受域内还是落在拒绝域内而作出接受 H_0 或 H_1 的决定.

(2) 左侧检验.

提出如下假设

$$H_0: \mu_1-\mu_2 \geq \delta, H_1: \mu_1-\mu_2 < \delta.$$

构造接受域 $[-z_\alpha, +\infty)$ 与拒绝域 $(-\infty, -z_\alpha)$.

现从某高校抽取男、女大学生各 10 名测量身高,如表 8.2 和表 8.3 所示.

表 8.2 男大学生身高的样本观察值(单位:cm)

男大学生	A1	A2	A3	A4	A5	A6	A7	A8	A9	A10
身高	169	173	185	179	182	176	174	170	172	180

表 8.3 女大学生身高的样本观察值(单位:cm)

女大学生	B1	B2	B3	B4	B5	B6	B7	B8	B9	B10
身高	169	163	175	169	162	167	164	161	172	158

如果 $\sigma_1^2 = 5.3^2, \sigma_2^2 = 5.4^2$,取 $\alpha = 0.05$,利用 Excel 得 $z_{0.05} = 1.645$. 现在,

$$z = \frac{(\overline{x}-\overline{y})-\delta}{\sqrt{\frac{\sigma_1^2}{n_1}+\frac{\sigma_2^2}{n_2}}} = \frac{(176-167)-10}{\sqrt{\frac{5.3^2}{10}+\frac{5.4^2}{10}}} = -0.418 > -1.645,$$

即 z 值落在接受域内不能拒绝 H_0,于是可以相信男大学生的平均身高比女大学生的平均身高至少高 10cm.

（3）右侧检验.

提出如下假设

$$H_0: \mu_1 - \mu_2 \leqslant \delta, H_1: \mu_1 - \mu_2 > \delta.$$

构造接受域 $(-\infty, z_\alpha]$ 与拒绝域 $(z_\alpha, +\infty)$.

例4 某班 20 人进行了数学测验,第 1 组和第 2 组测验结果分别如下:

第 1 组:91,88,76,98,94,92,90,87,100,69;

第 2 组:90,91,80,92,92,94,98,78,86,91.

已知两组的总体方差分别是 57 与 53,取 $\alpha = 0.05$,可否认为两组学生的成绩有差异?（提示:利用 Excel 求解）

解 操作步骤如下:

第一步 建立如图 8.3 所示的工作表(前二列);

	A	B	C	D	E	F
1	第一组	第二组		z-检验：双样本均值分析		
2	91	90				
3	88	91			变量 1	变量 2
4	76	80		平均	88.5	89.2
5	98	92		已知协方差	57	53
6	94	92		观测值	10	10
7	92	94		假设平均差	0	
8	90	98		z	−0.21106	
9	87	78		P(Z<=z) 单尾	0.416421	
10	100	86		z 单尾临界	1.644853	
11	69	91		P(Z<=z) 双尾	0.832842	
12				z 双尾临界	1.959961	
13						

图 8.3 工作表及计算结果

第二步 选取"工具"→"数据分析";

第三步 选定"z 检验:双样本平均差检验";

第四步 单击"确定"按钮,显示一个"z 检验:双样本平均差检验"对话框;

第五步 在"变量 1 的区域"中输入 A2:A11;

第六步 在"变量 2 的区域"中输入 B2:B11;

第七步 在"输出区域"中输入 D1;

第八步 在显著水平"α"框中输入 0.05;

第九步 在"假设平均差"窗口中输入 0;

第十步 在"变量 1 的方差"窗口中输入 57;

第十一步 在"变量 2 的方差"窗口中输入 53;

第十二步 单击"确定"按钮,得到的结果如图 8.3 所示.

计算结果得到 $z = -0.21106$(即 Z 统计量的值),其绝对值小于"z 双侧分位数"值 1.959961,故接收原假设,表示无充分证据表明两组学生数学测验成绩有差异.

2. σ_1^2, σ_2^2 未知,但 $\sigma_1 = \sigma_2$ 时均值差的假设检验

注意到样本函数

$$t=\frac{(\overline{X}-\overline{Y})-(\mu_1-\mu_2)}{S_w\sqrt{n_1^{-1}+n_2^{-1}}}\sim t(n_1+n_2-2),$$

其中

$$S_w=\sqrt{\frac{(n_1-1)S_1^2+(n_2-1)S_2^2}{n_1+n_2-2}}=\sqrt{\frac{\sum_{i=1}^{n_1}(X_i-\overline{X})^2+\sum_{j=1}^{n_2}(Y_j-\overline{Y})^2}{n_1+n_2-2}}.$$

(1) 双侧检验.

提出如下假设

$$H_0:\mu_1-\mu_2=\delta, H_1:\mu_1-\mu_2\neq\delta.$$

构造统计量

$$T=\frac{(\overline{X}-\overline{Y})-\delta}{S_w\sqrt{n_1^{-1}+n_2^{-1}}},$$

其服从 $t(n_1+n_2-2)$.

给定显著性水平 α，利用 Excel 得分位数 $t_{\frac{\alpha}{2}}(n_1+n_2-2)=t_{\frac{\alpha}{2}}$. 构造接受域 $[-t_{\frac{\alpha}{2}}, t_{\frac{\alpha}{2}}]$ 与拒绝域 $(-\infty, -t_{\frac{\alpha}{2}})$ 或 $(t_{\frac{\alpha}{2}}, +\infty)$.

根据样本观察值，计算 $t=\frac{(\bar{x}-\bar{y})-\delta}{s_w\sqrt{n_1^{-1}+n_2^{-1}}}$，检查 t 值是落在接受域内还是落在拒绝域内而作出接受 H_0 或 H_1 的决定.

(2) 左侧检验.

提出如下假设

$$H_0:\mu_1-\mu_2\geq\delta, H_1:\mu_1-\mu_2<\delta.$$

构造接受域 $[-t_\alpha, +\infty)$ 与拒绝域 $(-\infty, -t_\alpha)$，其中 $t_\alpha=t_\alpha(n_1+n_2-2)$ 为单侧分位数（单尾临界值）.

由表 8.1 和表 8.2，得 $s_1^2=256/9, s_2^2=264/9$，取 $\alpha=0.05$，利用 Excel 得 $t_{0.05}(18)=1.734$. 现在，

$$t=\frac{(\bar{x}-\bar{y})-\delta}{s_w\sqrt{n_1^{-1}+n_2^{-1}}}=\frac{(176-167)-10}{\sqrt{\frac{256+264}{18}}\sqrt{10^{-1}+10^{-1}}}=-0.832>-1.645,$$

即 t 值落在接受域内不能拒绝 H_0，于是可以相信男大学生的平均身高比女大学生的平均身高至少高 10cm.

(3) 右侧检验.

提出如下假设

$$H_0:\mu_1-\mu_2\leq\delta, H_1:\mu_1-\mu_2>\delta.$$

构造接受域 $(-\infty, t_\alpha]$ 与拒绝域 $(t_\alpha, +\infty)$.

8.3.2 两个正态总体方差比的假设检验

从某学院抽取男、女大学生各 10 名进行身高的测量，需检验两组身高测量数据是否有

差异.

样本函数
$$F=\frac{\frac{S_1^2}{\sigma_1^2}}{\frac{S_2^2}{\sigma_2^2}}\sim F(n_1-1,n_2-1).$$

(1) 双侧检验.

提出如下假设
$$H_0:\sigma_1^2=\sigma_2^2, H_1:\sigma_1^2\neq\sigma_2^2.$$

构造统计量
$$F=\frac{S_1^2}{S_2^2},$$

其服从 $F(n_1-1,n_2-1)$.

给定显著性水平 α,利用 Excel 得下 $\frac{\alpha}{2}$ 分位数(临界值) $F_{1-\frac{\alpha}{2}}(n_1-1,n_2-1)$ 和上 $\frac{\alpha}{2}$ 分位数(临界值) $F_{\frac{\alpha}{2}}(n_1-1,n_2-1)$.构造接受域 $[F_{1-\frac{\alpha}{2}}(n_1-1,n_2-1),F_{\frac{\alpha}{2}}(n_1-1,n_2-1)]$ 与拒绝域 $(-\infty,F_{1-\frac{\alpha}{2}}(n_1-1,n_2-1))$ 或 $(F_{\frac{\alpha}{2}}(n_1-1,n_2-1),+\infty)$.

根据样本观察值,计算 $f=\frac{s_1^2}{s_2^2}$,检查 f 值是落在接受域内还是落在拒绝域内而作出接受 H_0 或 H_1 的决定.

(2) 左侧检验.

提出如下假设
$$H_0:\sigma_1^2\geqslant\sigma_2^2, H_1:\sigma_1^2<\sigma_2^2.$$

给定显著性水平 α,利用 Excel 得下 α 分位数(临界值) $F_{1-\alpha}(n_1-1,n_2-1)$.构造接受域 $[F_{1-\alpha}(n_1-1,n_2-1),+\infty)$ 与拒绝域 $(-\infty,F_{1-\alpha}(n_1-1,n_2-1))$.

由表 8.2 和表 8.3, $s_1^2=\frac{256}{9}$, $s_2^2=\frac{264}{9}$,取 $\alpha=0.05$,利用 Excel 得 $F_{0.95}(9,9)=0.314$.

现在,
$$f=\frac{s_1^2}{s_2^2}=0.970>F_{0.95}(9,9)=0.314,$$

即 f 值落在接受域内不能拒绝 H_0.

(3) 右侧检验.

提出如下假设
$$H_0:\sigma_1^2\leqslant\sigma_2^2, H_1:\sigma_1^2>\sigma_2^2.$$

给定显著性水平 α,利用 Excel 得上 α 分位数(临界值) $F_\alpha(n_1-1,n_2-1)$.构造接受域 $(-\infty,F_\alpha(n_1-1,n_2-1)]$ 与拒绝域 $(F_\alpha(n_1-1,n_2-1),+\infty)$.

例 5 假设机器 A 和 B 都生产钢管,要检验 A 和 B 生产的钢管内径的稳定程度.设它们生产的钢管内径分别为 X 和 Y,且都服从正态分布 $X\sim N(\mu_1,\sigma_1^2)$, $Y\sim N(\mu_2,\sigma_2^2)$.现从机器 A 和 B 生产的钢管中各抽出 18 根和 13 根，测得 $s_1^2=0.34, s_2^2=0.29$．设两样本相互独立，取 $\alpha=0.1$，问是否能认为两台机器生产的钢管内径的稳定程度相同？

解 设
$$H_0: \sigma_1^2 = \sigma_2^2, H_1: \sigma_1^2 \neq \sigma_2^2.$$

作统计量
$$F = \frac{S_1^2}{S_2^2} \sim F(17, 12).$$

查表得 $F_{0.05}(17,12)=2.59$，$F_{0.95}(17,12)=\dfrac{1}{F_{0.05}(12,17)}=\dfrac{1}{2.38}=0.42$．由样本观察值得 $f=\dfrac{s_1^2}{s_2^2}=\dfrac{0.34}{0.29}=1.17$，满足 $F_{0.95}(17,12) \leqslant f=1.17 \leqslant F_{0.05}(17,12)$，故接受原假设，即认为内径的稳定程度相同．

例 6 分别抽取羊毛在处理前与处理后的样本，分析其含脂率如下：

处理前：0.19, 0.18, 0.21, 0.30, 0.41, 0.12, 0.27；

处理后：0.15, 0.13, 0.07, 0.24, 0.19, 0.06, 0.08, 0.12．

问处理前后含脂率的标准差是否有显著差异？（提示：利用 Excel 求解）

解 欲检验假设
$$H_0: \sigma_1^2 = \sigma_2^2, H_1: \sigma_1^2 \neq \sigma_2^2.$$

操作步骤如下：

第一步　建立如图 8.4 所示工作表（前二列）；

	A	B	C	D	E	F
1	处理前	处理后		F-检验 双样本方差分析		
2	0.19	0.15				
3	0.18	0.13			变量 1	变量 2
4	0.21	0.07		平均	0.24	0.13
5	0.3	0.24		方差	0.009133	0.003886
6	0.41	0.19		观测值	7	8
7	0.12	0.06		df	6	7
8	0.27	0.08		F	2.35049	
9		0.12		P(F<=f) 单尾	0.144119	
10				F 单尾临界	5.118579	

图 8.4　工作表及计算结果

第二步　选取"工具"→"数据分析"；

第三步　选定"F 检验：双样本方差"；

第四步　单击"确定"按钮，显示一个"F 检验：双样本方差"对话框；

第五步　在"变量 1 的区域"中输入 A2:A8；

第六步　在"变量 2 的区域"中输入 B2:B9；

第七步　在显著水平"α"框中输入 0.025；

第八步　在"输出区域"框中输入 D1；

第九步　单击"确定"按钮，得到的结果如图 8.4 所示．

计算出 f 值 2.35049 小于单侧分位数（F 单尾临界值）5.118579，且 $P\{F \leqslant f\} = 0.144119 > 0.025$，故接收原假设，表示无理由怀疑两总体方差相等．

复习巩固题

1. 由累积资料知道甲、乙两煤矿的含灰率分别服从 $N(m_1, 7.5)$ 及 $N(m_2, 2.6)$. 现从两矿各抽几个试件,分析其含灰率(单位:%)为

甲:24.3,20.8,23.7,21.3,17.4;

乙:18.2,16.9,20.2,16.7.

问甲、乙两矿所采煤的含灰率的数学期望有无显著差异? ($\alpha = 0.10$)

2. 某农场为试验磷肥与氮肥能否提高水稻收获量,在若干块地上做试验,试验结果(单位:kg)为未施肥的 10 块地的收获量:8.6,7.9,9.3,10.7,11.2,11.4,9.8,9.5,10.1,8.5;施过肥的 8 块地的收获量:12.6,10.2,11.7,12.3,11.1,10.5,10.6,12.2.试以 95% 的可靠性估计施肥后水稻的收获量提高了多少.

3. 某砖瓦厂有两个砖窑生产同一规格的砖块.从两窑中分别取砖 7 块和 6 块测定其抗折强度(单位:10^6 Pa)如下:

甲	2.051	2.556	2.078	3.727	3.628	2.597	2.462
乙	2.666	2.564	3.256	3.300	3.103	3.487	

设砖的抗折强度服从正态分布且 $\sigma^2 = 0.32$,问两窑生产的砖抗折强度有无明显差异? ($\alpha = 0.05$)

4. 抽样测定某种材料在处理前后杂质的含量,得到数据(%)如下:

处理前	2.51	2.42	2.95	2.23	2.45	2.30	3.02	2.57	2.72	2.28	2.64	2.69	2.61
处理后	2.06	2.19	2.43	2.35	2.06	2.25	2.34	2.26	2.32				

设处理前后杂质含量都服从正态分布且方差不变,问处理前后杂质含量是否有显差异? ($\alpha = 0.01$)

5. 某化工厂为了提高某种化学药品的得率,提出了两种工艺方案.为了研究哪一种方案好,分别用两种工艺各进行了 10 次试验,数据如下:

方案甲得率(%):68.1,62.4,64.3,64.7,68.4,66.0,65.5,66.7,67.3,66.2;

方案乙得率(%):69.1,71.0,69.1,70.0,69.1,69.1,67.3,70.2,72.1,67.3.

假设得率服从正态分布,问方案乙是否能比方案甲显著提高得率? ($\alpha = 0.01$)

6. 9 名运动员在初进运动队时和接受一周训练后各进行一次体能测试,测试评分为

运动员	1	2	3	4	5	6	7	8	9
入队时	76	71	57	49	70	69	26	65	59
训练后	81	85	52	52	70	63	33	83	62

假设分数服从正态分布,试在显著性水平 $\alpha = 0.05$ 下,判断运动员体能训练效果是否显著?

7. 某种金属材料的抗压强度服从正态分布,为了提高产品质量,分别从使用两种不同

的配方 A 和 B 的产品中各抽取 9 件、12 件,测得样本的标准差分别为 $s_1=6.5\text{kg}$,$s_2=12.5\text{kg}$,问使用两种配方生产的产品抗压强度的标准差是否有显著差异?($\alpha=0.10$)

8. 已知某种电子器材的电阻服从正态分布. 从这两批电子器材中各抽取 6 个,测得样本方差分别为 $s_1^2=0.0000079$ 和 $s_2^2=0.0000071$,问这两批器材的电阻方差是否相同?($\alpha=0.02$)

8.4 案例分析——污水处理

某厂对废水进行处理,要求某种有害物质的浓度不超过 $19(\text{mg}/\text{L}^3)$,上午和下午分别抽样检测得到如下 20 个数据:

| 上午 | 18.3 | 18.6 | 18.8 | 19.1 | 18.9 | 19.6 | 19.6 | 19.7 | 20.9 | 21.5 |
| 下午 | 18.2 | 18.3 | 18.7 | 18.7 | 19.3 | 19.8 | 19.8 | 19.9 | 21.1 | 21.2 |

该厂的检验员上午和下午分别检验,得出报告均为合格,但是,环保局的技术人员在下午到该厂分析了这 20 组数据,却得出相反的结论,这是为什么呢?($\alpha=0.05$)

设废水的平均浓度为 μ,$H_0:\mu\leqslant\mu_0=19$.

统计量 $T=\dfrac{\overline{X}-\mu_0}{\dfrac{S}{\sqrt{n}}}$,否定域:$R=[t_\alpha(n-1),+\infty)$.

先看上午的数据:$n=10$,$\mu_0=19$,$\overline{x}=19.5$,$s=1.015436$,

$$t=\dfrac{19.5-19}{\dfrac{1.015436}{\sqrt{10}}}=1.5571,\quad t_\alpha(n-1)=t_{0.05}(9)=1.833,$$

因此 $t<t_\alpha(n-1)$,所以不拒绝原假设,能认为处理后的废水符合标准.

再看下午的数据:$n=10$,$\mu_0=19$,$\overline{x}=19.5$,$s=1.066667$,

$$t=\dfrac{19.5-19}{\dfrac{1.066667}{\sqrt{10}}}=1.4823,\quad t_\alpha(n-1)=t_{0.05}(9)=1.833,$$

因此 $t<t_\alpha(n-1)$,所以不拒绝原假设,能认为处理后的废水符合标准.

最后,环保局的技术人员在下午到该厂分析了这 20 组数据:

$$n=20,\ \mu_0=19,\ \overline{x}=19.5,\ s=1.013592,$$

$$t=\dfrac{19.5-19}{\dfrac{1.013592}{\sqrt{20}}}=2.150224,\quad t_\alpha(n-1)=t_{0.05}(19)=1.729,$$

因此 $t>t_\alpha(n-1)$,所以拒绝原假设,即不能认为处理后的废水符合标准.

该问题反映出我们的假设检验只有在拒绝时才有实际意义.

8.5 本章内容小结

统计推断就是由样本来推断总体,它包括两个基本问题:参数估计和假设检验.上一章介绍了参数估计,本章讨论了一个正态总体的均值、方差和两个正态总体的均值差、方差比的假设检验问题.

一般地,人们总是对原假设 H_0 作出接受或拒绝的决策.由于作出判断原假设 H_0 是否为真的依据是一个样本,而样本具有随机性,当 H_0 为真时,检验统计量的观察值也会落入拒绝域,致使我们作出拒绝 H_0 的错误决策;而当 H_0 不真时,检验统计量的观察值也会未落入拒绝域,致使我们作出接受 H_0 的错误决策.

我们使用"接受假设"或"拒绝假设"这样的术语.接受一个假设并不意味着确信它是真的,它只意味着决定采取某种行动;拒绝一个假设也不意味着它是假的,它也仅仅是作出采取另一种不同的行动.不论哪种情况,都存在作出错误选择的可能性.这就是假设检验的两类错误.

当样本容量 n 固定时,减小犯第一类错误的概率,就会增大犯第二类错误的概率;反之亦然.我们的做法是控制犯第一类错误的概率,使

$$P\{当\ H_0\ 为真拒绝\ H_0\} \leqslant \alpha,$$

其中 $\alpha(0<\alpha<1)$ 是给定的小的数,称为假设检验的显著性水平.这种只对犯第一类错误的概率加以控制,而不考虑犯第二类错误的概率的检验,称为显著性检验.

表 8.4　假设检验的两类错误

真实情况（未知）	所作决策	
	接受 H_0	拒绝 H_0
H_0 为真	正确	犯第一类错误
H_0 不真	犯第二类错误	正确

在进行显著性检验时,犯第一类错误的概率是由我们控制的. α 取得小,则概率 $P\{$当 H_0 为真拒绝 $H_0\}$ 就小,从而保证了当 H_0 为真时错误地拒绝 H_0 的可能性很小.这意味着 H_0 是受到保护的,这也表明 H_0,H_1 的地位不是对等的.于是,在一对对立假设中,选哪一个作为 H_0 需要小心.例如,考虑某种药品是否为真,这里可能犯两种错误:(1)将假药作为真药,则冒着伤害病人的健康甚至生命的风险;(2)将真药误作为假药,则冒着造成经济损失的风险.显然,犯错误(1)比犯错误(2)的后果严重,因此,我们选取"H_0:药品为假,H_1:药品为真",即使得犯第一类错误"当药品为假时错判药品为真"的概率 $\leqslant \alpha$.就是说,选择 H_0,H_1 使得两类中后果严重的错误成为第一类错误.这是选择 H_0,H_1 的一个原则.

如果在两类错误中,没有一类错误的后果严重更需要避免时,常常取 H_0 为维持现状,即取 H_0 为"无效益""无改进""无价值"等.例如,取

H_0：新技术未提高经济效益， H_1：新技术提高经济效益.

实际上，我们感兴趣的是 H_1 "提高经济效益"，但是对采用新技术应持慎重态度. 选取 H_0 为"新技术未提高经济效益"，一旦 H_0 拒绝了，表示有较强的理由去采用新技术.

在实际问题中，情况比较复杂，如何选取 H_0, H_1 只能在实践中积累经验，根据实际情况去判断了.

> **注意** 拒绝域的形式是由 H_1 确定的.

对于单(双)侧假设检验，我们总结成表，见表 8.5.

表 8.5 正态总体均值、方差的显著性水平为 α 的假设检验

原假设 H_0	已知条件及检验法	所用统计量及其分布	备择假设 H_1	H_0 的拒绝域
$\mu = \mu_0$	σ^2 已知 Z 检验	$Z = \dfrac{\overline{X} - \mu_0}{\dfrac{\sigma_0}{\sqrt{n}}} \sim N(0,1)$	$\mu \neq \mu_0$	$\lvert z \rvert > z_{\frac{\alpha}{2}}$
$\mu \geq \mu_0$			$\mu < \mu_0$	$z < -z_\alpha$
$\mu \leq \mu_0$			$\mu > \mu_0$	$z > z_\alpha$
$\mu = \mu_0$	σ^2 未知 t 检验	$T = \dfrac{\overline{X} - \mu_0}{\dfrac{S}{\sqrt{n}}} \sim t(n-1)$	$\mu \neq \mu_0$	$\lvert t \rvert > t_{\frac{\alpha}{2}}(n-1)$
$\mu \geq \mu_0$			$\mu < \mu_0$	$t < -t_\alpha(n-1)$
$\mu \leq \mu_0$			$\mu > \mu_0$	$t > t_\alpha(n-1)$
$\sigma^2 = \sigma_0^2$	μ 已知 χ^2 检验	$\chi^2 = \dfrac{1}{\sigma_0^2} \sum_{i=1}^{n}(X_i - \mu_0)^2 \sim \chi^2(n)$	$\sigma^2 \neq \sigma_0^2$	$\chi^2 < \chi^2_{1-\frac{\alpha}{2}}(n)$ 或 $\chi^2 > \chi^2_{\frac{\alpha}{2}}(n)$
$\sigma^2 \geq \sigma_0^2$			$\sigma^2 < \sigma_0^2$	$\chi^2 < \chi^2_{1-\alpha}(n)$
$\sigma^2 \leq \sigma_0^2$			$\sigma^2 > \sigma_0^2$	$\chi^2 > \chi^2_\alpha(n)$
$\sigma^2 = \sigma_0^2$	μ 未知 χ^2 检验	$\chi^2 = \dfrac{(n-1)S^2}{\sigma_0^2} \sim \chi^2(n-1)$	$\sigma^2 \neq \sigma_0^2$	$\chi^2 < \chi^2_{1-\frac{\alpha}{2}}(n-1)$ 或 $\chi^2 > \chi^2_{\frac{\alpha}{2}}(n-1)$
$\sigma^2 \geq \sigma_0^2$			$\sigma^2 < \sigma_0^2$	$\chi^2 < \chi^2_{1-\alpha}(n-1)$
$\sigma^2 \leq \sigma_0^2$			$\sigma^2 > \sigma_0^2$	$\chi^2 > \chi^2_\alpha(n-1)$
$\mu_1 = \mu_2$	σ_1^2, σ_2^2 已知 U 检验	$Z = \dfrac{\overline{X} - \overline{Y}}{\sqrt{\dfrac{\sigma_1^2}{n_1} + \dfrac{\sigma_2^2}{n_2}}} \sim N(0,1)$	$\mu_1 \neq \mu_2$	$\lvert z \rvert > z_{\frac{\alpha}{2}}$
$\mu_1 \geq \mu_2$			$\mu_1 < \mu_2$	$z < -z_\alpha$
$\mu_1 \leq \mu_2$			$\mu_1 > \mu_2$	$z > z_\alpha$
$\mu_1 = \mu_2$	σ_1^2, σ_2^2 未知，但 $\sigma_1^2 = \sigma_2^2$ T 检验	$T = \dfrac{\overline{X} - \overline{Y}}{S_\omega \sqrt{\dfrac{1}{n_1} + \dfrac{1}{n_2}}} \sim t(n_1 + n_2 - 2)$ $S_\omega = \sqrt{\dfrac{(n_1-1)S_1^2 + (n_2-1)S_2^2}{n_1 + n_2 - 2}}$	$\mu_1 \neq \mu_2$	$\lvert t \rvert > t_{\frac{\alpha}{2}}(n_1 + n_2 - 2)$
$\mu_1 \geq \mu_2$			$\mu_1 < \mu_2$	$t < -t_\alpha(n_1 + n_2 - 2)$
$\mu_1 \leq \mu_2$			$\mu_1 > \mu_2$	$t > t_\alpha(n_1 + n_2 - 2)$

续表

原假设 H_0	已知条件及检验法	所用统计量及其分布	备择假设 H_1	H_0 的拒绝域
$\sigma_1^2 = \sigma_2^2$	μ_1, μ_2 已知 F 检验	$F = \dfrac{\dfrac{\sum_{i=1}^{n_x}(X_i-\mu_1)^2}{n_1}}{\dfrac{\sum_{j=1}^{n_y}(Y_j-\mu_2)^2}{n_2}}$ $\sim F(n_1, n_2)$	$\sigma_1^2 \neq \sigma_2^2$	$F < F_{1-\frac{\alpha}{2}}(n_1, n_2)$ 或 $F > F_{\frac{\alpha}{2}}(n_1, n_2)$
$\sigma_1^2 \geqslant \sigma_2^2$			$\sigma_1^2 < \sigma_2^2$	$F < F_{1-\alpha}(n_1, n_2)$
$\sigma_1^2 \leqslant \sigma_2^2$			$\sigma_1^2 > \sigma_2^2$	$F > F_\alpha(n_1, n_2)$
$\sigma_1^2 = \sigma_2^2$	μ_1, μ_2 未知 F 检验	$F = \dfrac{S_1^2}{S_2^2}$ $\sim F(n_x-1, n_y-1)$	$\sigma_1^2 \neq \sigma_2^2$	$F < F_{1-\frac{\alpha}{2}}(n_1-1, n_2-1)$ 或 $F > F_{\frac{\alpha}{2}}(n_1-1, n_2-1)$
$\sigma_1^2 \geqslant \sigma_2^2$			$\sigma_1^2 < \sigma_2^2$	$F < F_{1-\alpha}(n_1-1, n_2-1)$
$\sigma_1^2 \leqslant \sigma_2^2$			$\sigma_1^2 > \sigma_2^2$	$F > F_\alpha(n_1-1, n_2-1)$

最后需要提及上一章的区间估计与假设检验的关系. 知道了置信区间就能判断是否接受原假设,即置信度 $1-\alpha$ 的置信区间就是显著性水平 α 的接受域;反之,知道了假设检验的显著性水平为 α 的接受域就得到了置信度为 $1-\alpha$ 的置信区间.

重要术语与主题

原假设 备择假设 检验统计量 单侧检验 双侧检验 显著性水平 拒绝域 显著性检验 单个正态总体均值、方差的检验 两个正态总体均值差、方差比的检验

提高题

1. 设考生的某次考试成绩服从正态分布,从中任取 36 位考生的成绩,其平均成绩为 66.5 分,标准差为 15 分,问在 0.05 的显著性水平下,可否认为全体考生这次考试的平均成绩为 70 分? 给出检验过程.

2. 设 $X_1, X_2, \cdots, X_n$ 是来自正态总体 $N(\mu, \sigma^2)$ 的简单随机样本,参数 μ 和 σ^2 未知,且 $\overline{X} = \dfrac{1}{n}\sum_{i=1}^{n} X_i, Q^2 = \sum_{i=1}^{n}(X_i - \overline{X})^2$,则假设: $H_0: \mu = \mu_0$ 的 t 检验,使用什么统计量?

3. 某种零件的尺寸方差为 $\sigma^2 = 1.21$,从一批这种零件抽查 6 件,得尺寸数据(单位:mm)如下:

$$32.56, 29.66, 31.64, 30.00, 31.37, 31.03.$$

当显著性水平 $\alpha = 0.5$ 时,问这批零件的平均尺寸能否认为是 32.50mm? (零件尺寸服从正态分布)

4. 设有甲、乙两台机床加工同样产品. 分别从甲、乙机床加工的产品中随机地抽取 8 件和 7 件,测得产品直径(单位:mm)为

| 甲 | 20.5 | 19.8 | 19.7 | 20.4 | 20.1 | 20.0 | 19.6 | 19.9 |
| 乙 | 19.7 | 20.8 | 20.5 | 19.8 | 19.4 | 20.6 | 19.2 | |

已知两台机床加工的产品的直径长度分别服从方差为 $\sigma_1^2=0.3^2$ 和 $\sigma_2^2=1.2^2$ 的正态分布,问两台机床加工的产品直径的长度有无显著差异? ($\alpha=0.01$)

参 考 文 献

[1] 盛骤,谢式干,潘承毅.概率论与数理统计[M].4版.北京:高等教育出版社,2009.
[2] 郭跃华.概率论与数理统计[M].北京:科学出版社,2007.
[3] 郭跃华,朱月萍.概率论与数理统计[M].北京:高等教育出版社,2011.
[4] 林道荣.概率论与数理统计学习指导[M].苏州:苏州大学出版社,2001.